活性炭与水净化

Activated Carbon and Water Purification

侯立安　董丽华　著

图书在版编目（CIP）数据

活性炭与水净化 / 侯立安，董丽华著. —天津：天津大学出版社，2021. 8（2023.5重印）

（新工科教育系列丛书）

ISBN 978－7－5618－6988－8

Ⅰ. ①活… Ⅱ. ①侯… ②董… Ⅲ. ①活性炭-关系-净水-教材 Ⅳ. ①TQ424. 1 ②R123. 6

中国版本图书馆 CIP 数据核字（2021）第 136596 号

出版发行	天津大学出版社
地　　址	天津市卫津路 92 号天津大学内（邮编：300072）
电　　话	发行部：022-27403647
网　　址	www. tjupress. com. cn
印　　刷	廊坊市海涛印刷有限公司
经　　销	全国各地新华书店
开　　本	185mm × 260mm
印　　张	13
字　　数	322 千
版　　次	2021 年 8 月第 1 版
印　　次	2023 年 5 月第 3 次
定　　价	46. 00 元

序 一

Preface One

本书简明扼要地叙述了活性炭净化水质的原理、活性炭吸附理论和衡量活性炭净化性能的相关指标。本书着重于活性炭在净化水质方面的应用，重点阐述了饮用水深度处理臭氧－活性炭工艺中生物活性炭的净化机理与工程应用，并对生物活性炭在长期、持续地吸附和降解有机污染物的过程中何时需再生的问题进行了讨论。

本书结合生物活性炭的特点，研究适合微生物生长并能长期、有效地降解有机污染物的大孔活性炭，讨论了采用竹子碎屑作为原料（废物利用）开发大孔活性炭的诸多优点。

在研究过程中，本书作者发现臭氧除了能直接氧化大分子有机物并为生物活性炭上的微生物提供氧气外，还能通过氧化作用使活性炭表面的酸性官能团增加，进而利用酸性官能团的螯合作用实现对金属离子的吸附，由此认为饮用水深度处理工艺中的废弃活性炭可被直接原位再利用或用来处理工业废水。

本书为活性炭净化水质提供了详细的研究思路，并介绍了必需的测试手段，是一本具有原创性、实用性的专业书籍。

我郑重推荐本书作为大专院校、本科生、研究生的教材。对从事活性炭研究、制备、生产、应用的同行来说，本书也无疑是值得学习与参考的。

清华大学 王占生

2020 年 12 月 2 日

序 二

Preface Two

活性炭具有发达的孔隙结构和巨大的比表面积，因此具有较强的吸附功能，能够有效地去除水中的有机污染物，有力地保障饮水安全。选择活性炭，首先要求其具备有效的孔隙结构，既有较大的吸附孔容又较易脱附，同时较易载持微生物。

近几十年来，国内外的学者在这方面进行了大量的工作，无论是在理论方面还是在工程实践方面都取得了可喜的进展。现摘要如下。

（1）在理论方面，苏联科学院院士杜比宁（Dubinin）功不可没。他和他的同事将活性炭的孔隙分为三类，即微孔（$R \leqslant 20$ Å）、中孔（20 Å $< R \leqslant 500$ Å）和大孔（$R > 500$ Å）（注：此处的 Å 为长度单位，1 Å $= 10^{-10}$ m），在这三种孔隙中大孔、中孔起输送通道的作用，只有微孔才是吸附孔。此外，他们还指出，微孔吸附为容积充填式吸咐，而不是平面吸附，微孔容积充填理论由此产生。在此基础上，他们又将微孔划分为真微孔（$R \leqslant 6 \sim 7$ Å）和次微孔（6 ~ 7 Å $< R \leqslant 15 \sim 16$ Å），并指出研究和生产次微孔发达的活性炭是活性炭工作者的重要任务。直到我们为日本第一碳素工业株式会社研制高苯炭（吸苯率为 65% ~ 70%）时才发现，微孔的持附量将直接影响活性炭的工作容量（BWC）——持附量大，BWC 就小，难怪杜比宁把次微孔发达的活性炭看得如此重要。次微孔发达的活性炭用于水处理的效果同样很好，日本可乐丽（Kuraray）公司向我们定制的供给东京自来水公司的专用炭即此种炭，它在我国平湖地面水厂使用的效果很好；此外，郑州自来水公司、北京科技大学章涛的中试试验也证明了这一点。这些都为我们起草《生活饮用水净水厂用煤质活性炭》（CJ/T 345—2010）打下了基础。次微孔活性炭的生产并不神秘，采用的是以气体活化法为主、药品活化法为辅的路线。次微孔活性炭的孔隙分布的峰值降低了，孔径变大了。清华大学王占生教授高兴地说：孔扩大了，就叫它“扩孔炭”吧。单从微生物载体看，大孔发达的活性炭更适合作为生物活性炭。本书作者研发的产品称为大孔生物活性炭（或称竹屑大孔炭），作者通过吸附试验、小柱子试验、中试及示范基地试验对大孔生物活性炭的应用进行了研究，证明了其不仅适合作为生物活性炭，而且对有机物有很好的吸附效果，更重要的是在低温时亦保持着较高的生物量。

（2）在工程实践方面，提高使用者的水平有利于活性炭的推广和使用，主要体现在：①能够保证活性炭与水的接触时间；②能够充分利用活性炭的吸附容量。同一种活性炭对同一种物质的吸附容量不变。如果出水浓度很低，对应的吸附量就低；基于弗罗因德利克（Freundlich）吸附等温方程，平衡浓度提高，吸附量就会增加。把饱和的活性炭投到进水口处，其还可继续吸附，就是这一道理。即充分利用吸附容量的途径就是提高平衡浓度。

本书从使用者的角度出发，对现有理论进行消化、验证，并提出了自己的看法。杜比宁提出了微孔容积充填理论，得到了全世界的公认，并认为气相吸附的技术问题基本得到解决。用普通形式表示的热力学吸附方程式为 $\theta = f(A/E, n)$，其中 θ 为微孔容积充填系数，A 为微分克分子吸附功，E 为特性吸附能。美国密歇根大学的韦伯（J. Weber）教授认为吸附是一种表面现象，因此吸附速度与比表面积正相关，其中比表面积可理解为总面积中可资利用的部分。韦伯教授的理论无疑是对的，但可操作性较差，因为很难区分总面积中可用与不可用的部分。

我们认为杜比宁的微孔容积充填理论适用于水处理，不仅如此，还可简化为 $\theta = f(D/d)$，其中 θ 为微孔容积充填系数（我们曾经用过 $V_{堵}$——微孔容积堵塞系数，但相比而言，用“充填”二字表述更准确），d 为吸附质分子直径，D 为孔隙直径（试验所用吸附质为黑索金（RDX），活性炭为 SAC-5003）。

从 1927 年美国开始用活性炭净水到现在，已经有 90 多个年头了。活性炭的功能也由以吸附为主转变为以生物降解为主，大幅降低了净水成本，有力地促进了水深度处理工艺的推广。随着推广实践的展开，人们对吸附的认识不断加深，并提出了新的问题，如水温问题。对现有的生物活性炭吸附池而言，当水温降至 11 ℃时，微生物开始休眠，导致出水水质变差。我国黄河以北的地区都会面临这个问题。针对此类问题，采用大孔生物活性炭代替普通活性炭解决。我们根据微生物的尺寸，选择了资源丰富、天然孔隙发达、生长周期短的竹材下脚料——竹屑作为原料，研制了竹屑大孔生物活性炭，其性能超过了 PICA 生物活性炭。通过实践和研究，我们得出了如下结论，作为引玉之砖。

（1）在吸附理论方面，我们认为杜比宁的微孔容积充填理论优于其他理论。水净化用的是次微孔（$6 \sim 7$ Å $< R \leq 15 \sim 16$ Å）发达的活性炭，它不仅吸附容量高，而且 BWC 也高。

（2）水中的有机污染物能否被活性炭吸附取决于该物质的化学位：当活染物在水中的化学位高于其在活性炭中的化学位时，污染物由化学位高处流向化学位低处，完成吸附；如果污染物在水中的化学位低于其在活性炭中的化学位，则吸附不可能实现。如果水中有两种以上污染物，则化学位高的优先被吸附，化学位高低的顺序就是污染物被吸附的顺序。不仅如此，如果活性炭已吸附化学位低的物质，当水中出现化学位较高的物质时，化学位低的物质便会自动脱附而让位于化学位高的物质，这种现象就是竞争吸附。化学位对竞争吸附的出现起决定性作用。如化学位低的黑索金（RDX）和化学位高的三硝基甲苯（TNT）共同吸附，便会发生上述竞争吸附现象。

蒋仁甫

2021 年 6 月 6 日

前　言

Foreword

我国目前活性炭净水领域教材的编写还是一片空白，只有20世纪七八十年代由外文书籍翻译过来的几本基础理论书籍。本书是我们在活性炭研发和活性炭净水工程实践的基础上精心编写而成的。

国家“十三五”规划将高效活性炭列为战略性新兴产业的重点产品，本书将为活性炭的研发及应用提供理论支撑和人才保障。本书横跨材料学与环境工程学两个领域，既可以作为材料学的教材，也可以作为环境工程学的教材。本书力争体现前沿性、原创性和专业性。

本书的出版得到了天津大学“2019年研究生创新人才培养项目（YCX19056）”的资助，在此对天津大学研究生院的支持表示衷心的感谢。

中国工程院院士　侯立安

2021年8月8日

目　录

Contents

第1章　绪论

第2章　活性炭生产、制备及性能评价

第3章　活性炭吸附净水原理

第4章　活性炭净水反应器

第5章 活性炭净水与选炭

第6章 大孔生物活性炭

第 7 章 BAC 工艺生物活性炭的循环再利用

第 8 章 活性炭的再生

第9章 特种活性炭与净水

第10章 结论与展望

1

第 1 章 绪 论

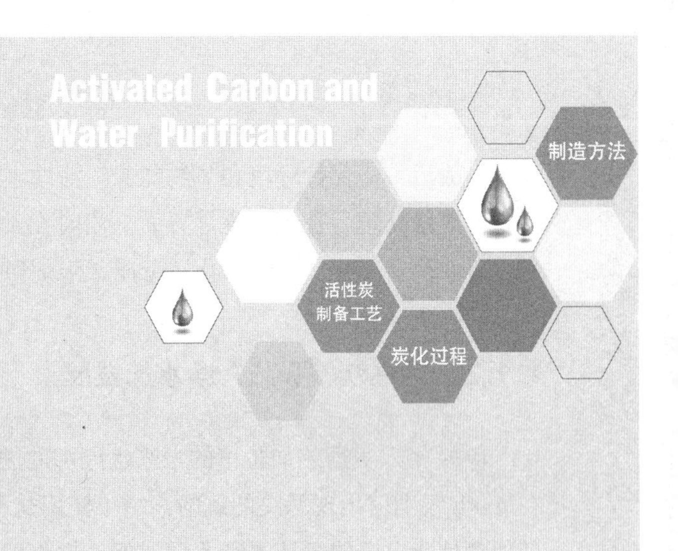

1.1 活性炭与水净化的发展历程

1.1.1 活性炭与水净化的“渊源”

历史上用木炭净化水，最早可追溯到公元前 200 年。那时人们认为净化水最好的方法就是将水放进铜器皿中，放在日光下曝晒，然后用木炭过滤。我国用木炭净水的历史可以追溯到明朝末期（17 世纪），当时人们在浙江永嘉县溪口乡溪二村建了一处重要的水处理设施——净水池，其中的 2 号池就采用木炭净水。从 18 世纪下半叶开始，人们逐渐认识到炭质吸附剂的吸附性并积极地加以利用，如谢勒（Sheele，1773 年）和方塔纳（Fontana，1777 年）科学地证明木炭对气体有吸附力，洛维茨（Lowitz，1785 年）首先记载木炭对各种液体都具有脱色力。进入 19 世纪，法国人将木炭用于糖的精制，后来又发现用骨炭精制糖的效果更好，于是用骨炭取而代之。1806 年尼科尔森（Nicholson）用木炭净化航船上的饮用水，与此同时还有人使用骨炭净水，但与活性炭相比，骨炭的吸附能力是非常弱的，因而它只能用于单个家庭用水的过滤。19 世纪中叶，人们开始研究用量少、效果好的脱色吸附剂，从此活性炭的研究走上了正轨。

1900—1901 年奥斯特雷杰科（Ostrejko）发明了将金属氯化物和植物原料混合制造活性炭和在较高温度下用 CO_2 或水蒸气与炭化材料反应制造活性炭这两项专利。1909 年欧洲人开始以木炭为原料用气体法生产粉末活性炭，1911 年荷兰人开始出售诺芮特（Norit）炭（后成为有名的糖用炭），从此开始了气体法和药品法两大类方法的活性炭工业化生产。活性炭在液相中的应用就是从这时开始发展起来的。最初活性炭用于脱色，后来人们认识到，活性炭对去除异味具有显著效果。1927 年美国开始把粉末活性炭用于水处理。第二次世界大战后，为保护环境和节约能源，活性炭进入了新的发展时期，其用途已扩大到空气净化、废水处理、香烟滤嘴等方面。当时在美国活性炭的应用已遍及 17 个行业，如自来水、工业用水净化，气体净化、分离，溶剂回收，制糖等。

1.1.2 活性炭“吸附”净水的发展

1927 年末美国芝加哥市的自来水原水混进了苯酚，通过净水厂加氯处理，产生了浓度在 μg/L 级别就出现恶臭的氯酚，结果使用这种自来水所做的饭菜不能入口，肉制品业及其他食品业出厂的产品遭遇大量退货，损失的金额达 50 万美元。为此人们研究了各种对策，结果发现粉末活性炭可以除去自来水中的臭味。以此为转机，美国各地的净水厂迅速普及了粉末活性炭的使用，活性炭从此进入一个新的发展时期。后来欧洲各国也开始使用添加活性炭的方法来净化水，如 1929 年德国的哈姆（Hamm）水厂开始用活性炭脱除水中的异臭和异味。

20 世纪 60 年代，日本的水质污染加剧，尤其明显的是水中有机物的含量逐年增加，导致给水水源水质恶化，以致采用常规净水装置来净化水质已不能满足用户的需求，必须增加给水深度处理工艺。因此，日本从 1962 年开始在东京都多摩川水处理厂采用粉末活性炭来除去水中的支链烷基苯磺酸盐（ABS）和其他有机物等，即当水质污染指标超过规定值时，就向水中投加活性炭将污染物含量控制在规定的范围内，直到现在日本各地的水处理厂还在用这种方式净化水。

此后，人们又开发了充填颗粒活性炭的净水装置。该净水装置在医药和化学工业中经常用于制备工业用水；而在电子设备和高压锅炉用纯水的制备中，则用于前处理，以除去水中的有机物。

当时人们对污水和工业废水大多只进行一些简易处理或不经处理就直接排放，明显加快了城市周围水系的污染。一方面，随着排放标准的提高，人们对污水和工业废水进行了物化或生化处理，使排水的水质有了明显的提高，但水质的污染远未根除；另一方面，水资源是有限的，而生活用水和工业用水的需求量日益增加，因此必须对污水和工业废水增加深度处理工艺，以最终实现水的循环和重复利用。由于活性炭在除去水中的微量有机物等杂质方面发挥了很大的作用，有时甚至是不可缺少的，因此，在当时的条件下，发达国家通过对污水和工业废水处理工艺的重新研究，选择了能连续通水、易维护管理、对周围环境无污染、容易再生并能反复使用的颗粒活性炭作为深度处理用吸附剂，最重要的是污水和工业废水经该深度处理后可以重复使用。其应用方向大致有两个：一是用于生化处理后的深度处理，这时活性炭处理的是不少于二级处理的水；二是用于物化处理（physical-chemical treatment，PCT）。

美国从 1960 年开始广泛研究活性炭净水技术并使之实用化；日本通产省从 1970 年开

始，首先在东京都以“工业废水再利用的调查”为课题，着手开展用活性炭处理水的研究，并在1973年取得了成果，在此基础上建起一个日处理水量达5万 m^3 的废水再利用实验厂并投入运行。

20世纪80年代，我国也开始将活性炭用于废水的深度处理，如北京清河毛纺厂（1982年）和北京第二印染厂（1983年）处理染色工业废水等。1985年我国第一个采用生物活性炭（biological activated carbon，BAC）工艺的净水厂——北京田村山净水厂正式通水。1986年北京第九水厂开始采用活性炭吸附技术。1988年中国土木工程学会给水委员会深度处理研究会成立，标志着我国的给水深度处理开始起步。1996年昆明市第六水厂建成了以BAC为核心的深度处理厂。2005年嘉兴石臼漾水厂完成深度处理工艺改造。

2007年7月1日，我国《生活饮用水卫生标准》(GB 5749—2006）开始实施，BAC净水工艺迅速发展。2008年担负着奥运期间供水安全保障任务的重点工程暨南水北调重要配套工程——北京市自来水集团田村山净水厂臭氧－生物活性炭深度处理工艺改扩建工程竣工投产。2010年5月，上海松江第二水厂完成上向流BAC工艺深度处理改造正式通水，有效保障了世界博览会期间的供水安全。2014年12月，国内制水工艺链条最完整的现代化大型水厂——采用BAC工艺的郭公庄水厂正式通水。“十三五”期间，BAC工艺已处于标准化及推广应用阶段。随着“十四五”期间上海、江苏、山东等地全面推行给水深度处理，其规模将呈继续扩大趋势。由此可见，活性炭净水工艺对深度处理来说是不可或缺的。

2018年天津大学董丽华（本书作者之一）首次发现BAC工艺中使用过的活性炭具备优异的去除重金属功能，这一发现使BAC工艺的活性炭实现了循环再利用，其成果已获国家授权发明专利（ZL 2018 1 1047088. 7）。董丽华师从中国活性炭研发及其产业化的奠基人蒋仁甫先生，专攻活性炭尖端技术研发，掌握活性炭研发核心技术。2016年董丽华创立天津大学活性炭研发基地，该研发基地立足前沿科技，依托国家重点实验室，打造世界一流活性炭研发团队，多次承担国家活性炭核心技术攻关任务。

1.1.3 生物活性炭法净水的发展

1.1.3.1 生物活性炭法的由来

生物活性炭法，即臭氧－生物活性炭技术，是集臭氧氧化、活性炭吸附、生物处理于一体的饮用水深度处理工艺，简称BAC工艺。在该工艺中活性炭的物理吸附与炭上微生物的生物处理共同作用，处理水的过程涉及载体颗粒、微生物、水、水中的污染物质（基质）及其他溶质互相作用的复杂过程。BAC工艺是在利用活性炭吸附净水的过程中逐渐发展起来的。实践表明：将与微生物相结合的活性炭用于水处理，常可除去那些在活性炭和微生物单独作用时不能被处理的污染物质，而且处理效率常比独立运行或串联使用时高；此外，用活性炭作载体的生物反应器对工业废水和生活污水的处理效果比采用其他惰性载体的生物膜法好。如从1929年开始用活性炭脱除水中的异臭和异味的德国Hamm水厂在使用中发现炭床中有微生物生长；西德杜塞尔多夫（Dusseldorf）的下莱茵水厂于1960年前后注意到炭上生长的微生物可以改善出水水质并延长炭的工作周期；1965年后美国陆续建成投产的废水三级处理厂也发现炭床中生长的微生物可延长床层的工作周期，但同时发现微生物增殖过快会堵塞床层、床层中溶解氧不足时水质变坏等弊病。通过不断实践、改进，扬长避短，BAC工艺逐渐完善。1970年韦伯（Weber）发表了讨论微生物对活性炭的再生作用机理的第一篇论文，证明了在生物活性炭工作过程中微生物的确能在一定程度上对活性炭起再生作用。此后，他又和学生们建立了生物活性炭柱工作的数学模型。1979年美国的赖斯（Rice）等提出把"水和废水处理系统中具有不断提高的好氧微生物活性的活性炭"称作生物活性炭（BAC）。此后BAC技术被正式确立为改善水质的深度处理技术之一。

粉状生物炭的典型流程，即粉末活性炭处理（powdered activated carbon treatment，PACT）法，是20世纪70年代初杜邦（DuPont）公司所属的一家化工厂首先使用的，被称作PACT过程。1975年弗林（Flynn）提出了PACT系统的第一个数学模型。后来该过程在工业废水和生活污水的处理中都得到了成功应用。

在西欧，生物炭法被应用得最广泛的领域是饮用水脱臭除味和去除有毒化合物及卤代甲烷等致癌前体物。当时美国从事给水净化工作的科技人员认为在制水过程中引入微生物（炭床中生长微生物）会影响成品水的细菌学指标控制，因而不愿意将生物炭用于给水处理，后来他们的观点发生了改变，于是该工艺在美国的给水深度处理中也获得了广泛应用。

1974年大同合成橡胶厂开展了用活化无烟煤处理氯丁橡胶废水的研究，在我国是最早发现微生物对炭吸附起增强作用的。同一时期，在清华大学王占生教授的指导下，研究人员对饮用水处理领域进行了相关的研究，如张晓健和王树平分别进行了生物活性炭法生物降解与炭吸附有机物关系的研究（1986年）和生物活性炭生物再生机理的研究（1989年）。张晓健的研究表明微生物在活性炭表面产生的水解酶不可能进入活性炭内部，所以不能再生活性炭；王树平的研究则发现微生物在活性炭表面吸附与降解有机污染物有局部恢复活性炭内吸附的有机物的微观现象。

随着BAC工艺的推广应用，国内开展了大量的试验研究工作。截止到2012年，在全国主要给排水刊物《给水排水》《中国给水排水》等上发表的研究论文已有400多篇。BAC工艺的净水机理也得到进一步发展。2018年天津大学董丽华首次发现了BAC工艺中使用过的活性炭具备优异的去除重金属的功能，使BAC工艺的活性炭实现了循环再利用。该成果已被授权国家发明专利（ZL 2018 1 1047088.7）。2019年、2020年全国给水深度处理研究会对该研究成果进行了推广，为大型水厂BAC工艺活性炭的更换和再利用提供了理论和技术支撑。

我国净水行业著名专家清华大学王占生教授和活性炭行业著名专家蒋仁甫教授力推BAC给水深度处理工艺。截止到2020年底，全国范围内采用BAC工艺的水厂总处理能力超过4 000万m^3/d，占地表水厂处理能力的30%以上。随着上海、江苏、山东等地全面推行给水深度处理，其规模将呈继续扩大趋势。

1.1.3.2 活性炭吸附、生物法与BAC工艺的比较

由于水和废水中的污染物是多组分混合物，因此难以测量存在于处理系统中的单个化合物。对有机化合物，通常在水和废水处理中使用总和参数（如TOC（总有机碳）、DOC（溶解性有机碳）、UV吸光度以及BOD（生化需氧量）、COD（化学需氧量）等）进行监测（表1－1）。随着水处理技术的发展，出现了更具体的参数，如可吸附有机卤化物（AOX），尤其是对活性炭具有强亲和力的可吸附有机氯（AOCl）等。另外还有消毒副产品（DBP），通常用三卤甲烷（THM）和卤乙酸（HAA）来代表，其各自的形成潜能简称THMFP和HAAFP。近几十年来，人们在水和废水中还发现了许多新型污染物，如在过去几十年中受到极大关注的各种药品等，由于其在原水中和处理水中的含量均较低（通常以mg/L或ng/L为浓度单位），因此上述总和参数在监测中被证明是无用的，为此人们开发了先进的分析技术、仪器设备对其进行单独监测。

尽管在水和废水系统中发现的各种污染物都适合采用吸附、生物降解或转化的方式去除，但活性炭吸附和生物法在同一个单元中相结合通常会产生协同作用，与单独吸附或生物降解相比，污染物的去除率更高。对许多被认为可缓慢生物降解，甚至不可生物降解的污染物，活性炭吸附与生物法相结合亦可以为其生物降解提供机会。这种集成方法还可以有效消除痕量水平的微量污染物。活性炭吸附、生物法和BAC工艺对某些组分或污染物的去除能力对比如表1－1所示。

表1－1 活性炭吸附、生物法和BAC工艺对某些组分或污染物的去除能力对比

去除物质名称	去除物质在水中的分布情况	活性炭吸附	生物法	BAC工艺（活性炭吸附与生物法相结合）
有机污染物				
需氧量				
BOD	WW	F－G	G－E	E
COD	WW	G	L－G	G－E
有机碳				
TOC	W、WW、GW	G	L－G	G－E
DOC	W、GW、WW	G	L－G	G－E
VOC[e]	W、GW、WW	L－G	L－G	G－E
BDOC	W、GW	F－G	G－E	E

（续）

去除物质名称	去除物质在水中的分布情况	活性炭吸附	生物法	BAC 工艺（活性炭吸附与生物法相结合）
AOC	W、GW	F－G	E	E
其他有机物				
AOX	W、GW、WW	G－E	L－F	G－E
UV_{254}	W、GW、WW	G	L	G－E
有机污染物组				
THM	W、GW	G	P－L	G
HAA	W、GW	G	G	G－E
农药	W、GW	F－E	L－F	G
药品	W、WW	F－E	F－E	G－E
内分泌干扰物	W、WW	G	P－G	G－E
氯化烃	GW、WW	F－E	L－G	G－E
非有机污染物				
溴酸盐	W	L－F[a]	F－G[d]	G[d]
高溴酸盐	GW	N	G	G－E
氨	W、WW	N	G	G－E
硝酸盐	GW、WW	N	G	G－E
重金属	W、GW、WW	P－G[b]	F[c]	G[c]

注：① W 表示水，WW 表示废水，GW 表示地下水；

② E 表示很好（excellent），G 表示好（good），F 表示一般（fair），L 表示低（low），P 表示差（poor），N 表示无（none）；

③ a 表示表面作用，b 取决于物质类型和作用条件，c 表示生物转化和/或吸附，d 表示不确定，e 表示挥发性有机碳（挥发性有机化合物是根据替代物“碳”来测量的，它们也可以作为单独的化合物来测量）。

由表 1－1 可以看出，集吸附与生物作用于一体的 BAC 工艺，无论是对传统水处理指标，还是对新型污染物，均表现出较好的效果。

1.1.3.3 BAC 工艺在我国给水深度处理领域的快速发展

在水源水质污染日益加剧的今天，以去除水体中的胶体和细菌为主要目的的常规工艺难以有效去除氨氮、微量有机物、致病原虫等污染物，无法解决水源污染与提高水质标准之间的矛盾，更难以有效应对突发性水源污染事件。BAC 工艺能有效去除上述污染物，因此是十分重要且切实可行的给水深度处理工艺。

同时，作为应对水污染突发事件（如松花江硝基苯污染事件、无锡蓝藻暴发事件）的应急预案，大部分以地表水为水源的净水厂都采用投加粉末活性炭（PAC）的措施。据2008—2009年住房与城乡建设部对4 457个水厂设施运行状况的调查，75%的地表水源水厂采用常规处理工艺，23%的水厂采用简易处理或不处理，仅有2%的水厂采用可以有效去除多种污染物的深度处理工艺。随着《生活饮用水卫生标准》(GB 5749—2006）的贯彻和实施，BAC工艺在我国饮用水深度处理中逐渐推广开来。到2013年，全国已建和在建的给水深度处理工程达94个，其中北京有10个（全部为BAC)，天津有2个（1个为BAC)，内蒙古有1个（BAC)，吉林有2个（全部为BAC)，河北有2个（1个为BAC)，河南有2个（全部为BAC)，山东有9个（4个为BAC)，上海有8个（全部为BAC)，浙江有18个（全部为BAC)，江苏有33个（31个为BAC)，广东有7个（全部为BAC)，即90%的给水深度处理均采用BAC给水深度处理工艺。

结合给水深度处理技术原理与工程实践，活性炭参与的饮用水处理流程通常有以下八种形式（表1－2）。目前国内常采用表中（1）、(5)～(8)这几种形式。其中（1）用于水源突发性污染；(5)～(8）为BAC工艺的不同组合形式，各有优缺点，如（5）可以避免或减少生物穿透，但要求沉淀的效果要好，（6）用得最多，但要注意避免BAC后面的生物穿透。目前，BAC工艺已被我国的应用实践证明是最具代表性的给水深度处理工艺。

表1－2　生活饮用水活性炭净化的不同工艺

序号	活性炭参与的饮用水处理流程	活性炭形态
(1)	→(氯↓, PAC↑)→沉淀→砂滤→(氯↓)→	粉末活性炭（PAC）
(2)	→(氯↓)→沉淀→GAC→(氯↓)→	颗粒活性炭（GAC）
(3)	→(氯↓)→沉淀→砂滤→GAC→(氯↓)→	
(4)	→沉淀→砂滤→BAC→(氯↓)→	生物活性炭（BAC）
(5)	→沉淀→臭氧→BAC→砂滤→(氯↓)→	
(6)	→(氯↓)→沉淀→砂滤→臭氧→BAC→(氯↓)→	
(7)	→(氯↓)→沉淀→臭氧→砂滤→BAC→(氯↓)→	
(8)	→臭氧→沉淀→砂滤→臭氧→BAC→(氯↓)→	

综上可以看出，活性炭很早就用于水的脱臭和除味，从20世纪中期开始用于污水和废水的处理，后来逐渐发展到BAC水处理工艺，活性炭与水的关系越来越密切。尽管活性炭在净水领域应用广泛，但人们对活性炭吸附的机理尚不清楚，对活性炭的功能远未充分利用。1980年出版的《活性炭净化》一书的作者哈斯勒（Hassler）曾把活性炭称为"黑魔"（black magic），认为活性炭吸附受许多复杂因素的影响，不能简单地归结为单一的吸附现象。为了更有效地把活性炭应用于水处理的各个领域，尤其是饮用水净化方面，必须对活性炭本身及使用对象等有较全面的了解。

1.2 水净化用活性炭标准的发展历程

随着活性炭在净水领域的广泛应用，其产品的标准化是必然趋势。目前世界上用于水净化的活性炭产品标准主要有美国自来水协会（AWWA）标准、欧盟（EU）标准、日本自来水协会（JWWA）标准和中国净水用活性炭标准，如表1－3所示。基于活性炭在水处理中的应用方式（颗粒活性炭、粉末活性炭）以及再生与否，AWWA标准、EU标准均包含颗粒活性炭、粉末活性炭和活性炭再生三个标准；JWWA标准则仅包含颗粒活性炭和粉末活性炭两个标准；而中国现行的净水用活性炭行业标准（CJ/T 345—2010）则将颗粒活性炭和粉末活性炭一并列出。此外，中国还有《煤质颗粒活性炭　净化水用煤质颗粒活性炭》（GB/T 7701.2—2008）和《木质净水用活性炭》（GB/T 13803.2—1999）两个国家标准。

虽然中国净水用活性炭已有上述两个版本的国家标准，但这两个标准涵盖的活性炭产品范围有限，尤其是都没有包括煤质粉末活性炭。目前除一小部分水厂给水深度处理采用木质、椰壳或果壳粉末活性炭外，绝大部分水厂给水深度处理采用煤质粉末活性炭，且装填量大；同时，投加煤质粉末活性炭处理水源突发性污染事件的做法得到日益广泛的应用。因此，为了确保饮用水安全，必须选择正确的活性炭，以提高净水效果。中华人民共和国城镇建设行业标准《生活饮用水净水厂用煤质活性炭》（CJ/T 345—2010）就是在这种情况下应运而生的，并于2011年5月1日起正式实施。随着近十几年来BAC工艺在我国给水深度处理中的广泛应用，该标准已启动修订，本书的著者及为本书作序的水行业专家和活性炭行业专家均是该标准的主要撰稿人。由于该行业标准是基于生活饮用水净水厂用活性炭的生产实践总结，是在上述标准的基础上的进一步发展，且其指标要求均高于国家标准，因此原则上应以该行业标准为依据选炭、用炭。

表 1－3　美国、欧盟、日本、中国现行净水用活性炭标准

来源	标准名称
美国自来水协会标准	*Powdered activated carbon*（AWWA B600-2010）（粉末活性炭）
	Granular activated carbon（AWWA B604-2012）（颗粒活性炭）
	Reactivation of granular activated carbon（AWWA B605-2013）（颗粒活性炭再生）
欧盟标准	*Products used for the treatment of water intended for human consumption —Granular activated carbon — Part 1: Virgin granular activated carbon*（BS EN 12915-1-2009）（饮用水处理用新颗粒活性炭）
	Products used for the treatment of water intended for human consumption — Granular activated carbon — Part 2: Reactivated granular activated carbon（BS EN 12915-2-2009）（饮用水处理用再生颗粒活性炭）
	Products used for the treatment of water intended for human consumption — Powdered activated carbon（BS EN 12903-2009）（饮用水处理用粉末活性炭）
日本自来水协会标准	《水道用颗粒活性炭》（JWWA A114-2006）
	《水道用粉末活性炭》（JWWA K113-2005）
中国煤质净水炭行业标准	《生活饮用水净水厂用煤质活性炭》（CJ/T 345—2010）
中国净水炭国家标准	《煤质颗粒活性炭　净化水用煤质颗粒活性炭》（GB/T 7701. 2—2008） 《木质净水用活性炭》（GB/T 13803. 2—1999）

尽管各标准的具体指标不同，但对水处理用炭最关键的几个指标都有明确的要求，颗粒活性炭和粉末活性炭标准中几个关键技术指标的对照分别如表 1－4 和表 1－5 所示。

表 1－4　颗粒活性炭（GAC）标准关键技术指标对照

序号	项目	AWWA B604-2012	BS EN 12915-1-2009	JWWA A114-2006	GB/T 7701. 2—2008	CJ/T 345—2010
1	碘吸附值(mg/g)	≥500	≥600	≥900	≥800	≥950
2	亚甲基蓝吸附值(mg/g)	未规定	未规定	≥150	≥120	≥180
3	苯酚吸附值(mg/g)	未规定	未规定	未规定	≥140	未规定
4	酚值	未规定	未规定	≤25	未规定	≤25
5	二甲基异莰醇吸附值(μg/g)	未规定	未规定	未规定	未规定	≥4. 5
6	水分含量（%）	≤8	≤5	未规定	≤5	≤5
7	灰分含量（%）	未规定	≤15	≤10	未规定	未规定
8	表观或装填密度(g/mL)	≥0. 20	≥0. 18	≥0. 40	≥0. 38	≥0. 38

（续）

序号	项目	AWWA B604-2012	BS EN 12915-1-2009	JWWA A114-2006	GB/T 7701.2—2008	CJ/T 345—2010
9	强度（%）	≥70	>75	≥90	≥85	≥90
10	水溶物含量（%）	≤4	≤3	未规定	≤0.4	≤0.4
11	pH 值	未规定	未规定	4~8	6~10	6~10
12	杂质指标	有规定	有规定	有规定	有规定	有规定

表 1-5　粉末活性炭（PAC）标准关键技术指标对照

项目	AWWA B600-2010	BS EN 12903-2009	JWWA K113-2005	CJ/T 345—2010
原料来源	—	—	—	煤质
粒径分布	100 目筛网残余≤1%（对木质炭，≤5%），200 目筛网残余≤5%（对木质炭，≤15%），325 目筛网残余≤10%（对木质炭，≤40%）	150 μm 筛网残余 ≤5%	75 μm 筛网残余 ≤10%	75 μm 筛网残余 ≤10%
碘吸附值（mg/g）	≥500	—	≥900	≥900
酚值	—	—	≤25	≤25
ABS[①] 吸附值（mg/L）	—	—	≤50	—
亚甲基蓝吸附值（mg/g）	—	—	≥150	≥150
二甲基异莰醇吸附值（μg/g）	未规定	未规定	未规定	≥4.5
表观密度[②]（g/mL）	0.20~0.75	—	—	≥0.50

注：①ABS 表示阴离子表面活性剂；②表观密度 = 堆积密度/（1 - 空隙率），对活性炭而言，空隙率通常为 0.44。

由表 1-4 和表 1-5 可以看出，就颗粒活性炭（GAC）、粉末活性炭（PAC）最常用的关键技术指标（如碘吸附值、亚甲基蓝吸附值、酚值、二甲基异莰醇吸附值）而言，我国的行业标准 CJ/T 345—2010 已赶上甚至领先于其他三个国家或地区标准。

第2章 活性炭生产、制备及性能评价

2.1 活性炭生产工艺概况

2.1.1 活性炭简介

活性炭是含碳物质（如木材、核桃壳、椰子壳、泥炭、褐煤、烟煤、无烟煤、纸浆废液、石油残渣等）经过炭化、活化等工序制成的具有活性的无定形碳，是一种具有巨大比表面积和发达孔隙结构的炭吸附剂。其组成物质除了碳元素外，还有少量的氢、氮、氧及灰分。活性炭是优良的吸附剂，它具有物理、化学性质稳定，不溶于水和有机溶剂，能耐酸碱，能经受高温和高压的作用，使用失效后容易再生等优点，因此广泛用于水质净化、空气净化、黄金提取、糖液脱色、药品针剂提炼、血液净化、防辐射、人体安全防护、健康保健等领域，用作化纤、化工工业催化剂和催化剂载体，用于国防工业以及农业等行业。

2.1.2 活性炭的制造方法

活性炭的制造方法通常分为两大类，即气体法和药品法。基于上述两种基本的活性炭制造方法，目前国内外活性炭生产采用的活化方法主要分为四类。

1）药品活化法　该方法用化学药品（如强碱、强酸或强氧化剂）浸渍原料，然后对原料进行加热处理，在加热状态下化学药品对原料中碳的氧化引起碳原子的脱除，从而在原料中产生大量的孔隙，由此制造出活性炭。

2）气体活化法　该方法是在高温下用水蒸气、二氧化碳、空气等气体或它们的混合物对炭化后的原料进行活化，通过活化气体对碳原子的氧化造成原料中碳的“烧失”，从而形成孔隙，由此制造出活性炭。目前最常用的活化气体是水蒸气。

3）药品－气体活化法　这是将药品活化法与气体活化法结合起来的一种活化方法。先用化学药品浸渍原料，然后对原料进行加热处理，在加热时通入适量的活化气体，由此制造出活性炭。

4）催化活化法　根据生产活性炭的含碳材料的不同特点，在活性炭生产过程中向原料内加入不同的催化剂，当原料活化时催化剂催化碳与水蒸气、二氧化碳等活化介质的氧化反应，制造出具有特殊孔隙结构或强吸附性能的活性炭产品。催化活化法是在气体活化法的基础上发展起来的一种活化方法，即在活性炭制备过程的某一工艺阶段加入催化剂，降低活化气体与碳反应的活化能，从而缩短活化反应时间，提高活化反应速度，达到在相同的工艺条件下提高活性炭的产量和产品质量、降低活性炭的生产成本的目的。

上述四种活化方法各有特点。与气体活化法相比，药品活化法的优点是产品孔隙大，操作温度较低，但其生产过程中产生的酸性或碱性腐蚀性气体不仅会氧化和腐蚀生产设备，而且会污染生产环境，因此药品活化法的使用受到越来越严格的限制。目前国内外最常用的活化方法是气体活化法。有时为了提高产品的吸附能力或调整产品的孔隙结构，也采用药品－气体活化法，但该法对生产设备要求严格，因此其应用受到限制。

2.1.3　活性炭制备工艺各工序简介

活性炭产品种类很多，按生产原料不同可分为煤质活性炭、木质活性炭、果壳活性炭和合成活性炭等。无论生产哪种活性炭产品，生产过程都可以大致分为五个工序，即原料预处理、成型、炭化、活化及后处理，有的生产过程还包括预氧化工序。其中，炭化过程和活化过程对活性炭的质量起着关键作用。

2.1.3.1　原料预处理

在活性炭生产过程中，依据原料及后续制备工艺的不同，需要对原料进行破碎、磨粉至达到所需的粒度。所谓破碎是指采用挤压、研磨、劈裂、撞击等机械的方法来减小块状料的几何尺寸，按原料的破碎程度可分为初碎、中碎和细碎。而磨粉是制造颗粒活性炭极为重要的工序，磨粉的粒度在一定范围内决定了成型颗粒的密度。为了制得高强度的活性炭，确定最佳磨粉程度及不同磨粉程度原料的配比具有重要的意义。

2.1.3.2　成型

成型工序就是在专用的成型造粒设备中对生产活性炭的原料进行加工，使之具备工艺要求的性能和形状。用于柱状活性炭生产的原料粉与黏结剂、水混合均匀后被挤压成条状，再经风干后送往炭化工序进行炭化；用于压块活性炭生产的原料煤粉要被压成块状后再送往炭化工序进行炭化。

活性炭制造厂常用的成型方法有挤压成型及模压成型，其中前者生产效率比较高，而且压出的炭条长轴方向密度分布比较均匀，适合压制柱状炭。挤压成型设备有油压机、螺压机和造粒机等。

2.1.3.3 炭化

活性炭生产的最主要工序是炭化和活化。炭化即在隔绝空气（或缺氧）和不加化学药剂的条件下将成型颗粒物料直接加入炭化炉中，使原料中大部分氢（H）、氧（O）呈气态脱离，而碳则形成石墨微晶的形态。赖利（Riley）等把纤维素炭化，研究炭化温度和雏晶网面大小的关系，结果发现这种微晶的尺寸随炭化温度而变化。如图2-1所示，400 ℃时这种微晶含有11个环，510 ℃时含有14个环，610 ℃时含有24个环，700 ℃时含有31个环，当温度上升到1 000～1 100 ℃时含有40个环，1 300 ℃时含有44个环，即随着炭化温度的升高，炭化料的结构接近石墨化结构。为了使活性炭的结构处于石墨化结构与乱层结构混合存在的状态，必须控制好炭化温度。

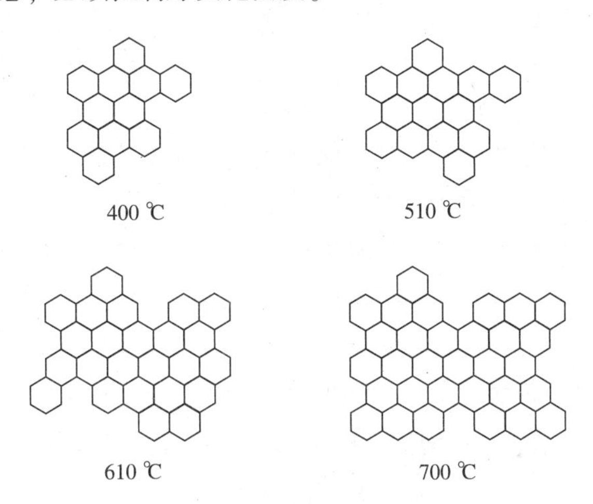

图2-1 不同温度下炭化料的微晶状态

我国西安煤田地质勘探研究所对泥炭、褐煤、长焰煤、烟煤和无烟煤在还原条件下的加热试验证明，在200 ℃以下时，上述样品从宏观到微观都未发生变化；加热到250 ℃并维持40 min后，除泥炭和褐煤由原来的褐色变为黑褐色外，其他样品的外观未发生变化，且所有样品的微观结构均无明显的变化；当温度上升到350 ℃时，所有样品的化学结构开始变化，甚至出现了低变质程度烟煤所具有的芳香核。从各种煤的加热试验可以看出，热的作用主要表现为使煤大分子的芳香核片增大。在温度和压力的复合作用下，这一规律仍然存在，但芳香核片的堆砌高度随温度的升高表现出波浪状的起伏。烟煤中的气、肥、焦煤在800 ℃左右时，芳香核片的堆砌高度降至最小值；无烟煤以及烟煤中的瘦、贫煤大致在1 200 ℃时，芳香核片的堆砌高度降至最小值；然后随温度升高，上述样品的芳香核片的堆砌高度很快增大，直到1 700 ℃时还继续增大，即煤在向石墨化方向发展。

综上可知，炭化的主要目的是排出成型物料中的挥发分和水分，增大炭颗粒的密度和强度，并使炭颗粒形成初步孔隙，亦称次生孔隙，而原料中的孔隙称为原生孔隙。纤维材料和煤质材料的炭化过程表现出了相似的特点，即炭化过程决定了微晶的大小，从而决定了活性炭的孔隙结构。因此，可以通过控制炭化温度来控制微晶结构，从而获得一定的孔隙结构，这是炭化温度的控制至关重要的原因所在。

回转炉炭化是目前活性炭生产中使用较普遍的一种方法，分为内热式和外热式。前者的特点是热气流与物料直接接触，而后者通过热辐射加热物料，使物料炭化。因此，内热式炭化过程物料损耗较大，而外热式则可以在一定程度上克服这个缺点。

活性炭制备过程中炭化料的质量控制指标一般包括强度、水容量、挥发分含量、灰分含量等，这些指标均应该控制在表2－1所示的范围内。

表2－1　炭化料的质量控制指标

控制指标	强度（%）	水容量（%）	挥发分含量（%）	灰分含量（%）
指标值	≥90	≥20	12～15	≤8

2.1.3.4　预氧化

预氧化即预炭化。原料预氧化处理一般有干、湿两种方法，干法为在一定的加热条件下，用空气、氧气等气体作氧化剂，湿法则常用硝酸、硫酸等作氧化剂。对原料进行适当的预氧化处理，可以使活性炭的某些技术指标发生明显的改变，如：①可以防止物料在炭化过程中膨胀；②可以增大物料的堆积密度；③可以提高物料的强度。由于物料在空气中的着火点为250～300 ℃，因此，要提高预氧化温度，需控制好烟气氛围中的氧含量。

近年来我国建成了含预氧化工序的活性炭生产线。如图2－2所示，随着预氧化温度的升高，物料中的氧元素（O）增加，碳元素（C）减少，氢元素（H）减少，氧碳比（用O/C表示）增大。

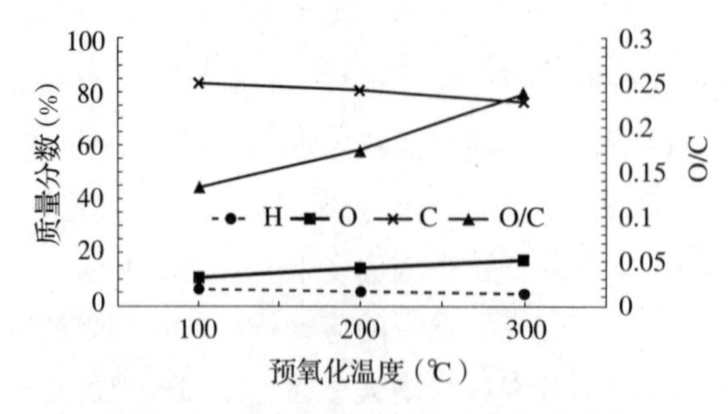

图2－2　预氧化后物料的元素组成变化

2.1.3.5 活化

活化过程的目的是对炭化过程中沉积在孔隙内的焦油状物质及非晶质炭进行清理，使炭化料获得活性。给水处理用炭大多是采用水蒸气活化法生产的，其原理如下。

水蒸气与灼热的碳在 750 ℃以上发生以下反应：

$$C + H_2O(g) = CO + H_2 - 123.1\ kJ/mol$$

$$C + 2H_2O(g) = CO_2 + 2H_2 - 79.5\ kJ/mol$$

以上反应均是吸热反应，因此工人常把此半炉（即斯列普（SLEP）活化炉）称为冷半炉。通过活化气体对碳原子的氧化造成原料中碳的“烧失”，从而形成活性炭发达的孔隙结构。活化程度取决于活化时间、活化温度和水蒸气用量（即活化“三要素”）。

活化过程（即炭化料的气化反应过程）主要经历以下几个阶段。

（1）水蒸气向炭化料表面扩散：①向粒子的外表面扩散；②向粒子的内表面扩散。

（2）炭化料表面吸附活化气体。

（3）炭化料表面发生气化反应。

（4）反应生成物脱附：①从粒子的内表面向气相中扩散；②从粒子的外表面向气相中扩散。

2.1.3.6 后处理

后处理是将活化料破碎到用户所要求的粒度的过程，包括破碎、筛分和包装。筛底上的物质即颗粒活性炭，筛底下的物质进一步粉碎即成粉末活性炭。

2.1.4 煤质活性炭常用的生产工艺

用气体活化法生产煤质活性炭，目前国内外比较常用的生产工艺主要有以下几种。

1）原煤破碎活性炭生产工艺　将合格的原料煤按生产要求破碎、筛分以后，直接进行炭化和活化处理，然后根据使用要求破碎到合格的粒度成为成品炭。

2）成型颗粒活性炭生产工艺　根据颗粒活性炭的形状，又可以分为以下四种工艺。

（1）柱状活性炭生产工艺。合格的原料煤入厂后，将其粉碎到一定的细度（一般为180 或 200 目），然后配入适量黏结剂（一般为煤焦油，也可以用纸浆废液、淀粉溶液、木质磺酸钠溶液等）混合均匀，采用催化活化工艺时需同时添加适量催化剂，然后在一定压力下用一定直径的模具挤压成炭条，对炭条进行炭化、活化处理后，再根据原料性质和产品要求进行产品后处理，最后经筛分、包装制成成品活性炭。

（2）压块活性炭生产工艺。为了降低柱状活性炭生产成本，简化柱状活性炭生产工艺，同时改善柱状活性炭的孔隙结构，可以选择具有多种孔隙结构的原料煤品种，在原料煤制粉后，加入适量添加剂或催化剂（有时加入少量黏结剂）混合均匀，利用干法高压成型设备使混合均匀的粉状物料成型，然后经破碎、炭化、活化等工艺过程，进一步破碎到合适的使用粒度，最后经后处理或筛分、包装制成压块活性炭。与柱状活性炭生产相比，压块活性炭生产由于不加或少加黏结剂，因此生产成本较低，且对生产环境产生的污染较小；与原煤破碎活性炭生产相比，压块活性炭生产由于采用了高压成型工艺，因此生产的产品强度高，吸附性能好，使用效果明显改善。但该工艺对原料煤的性质要求严格，一般高变质无烟煤或不具黏结性的其他煤种不适合采用该工艺生产活性炭。

（3）球形活性炭生产工艺。球形活性炭生产的关键在于原料的筛选和造球设备的选择。用该工艺生产的球形活性炭粒度均匀，耐磨性好，装填性好，炭层阻力（压降）小，因此使用性能优良。但该工艺对原料煤的要求更严格，生产过程繁杂，生产成本相对较高。目前球形活性炭的主要生产原料为具有较强黏结性的烟煤，不具黏结性的无烟煤难以应用该工艺进行活性炭的生产。

（4）粉末活性炭生产工艺。一般的粉末活性炭是由原料煤经炭化、活化后再粉碎成使用所要求的细度后包装制成的。如果项目生产工艺路线中已设置了颗粒活性炭（包括原煤破碎活性炭和成型颗粒活性炭）生产工艺，则粉末活性炭一般是利用颗粒活性炭活化后筛分时的筛下物制成的。因此，可以认为粉末活性炭是一般大型活性炭生产企业的副产物。

我国制造活性炭所用的原料主要有烟煤（如山西大同煤）、无烟煤（如宁夏太西煤）、椰子壳、果核皮及竹子等。这些材料通常在炭化后，在大于或等于 850 ℃的高温下与气体（主要是水蒸气，也含有 CO_2）发生反应（$C + H_2O \longrightarrow CO + H_2$ 和 $C + CO_2 \longrightarrow 2CO$），形成吸附所要求的发达的内部孔隙结构。

2.1.5 生活饮用水净化用煤质活性炭的规格及主要品种

生活饮用水净化用活性炭绝大部分是采用气体法生产出来的。按照《生活饮用水净水厂用煤质活性炭》（CJ/T 345—2010）的规定，生活饮用水净水厂用煤质活性炭的规格有：ϕ1.5 mm 圆柱状活性炭；8 目 ×30 目、12 目 ×40 目、20 目 ×50 目颗粒活性炭；200 目粉末活性炭。根据《生活饮用水净水厂用煤质活性炭选用指南》，目前生活饮用水净化用煤质活性炭主要有以下几种。

1. 原煤破碎活性炭

原煤破碎活性炭包括以下两种。

（1）活化无烟煤。无烟煤破碎后直接活化而得的产品，通常称为活化无烟煤。这种产品的优点是价格较低，缺点是由于是原煤结构，吸附性能较差，碘吸附值通常小于或等于 900 mg/g，亚甲基蓝吸附值小于或等于 135 mg/g，孔隙分布范围比 ϕ1.5 mm 圆柱状活性炭更狭窄。

（2）烟煤活性炭。它是烟煤（主要是弱黏煤）破碎后经炭化、活化而得的产品。这种炭的吸附性能较好，碘吸附值可达 1 000 mg/g 以上，亚甲基蓝吸附值也可达到 200 mg/g，但孔隙分布仍有原煤结构的局限性。

活化无烟煤和烟煤活性炭共同的缺点是：在水中漂浮率较高，再生得率较低。

2. ϕ1.5 mm 圆柱状活性炭

该产品通常由无烟煤（目前主要是宁夏、内蒙古的太西煤）经磨粉、加入黏结剂混捏成型后炭化、活化而得。因其粒径为 1.5 mm，人们亦称之为“15 炭”。其碘吸附值可达 1 000 mg/g，亚甲基蓝吸附值大于或等于 180 mg/g。这种炭的优点是强度较高，浮灰少，再生得率较高；缺点是活性炭颗粒为圆柱状，外表面光滑，不利于微生物附着和繁衍，同时孔隙分布范围较窄，不利于去除水中较大分子的污染物。

3. 压块（片）破碎活性炭和圆柱破碎活性炭

这两种产品的共同点是：不是单一煤种的制品，而是由配煤（将孔隙结构不同的煤种按一定比例混合，甚至可能添加一些改变孔隙分布的化学药剂）经磨粉、成型、炭化、活化、破碎、筛分而得。这种产品的孔隙分布比较合理，强度较高。

4. 粉末活性炭

生活饮用水净化用粉末活性炭通常分为 200 目（90% 以上通过 200 目筛网）和 325 目（90% 以上通过 325 目筛网）两个规格，从用量和经济性的角度出发，主要选用煤质气体法粉末活性炭。粉末活性炭由各种活性炭的筛下物经磨粉而得，其中用压块（片）破碎活性炭、圆柱破碎活性炭和烟煤活性炭的筛下物制造的粉末活性炭比用圆柱状活性炭和活化无烟煤的筛下物制造的粉末活性炭的碘吸附值和亚甲基蓝吸附值高。

关于粉末活性炭的规格，各个国家定义不同。日本标准（JISK 1474-2014）规定粒径小于 150 目的活性炭为粉末活性炭。美国标准（ANSI/AWWA B600-2016）规定粉末活性炭的粒径分布如下：100 目筛网残余≤1%（对木质炭，≤5%）；200 目筛网残余≤5%（对木质炭，≤15%）；325 目筛网残余≤10%（对木质炭，≤40%）。根据《生活饮用水净水厂用煤质活性炭》（CJ/T 345—2010）和国内的习惯，选择 200 目（75 μm）作为判据，即粒径小于 200 目的活性炭为粉末活性炭。

要特别注意的是，目前市场上一些廉价的粉末活性炭是再生炭制粉、包装后的产品，由于原料来源杂乱，很多可能是化工行业使用过的，含有有毒有害成分，而且再生工艺装置简陋，活化温度不足（低于 750 ℃），若用于生活饮用水净化，是十分危险和有害的。

为了防范这类产品的误用，一方面要严把供货商资质审核和产品检验关口，另一方面要特别注意产品的灰分含量，劣质再生活性炭的灰分含量通常较高，一般高于20%，有的甚至高于30%。

2.1.6 影响气体活化法生产的活性炭质量的因素

影响气体活化法生产的活性炭质量的因素很多，一般生产过程的每个步骤对活性炭的性质都有不同的影响。

1. 原料的性质

不同的原料由于含碳量、含氢量、含氧量不同，挥发分不同，原料的结构不同，炭化后得到的半焦特性也不同。在一定温度下，不同的原料与活化剂发生反应的速率也不尽相同。

用于制备活性炭的主要煤质原料包括泥煤、褐煤、烟煤、无烟煤等腐质煤，前两种煤的煤化程度低，一般称为年轻煤（低阶煤），无烟煤则称为老年煤（高阶煤）。碳是煤中最重要的元素，碳含量随着煤化程度的升高而增加，例如泥炭中碳含量为50%~60%，褐煤中碳含量为60%~77%，烟煤中碳含量为74%~92%，无烟煤中碳含量为90%~98%。一般而言，各种煤的反应性（活性）随着反应温度升高而加强，随着煤的变质程度加深而减弱，例如褐煤的反应性最强，无烟煤的反应性最弱；但也有例外，如我国的太西煤属于无烟煤，但其化学活性（CO_2活性）比某些烟煤还高，所以被用来制作优质活性炭。煤的灰分组成与数量对反应性也有明显的影响。灰分中碱金属和碱土金属的化合物能提高煤、焦的反应性，但会降低焦炭反应后的强度。

2. 炭化温度

原料的炭化温度、炭化升温速度直接影响原料的热分解程度、炭化料的孔隙结构和强度。煤在不同温度下热分解的程度不同，失去的挥发分量、焦油产率也不同。若炭化升温速度太快，挥发分在短时间内大量产生，导致活性炭的强度下降；而低温长时间炭化则有利于颗粒中挥发分徐徐逸出，炭颗粒收缩均匀，形成均匀的初步孔隙结构，有利于提高炭颗粒的强度；但炭化升温速度过慢会延长炭化时间，从而影响炭化的效率和设备的利用率。因此，炭化过程是决定炭化料质量的关键环节。一般而言，为了保证炭化料的堆积密度和强度，炭化升温速度不宜超过10 ℃/min。具体的炭化条件则要综合考虑原料的特性，并兼顾生产实践来确定。

3. 活化温度

活化是碳和活化剂在高温下进行的反应。在不同的活化温度下得到的活性炭的结构不同。随着温度的升高，反应速度加快，碳的烧失率增大、得率减小。活化温度过高，微孔反而减少，导致吸附力下降。一般水蒸气活化的温度控制在850~950 ℃，烟道气活化的温度控制在900～950 ℃，空气活化的温度控制在600 ℃左右。此外，同一种气体活化剂与不同炭化料的反应温度也不同。因此，要根据原料的性质、活性炭的用途及采用的活化剂确定合适的活化温度。

4. 活化剂的种类及流速

在相同的温度下，不同活化剂的化学性质不同，它们与碳的反应速度也不同。如碳和氧的反应速度较快，活化温度只需600 ℃左右即可；而用水蒸气则需850～950 ℃。由于水蒸气能充分地扩散到炭的孔隙内，使活化剂在颗粒内均匀扩散，所以能得到比表面积大、吸附力强的活性炭。另外，由于活化过程实质上是活化剂与碳之间的反应过程，因此，适当的流速是保证活性炭质量的因素之一。

5. 原料的灰分含量

灰分随炭化得率的降低而增加。原料中的无机成分在炭化和活化过程中大部分转化为灰分，灰分是影响活性炭强度的主要因素。在灰分与炭表面接触的界面上，灰分会导致裂纹产生，影响活性炭的强度。当原料的灰分含量为1%时，若炭化得率为20%，则炭化料的灰分含量将为5%；假设活化得率为50%，则活性炭的灰分含量将达到10%左右。因此，原料的灰分含量即使只有1%，活性炭的灰分含量也将达到10%（即10倍）。由于灰分几乎没有吸附能力，因此相比于灰分含量为零的情况，单位质量活性炭的吸附能力就降低了10%左右，所以要求原料的灰分含量尽可能低。

6. 炭的粒度

炭的粒度小，则活化速度快；粒度大，则活化剂与炭的接触面积小，活化反应受活化剂在炭颗粒内部扩散速度的影响，会发生颗粒外部已烧失而内部还未完全活化的现象。但颗粒过细，活化气流通过的阻力增大，也达不到均匀活化的目的。因此，炭的粒度和均匀性直接影响活化速度和活化均匀程度。在反应过程中，炭的粒度逐渐变小，有利于活化，但灰分附在炭粒外面，会影响活化剂的作用。

2.2 活性炭的孔隙结构和表面官能团

2.2.1 活性炭的孔隙结构及其功能

2.2.1.1 活性炭的微晶结构

活性炭的宏观结构模型如图2－3所示，至于微观结构，比较一致的看法是活性炭由微细的石墨状微晶体（图2－4（a））和将它们连接在一起的碳氢化合物构成。对这种石墨状微晶结构，目前公认的模型为如图 2 – 4（b）所示的乱层结构，微晶之间既不平行也不垂直，呈现出如图 2 – 5 所示的杂乱无章的结构。

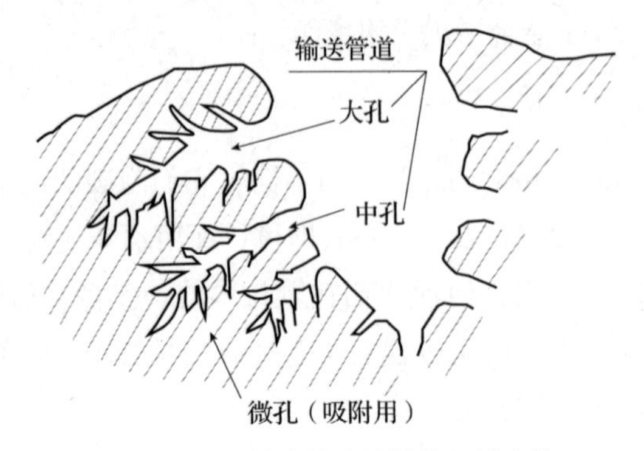

图2–3　活性炭的孔隙结构及其功能

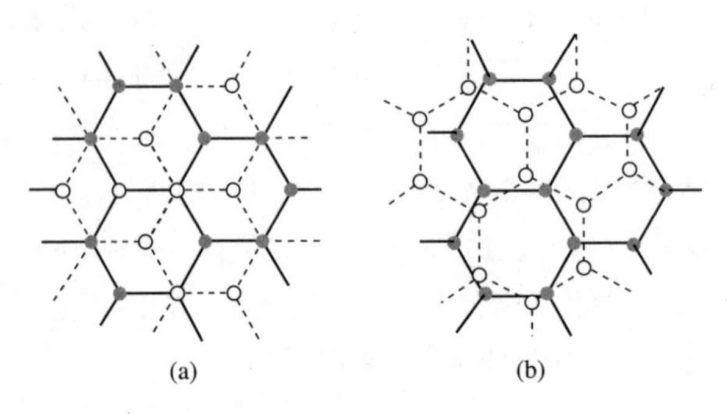

图2–4　石墨的层结构与微晶形炭的乱层结构示意

（a）石墨的层结构　（b）微晶形炭的乱层结构

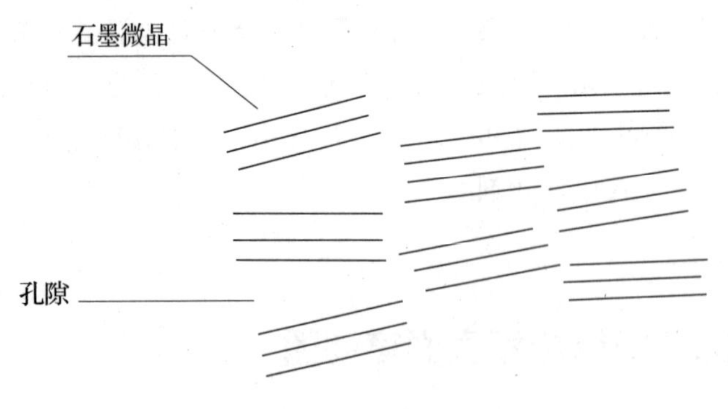

图2–5　活性炭微晶组合

活性炭的微晶结构决定了活性炭具有发达的孔隙结构。固体部分之间的间隙即孔隙，其形状有毛细管状、两个平面间裂口及进口缩小的墨水瓶形等。这些孔隙是在活化过程中，清除了填塞在微晶间的空隙中的碳化合物和非有机成分的碳及微晶构造中的部分碳所产生的空隙。正是由于这些孔隙的存在，赋予了活性炭特有的吸附功能。

2.2.1.2 活性炭的孔隙结构的分类

活性炭的孔隙分布范围很宽，直径从 1 nm 至 10 μm 不等。按照苏联科学院院士杜比宁的划分方法，活性炭的孔隙分为微孔（$R \leqslant 2$ nm）、中孔（2 nm < $R \leqslant 50$ nm）和大孔（$R > 50$ nm）；微孔又可分为真微孔（$R \leqslant 0.6 \sim 0.7$ nm）和次微孔（0.6 ~ 0.7 nm < $R \leqslant 1.5 \sim 1.6$ nm）。

2.2.1.3 孔隙结构的功能

活性炭具有多种功能的最主要原因在于其多孔性结构，其孔隙结构的功能如图 2－6 所示，即不同孔径的活性炭孔隙对应不同的功能。对有机污染物而言，主要是微孔和中孔起吸附作用；大孔（半径大于 50 nm）通过让微生物及菌类在其中繁殖使无机碳材料发挥生物质机能，因此单从微生物载体看，大孔发达的活性炭更适合用作生物活性炭。

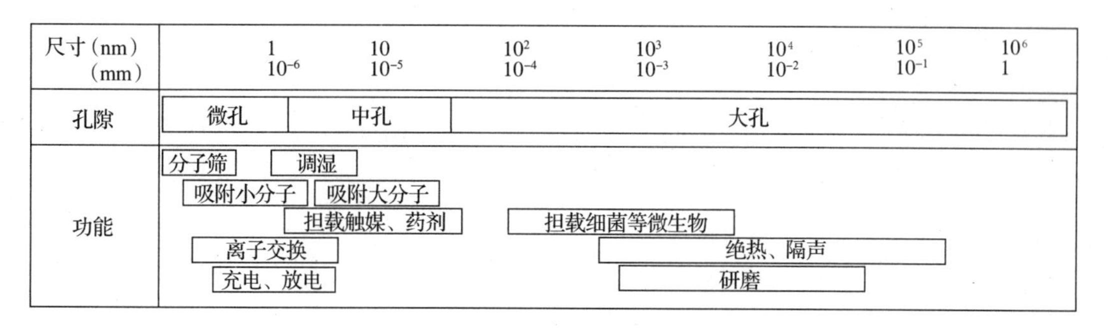

图2－6 活性炭的孔隙结构的功能

2.2.1.4 活性炭的孔隙分布及比表面积测定

由于具有一定尺寸的吸附质分子不能进入直径比其小的孔隙，因此活性炭在使用上表现出对口性或选择性，即某一型号的活性炭具有某种孔隙分布，适用于某种吸附物。这正是活性炭的孔隙分布对其吸附容量影响很大的原因。因此，在选用活性炭之前，确定活性炭的孔径大小分布情况曲线（称为孔分布曲线）是至关重要的。一般微孔、中孔用 N_2吸附法测定，而大孔用压汞法（加压充填量）来测定，亦可以采用显微镜观察。

N_2 吸附法的原理是：通过在液氮温度下让待测活性炭样品吸附 N_2，获得平衡压力由低到高直到饱和蒸气压的各点的吸附量；以吸附量为纵坐标、相对压力为横坐标作图，即可得到液氮温度下的吸附等温线；继续测定解吸等温线，在相同的平衡压力下，吸附过程与解吸过程的吸附量不同，反映在等温线上，吸附和解吸在一定区域内形成一条环状曲线，该环状曲线称为滞后圈或滞留回环，从低压开始的分离点成为滞后圈的起点，相对压力接近 1.0 时吸附和解吸等温线闭合，该点成为滞后圈的终点；

吸附等温线滞后圈起点在纵坐标上对应的吸附量换算成液态体积，即微孔容积；滞后圈终点的吸附量减去滞后圈起点的吸附量换算成液态体积，即过渡孔（中孔）容积。N_2吸附法的具体测定步骤可参考国家标准《煤质颗粒活性炭试验方法　孔容积和比表面积的测定》（GB/T 7702. 20—2008）。

压汞法的原理是：非浸润液体仅在施加外压力时方可进入多孔固体。在不断增压的情况下，以进汞体积为外压力函数，可得到在外压力作用下进入抽空样品中的体积，从而测得样品的孔径分布。如图 2－7 所示，汞与直径为 D 的圆柱形孔隙接触，汞的表面张力沿接触圆的周长作用。因此，汞抵抗进入孔隙的力为 $\pi D\gamma\cos\theta$，其中 D 为孔的直径，γ 为表面张力，θ 为接触角。施加于接触圆面积的外力可表示为 $\pi D^2 p/4$，其中 p 为所施加的压力。当施加的外力与汞的表面张力相等时，有

$$-\pi D\gamma\cos\theta=\frac{\pi D^2 p}{4} \tag{2-1}$$

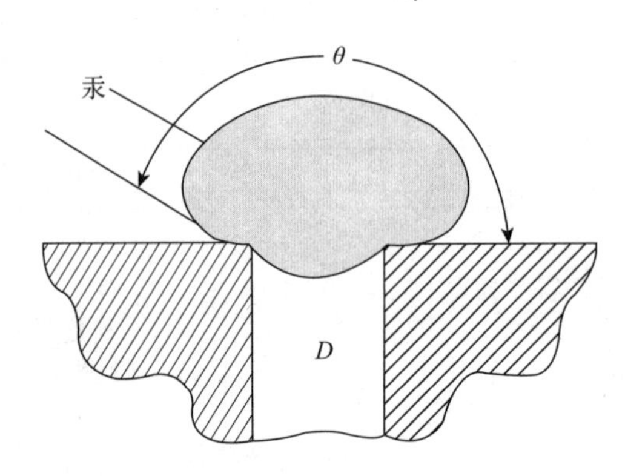

图2－7　汞与多孔固体接触

化简得

$$R=\frac{D}{2}=\frac{-2\gamma\cos\theta}{P} \tag{2-2}$$

式（2－2）称为沃什伯恩（Washburn）方程。

该方程表明，在压力 P 下，汞将进入活性炭中半径大于 R 的所有孔隙中。测定时，逐次增大外压，测出进入活性炭的汞的体积（V），并计算出每个外压所对应的孔半径 R；再分别以孔半径和进入活性炭的汞的体积为横、纵坐标画出压汞曲线；最后以压汞曲线的斜率$\frac{\Delta V}{\Delta\ln R}$对 $\ln R$ 作图，即可得到活性炭的孔径分布。

压汞法的测定流程可参考国标《压汞法和气体吸附法测定固体材料孔径分布和孔隙度　第1 部分：压汞法》（GB/T 21650. 1—2008/ISO 15901-1：2005）的规定。

2.2.1.5　表征孔隙分布的宏观指标

活性炭是去除有机污染物的优良吸附剂，用活性炭从液相或气相中吸附某种物质的能

力，可以直接、准确地表征活性炭的吸附性能。经常用水容量、亚甲基蓝吸附值、碘吸附值、苯酚吸附值、糖蜜脱色率等指标表征活性炭的液相吸附能力。

在水处理中，碘吸附值和亚甲基蓝吸附值是表征活性炭孔隙结构的两项重要指标。碘分子（直径为0.532 nm）能进入活性炭的真微孔（$R \leqslant 0.6 \sim 0.7$ nm），而亚甲基蓝分子（直径为1.1～1.2 nm）能进入活性炭的次微孔（$0.6 \sim 0.7\ \text{nm} < R \leqslant 1.5 \sim 1.6$ nm），即碘吸附值表征活性炭的总比表面积，而亚甲基蓝吸附值表征活性炭孔隙中次微孔的发达程度。在实践中，研究者们总结了几种常用吸附质所需的最小孔径、吸附量和比表面积的关系，如表2－2所示。由表可知，碘的吸附能力与直径大于10 Å 的孔隙的表面积正相关，而糖蜜的吸附能力与直径大于28 Å 的孔隙的表面积正相关。因此，在实际应用中亦经常采用实物的吸附能力来间接反映活性炭的孔隙结构。

表2－2　吸附质所需的最小孔径、吸附量和比表面积的关系

吸附质	所需最小孔径（Å）	直线关系方程
碘	10	$Y=17+1.07X$
高锰酸钾	10	$Y=4.8+0.50X$
亚甲基蓝	15	$Y=0.4+0.34X$
赤藓红（四碘荧光素）	19	$Y=17+0.30X$
糖蜜	28	$Y=12.9+X$

注：X—比表面积（m^2/g）；Y—吸附量。

2.2.1.6　活性炭全孔容积的简易测定方法

活性炭的水容量是指活性炭的全部孔隙内部充满水时的吸水量。一般而言，随着孔容积的增大，吸水量增加，因此该指标在一定程度上可以用来评价活性炭的全（总）孔容积。水容量测定装置如图2－8所示，该测定方法因简单、快捷，一直用于活性炭生产中的工序检验。

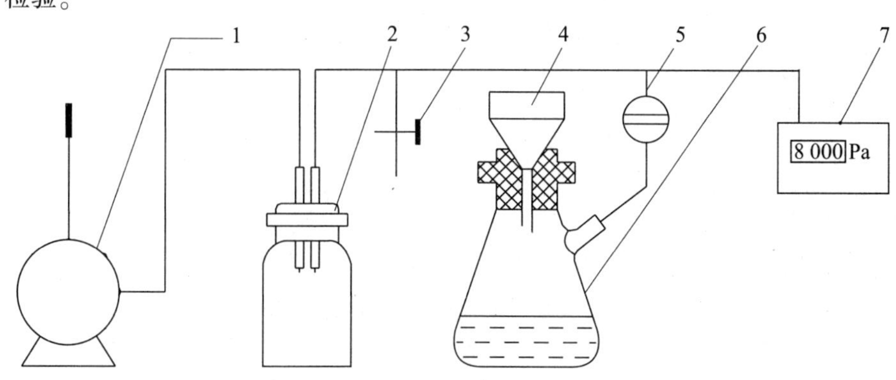

图2－8　水容量测定装置

1—真空泵；2—安全瓶；3—螺旋夹；4—吸滤漏斗；5—双通活塞；6—抽滤瓶；7—压力计

具体测定步骤如下：将活性炭浸泡于水中加热煮沸 15 min，使炭孔隙中的气体逸出而充满水；然后在（810 ± 60）mmH_2O 的负压下抽滤 5 min，在保持负压的条件下，用骨匙将炭样移到天平上立即进行称量（时间不得超过 3 min），得出湿炭的质量 B(g)，则活性炭的水容量 V 的计算公式如下：

$$V = \frac{B - A}{A} \times 100\% \qquad (2-3)$$

式中　A——干炭的质量，g；

　　　B——湿炭的质量，g。

详见《煤质颗粒活性炭试验方法　水容量的测定》（GB/T 7702.5—1997）。

2.2.2　活性炭的表面官能团

活性炭在元素组成方面 90% 以上为碳元素，这是活性炭为疏水性吸附剂的原因。此外，氧元素的含量占百分之几，其中一部分氧元素存在于灰分中，另一部分在活性炭的表面以羧基、酚羟基等表面含氧官能团的形态存在。正是这部分氧的存在，使活性炭不像石墨那样完全是疏水性物质，略微有一些亲水性，同时也带来了活性炭表面化学性质的多样性。目前公认的活性炭表面含氧官能团的结构模型如图 2－9 所示。

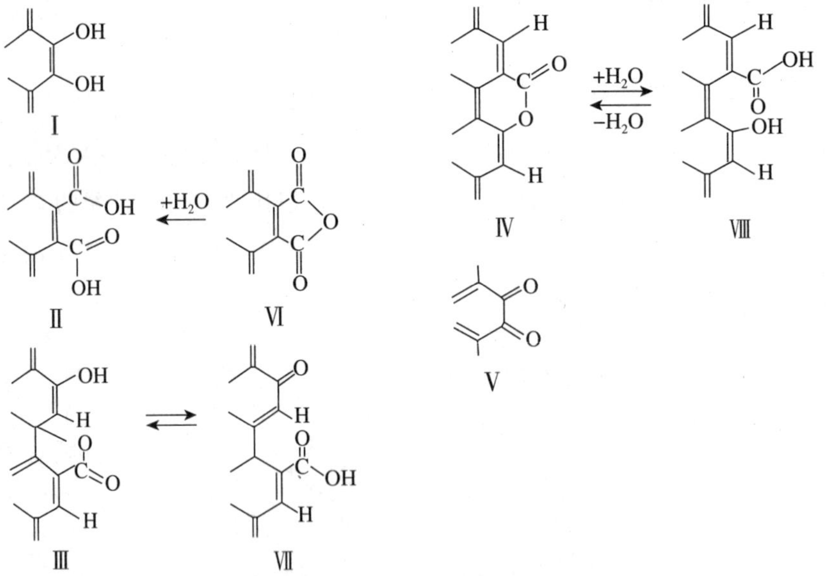

图 2－9　活性炭表面含氧官能团的结构模型

Ⅰ—酚羟基；Ⅱ—羧基；Ⅲ—γ－内酯基；Ⅳ—δ－内酯基；Ⅴ—羰基或醌基；Ⅵ—羧酸酐；

Ⅶ—内酯型羧基（约在 200 ℃时分解）；Ⅷ—内酯型羧基（约在 325 ℃以上时分解）

活性炭在生产过程中与水蒸气、二氧化碳反应，表面部分生成了含氧官能团，其类型和活化温度有关，同时引起活性炭化学性质（比如 pH 值）的改变。不同的基团在水处理过程中的作用是不同的，如羧基（—COOH）能除去水中的重金属，反应式为 $M^{2+} + 2RCOOH \longrightarrow M(RCOO)_2 + 2H^+$，因此可以通过在活性炭的表面嫁接羧基来去除重金属。

贝姆（Boehm）滴定法是最传统的测定碳材料表面含氧官能团的类型及含量的方法。红外光谱（IR）分析法可以测出分子的转动态和振动态，但由于活性炭为黑色的，对红外辐射的吸收能力强，同时表面不均匀的物理结构增强了红外光的散射，因此，通常的 IR 分析法对碳材料几乎无效。而傅里叶变换红外光谱（FT-IR）技术由于采用了干涉光装置，来自全光谱的辐射在整个扫描期间始终照射在检测器上，使光通量增大，分辨率提高。FT-IR 的偏振性较小，可以叠加多次，经快速扫描后进行记录。FT-IR 技术已成为活性炭表面官能团定性分析的有力工具。

2.3 衡量净水用活性炭吸附性能的相关指标

中华人民共和国城镇建设行业标准《生活饮用水净水厂用煤质活性炭》（CJ/T 345—2010）中列出了衡量活性炭吸附性能的三项指标，即碘吸附值、亚甲基蓝吸附值和酚值。

2.3.1 碘吸附值

碘（iodine）吸附值（简称碘值或 *I* 值）是指当溶液中碘的剩余（平衡）浓度为 0.02 mol/L 时每克活性炭的吸碘量。碘吸附值的高低与活性炭中真微孔的多少有很大的关联性，可用来表征活性炭的总表面积和衡量活性炭是否活化好。

目前国内测定活性炭的碘吸附值的方法有“国标”（GB/T 7702.7—2008）和“美标”（ASTM D4607-1994）之说。其实 2008 年我国颁布的“国标”（GB/T 7702.7—2008）是在“美标”，即美国试验与材料协会（American Society for Testing and Materials，ASTM）制定的标准《测定活性炭碘值的标准试验方法》（ASTM D4607-1994）的基础上修订而成的。因此，从某种意义上讲，现行国标 GB/T 7702.7—2008 即“美标”。

在测定过程中，很难使溶液中碘的剩余（平衡）浓度刚好等于 0.02 mol/L，所以必须对测定结果进行修正。为了使修正值更准确，ASTM D4607-1994 中规定用三点的测定结果绘制等温线的方法来求出碘浓度为 0.02 mol/L 时活性炭的吸碘量。

为了减少测定工作量，中国活性炭第一代研究者之一蒋仁甫先生在20世纪90年代初期曾经对修正系数做过试验研究并整理出了碘值的修正系数曲线，如图2-10所示。根据该曲线，滴定一次即可确定碘吸附值（I），即

$$I = I'\eta \tag{2-4}$$

式中　I'——滴定计算之碘吸附量；

　　　η——修正系数。

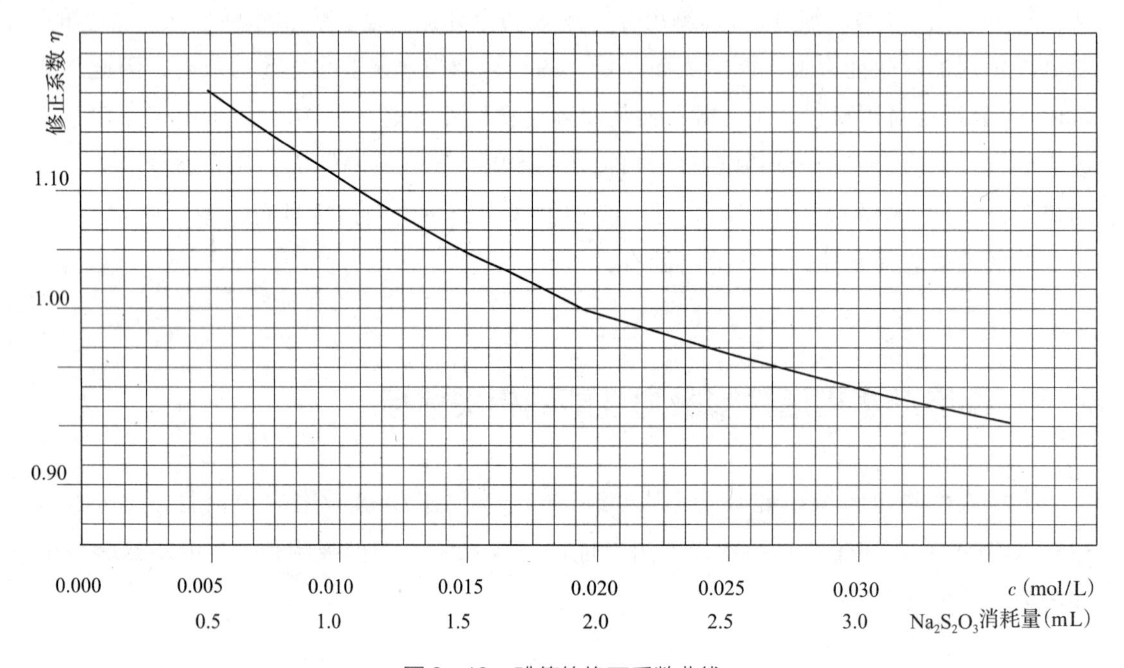

图2-10　碘值的修正系数曲线

由此可知，采用修正系数法只需滴定一个点就可以求出碘值，大大减少了测定工作量；更重要的是，该修正系数曲线比较直观，将 $Na_2S_2O_3$ 消耗量和碘的剩余浓度（c）对应起来，可以使化验人员很快反应过来，一旦 $Na_2S_2O_3$ 消耗量超过2.0 mL，修正系数肯定小于1。

《生活饮用水净水厂用煤质活性炭》（CJ/T 345—2010）规定：对颗粒活性炭，碘吸附值大于或等于950 mg/g；对粉末活性炭，碘吸附值大于或等于900 mg/g。具体测定步骤按国标《煤质颗粒活性炭试验方法　碘吸附值的测定》（GB/T 7702.7—2008）的规定。

2.3.2　亚甲基蓝吸附值

亚甲基蓝吸附值（简称MB值）标志着活性炭孔隙结构中次微孔（6～7 Å < R≤15～16 Å）的发达程度，其分子结构如图2-11所示，分子尺寸稍大于水中的致臭物质二甲基

异莰醇和土臭素（图2－12）。

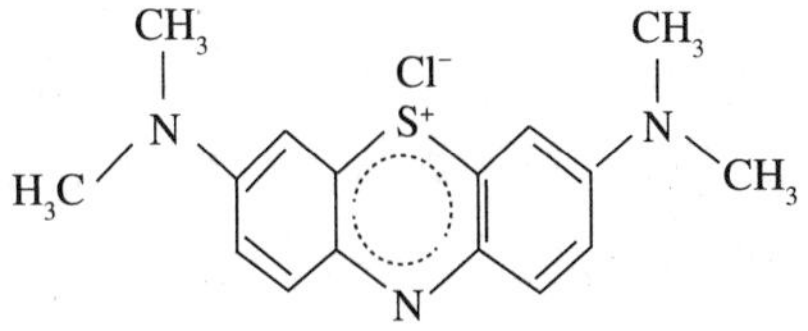

$$\begin{array}{c}\text{[methylene blue structure: } (CH_3)_2N\text{–phenothiazinium–}N(CH_3)_2,\ S^+,\ Cl^-]\end{array}$$

图2－11　亚甲基蓝的分子结构

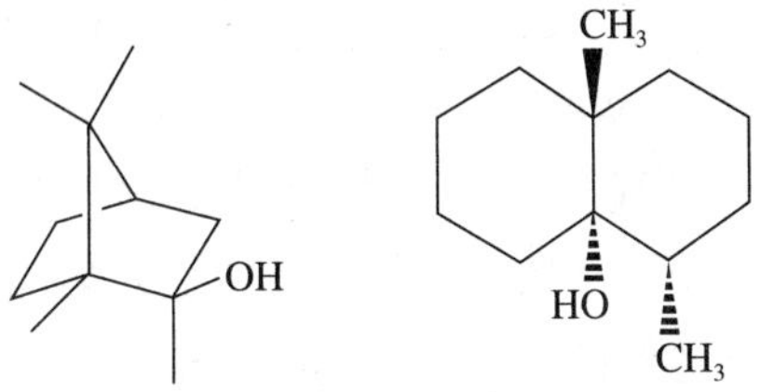

（a）　　（b）

图2－12　二甲基异莰醇和土臭素的分子结构

（a）二甲基异莰醇　（b）土臭素

因此，如果亚甲基蓝吸附值高，则说明活性炭脱除臭味的效果好。对饮用水净化用活性炭而言，这是一项关键指标，其测定按照国标《煤质颗粒活性炭试验方法　亚甲蓝吸附值的测定》（GB/T 7702.6—2008）进行，其单位是mg/g。《生活饮用水净水厂用煤质活性炭》（CJ/T 345—2010）规定：对颗粒活性炭，亚甲基蓝吸附值大于或等于180 mg/g；对粉末活性炭，亚甲基蓝吸附值大于或等于150 mg/g。

需要注意的是，亚甲基蓝吸附值的测定方法亦有“美标”与“国标”之说。但实际上ASTM标准中尚无亚甲基蓝吸附值的测定方法。美国卡尔冈炭素公司（Calgon Carbon Corporation）的测定方法（TM-11）有可能升格为ASTM标准，但在该公司的TM-11方法中，亚甲基蓝溶液的浓度是0.1%（我国为0.15%），而且亚甲基蓝溶液的剩余浓度也不一样，我国采用的是0.3 mg/L，而TM-11方法中为1.0 mg/L。因此，用“国标”测出的亚甲基蓝吸附值比用TM-11方法测出的数值要低。这就是为什么有些活性炭供应商称其用“美标”测出的亚甲基蓝吸附值高的原因。

2.3.3　酚值

生活饮用水水源中的污染物浓度比非饮用水中的污染物浓度低很多，一般为每升几毫克，甚至几微克。因此，生活饮用水净化用活性炭必须在低浓度范围内有较强的吸附能力，即要求弗罗因德利克（Freundlich）方程（$x/m = Kc^{1/n}$）有较高的K值。但由于K值随水源中污染物的种类而变化，很难作为通用的验收指标，因此必须增加一个能反映低浓度下活性炭吸附能力的指标——酚值。

酚值是指将水中的含酚量从 100 μg/L 降至 10 μg/L 所消耗的粉末活性炭（PAC）量（mg）。其测定按照《生活饮用水净水厂用煤质活性炭》（CJ/T 345—2010）中附录 A（吸附等温线和酚值的测定）规定的方法进行。该标准规定：对颗粒活性炭和粉末活性炭，酚值均小于或等于 25。

日本自来水协会在其制定的标准 JWWA-113-1974 中，已明确将酚值作为粉末活性炭的验收指标，在现行标准《供水系统用颗粒活性炭》（JWWA A114-2006）中，亦要求酚值小于 25。在许多文献中，均规定酚值小于或等于 25。1991 年中国台北自来水公司建成了日投 15 t 粉末活性炭的系统，其在粉末活性炭的招标书中明确要求：酚值应小于或等于 25。因此，向生活饮用水净化用活性炭的评价指标中引入酚值是有实际意义的。

需要指出的是，酚值与某些活性炭指标中的吸酚量不是一个含义，也没有任何关系。

2.4 衡量活性炭装填性能的主要指标

2.4.1 活性炭的密度

活性炭的密度分为堆积密度、表观密度、真密度。

单位体积的质量称为密度。由于活性炭由多孔的颗粒组成，其外观体积（$V_{堆}$）可用下式计算：

$$V_{堆} = V_{隙} + V_{孔} + V_{真} \tag{2-5}$$

式中 $V_{隙}$——颗粒间隙的体积；

$V_{孔}$——颗粒内孔隙的体积；

$V_{真}$——骨架真正的体积。

因此，在测定活性炭的密度（或比重）时，按所测体积不同可分为堆积密度（$\rho_{隙} + \rho_{孔} + \rho_{真}$）、表观密度（$\rho_{孔} + \rho_{真}$）和真密度（$\rho_{真}$）。

2.4.1.1 堆积密度

堆积密度（又称为充填密度、堆积重、松密度、公升重、容积重）$\rho_{堆}$表示吸附剂层单位体积的质量，可用下式计算：

$$\rho_{堆} = \frac{m}{V_{堆}} = \frac{m}{V_{隙} + V_{孔} + V_{真}} \tag{2-6}$$

2.4.1.2 表观密度

表观密度（又称为视密度、颗粒密度、假比重、汞置换密度）$\rho_{表}$相当于吸附剂颗粒的质量与体积之比，可用下式计算：

$$\rho_{表} = \frac{m}{V_{孔} + V_{真}} = \frac{m}{V_{堆} - V_{隙}} \tag{2-7}$$

测定表观密度时扣除颗粒间隙的体积。一般用汞充填法测定颗粒间隙的体积，即在常压下将汞充填到颗粒间隙（含直径大于 5×10^3 nm 的孔）中，用所充填（置换）的体积代替颗粒间隙的体积。或根据空隙率，由堆积密度导出表观密度。

2.4.1.3 真密度

真密度（又称为真比重、氦置换密度）$\rho_{真}$表示单位体积吸附剂的质量，可用下式计算：

$$\rho_{真} = \frac{m}{V_{真}} = \frac{m}{V_{堆} - (V_{孔} + V_{隙})} \tag{2-8}$$

测定真密度时扣除颗粒间隙和颗粒内孔隙的体积。一般用氦气（分子直径为 0.26 nm）充填孔隙和间隙。

2.4.2 空隙率和孔隙率

空隙率，即吸附剂层的空隙率，是指未被吸附剂颗粒占据的吸附剂层所占的体积分数。在吸附过程中气体或液体沿这些空隙通过。吸附剂层的空隙率取决于吸附剂颗粒的形状和装填特性，可以根据表观密度与堆积密度的关系求出。在活性炭吸附过程中，活性炭层的空隙率决定吸附过程的主要技术指标之一——流体阻力，因此空隙率对活性炭层具有重要意义，其推导过程如下。

$$\rho_{堆} = (1 - \varepsilon)\rho_{表} \tag{2-9}$$

$$\varepsilon = 1 - \frac{\rho_{堆}}{\rho_{表}} \tag{2-10}$$

式中 ε 为吸附剂层的空隙率，是用来计算接触时间和炭层阻力的。

孔隙率，即活性炭颗粒的孔隙率，可以理解为未被吸附剂占据的颗粒的体积分数，即吸附剂结构的空间体积分数，可以根据表观密度和真密度的关系求出：

$$\varepsilon_{颗} = 1 - \frac{\rho_{表}}{\rho_{真}} \tag{2-11}$$

式中 $\varepsilon_{颗}$ 为活性炭颗粒的孔隙率。

2.4.3 活性炭的强度

活性炭的强度亦称为耐磨性能。生活饮用水净化用活性炭在运输、向吸附池中装填以及反洗的过程中，会受到各种外力的作用，引起颗粒因冲击而破碎，因摩擦而产生炭粉。《生活饮用水净水厂用煤质活性炭》（CJ/T 345—2010）中规定：对颗粒活性炭，强度大于或等于 90%。

目前，活性炭采用国标《煤质颗粒活性炭试验方法　强度的测定》（GB/T 7702.3—2008）中规定的方法（即筛盘法）来测定产品的耐磨性能（强度）。

2.4.4 有效粒径和不均匀系数

水、气体或其混合物在空隙内的流动称为滤流，研究这一运动的规律的理论被称为滤流理论。在活性炭水处理这一滤流体系中，活性炭的有效粒径和不均匀系数是滤流和吸附过程中进行水力、传质计算的重要参数。

2.4.4.1 有效粒径

活性炭的有效粒径定义为让 10% 的活性炭通过的筛孔尺寸，即 d_{10}。如有 10% 的产品的粒径小于 0.5 mm，则此产品的有效粒径为 0.5 mm。活性炭的粒度按国标《煤质颗粒活性炭试验方法　粒度的测定》（GB/T 7702.2—1997）的规定进行测定。

2.4.4.2 不均匀系数

不均匀系数是指让 60% 的产品通过的筛孔尺寸（d_{60}）与让 10% 的同一产品通过的筛孔尺寸（d_{10}）之比值，即

$$\lambda = \frac{d_{60}}{d_{10}} \tag{2-12}$$

式中　λ——不均匀系数；

d_{60}——活性炭粒度分布曲线中质量分数为 60% 时对应的筛网孔径（或活性炭粒径），mm；

d_{10}——活性炭粒度分布曲线中质量分数为 10% 时对应的筛网孔径（或活性炭粒径），mm。

2.4.4.3 有效粒径及不均匀系数的确定

与通常的粒度分布处理的不同之处在于：粒度分布以筛上剩余物的质量为基准，而活性炭的有效粒径以通过筛网的物质的质量为基础。

首先测定并整理出如图 2-13 所示的粒度分布曲线（源自实测数据），然后通过纵轴上活性炭质量分数为 10% 的点作平行于横轴的直线交粒度分布曲线于 a 点，过 a 点作垂线，其与横轴的交点即 d_{10}，就是活性炭的有效粒径。通过纵轴上活性炭质量分数为 60% 的点作平行于横轴的直线交粒度分布曲线于 b 点，过 b 点作垂线，其与横轴的交点即 d_{60}。d_{60}/d_{10} 之值即不均匀系数，该值越小，说明样品的粒度分布范围越小。

我国标准中关于有效粒径及不均匀系数的规定与美国自来水协会的标准（AWWA B604-2012）和日本的活性炭试验方法（JIS K1474-2014）一致。

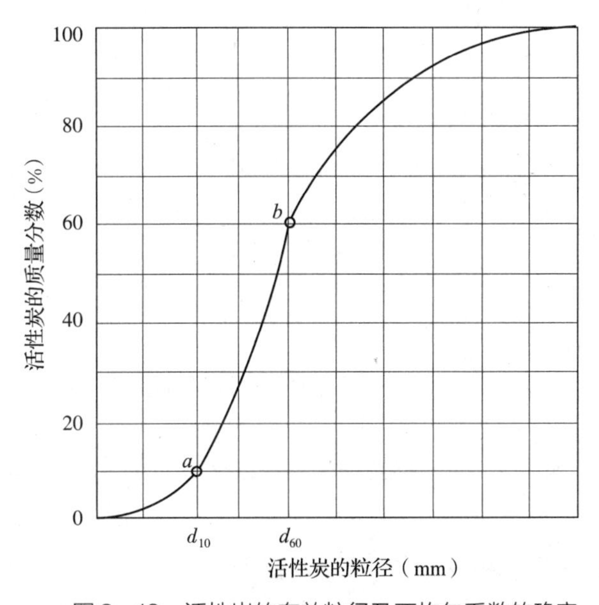

图 2-13 活性炭的有效粒径及不均匀系数的确定

2.5 活性炭质量优劣的简易判定方法

2.5.1 测定活性炭的水容量

由 2.2.1.6 节可知，活性炭的水容量在一定程度上可以用来评价活性炭的全（总）孔容积，因此可以通过测定活性炭的水容量来评价活性炭的全（总）孔容积。日本的浦野纮平等对活性炭的全（总）孔容积与平均孔径（图 2-14）、孔径在 200 Å 以上的孔容积（图 2-15）的关系进行了相关处理，发现具有较好的相关性。

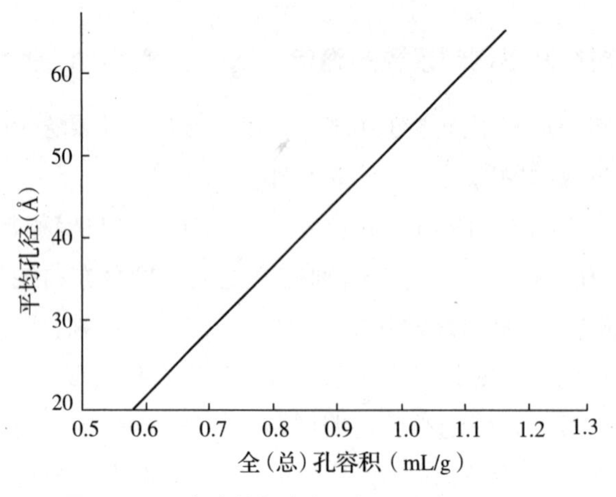

图2－14　全（总）孔容积与平均孔径的关系

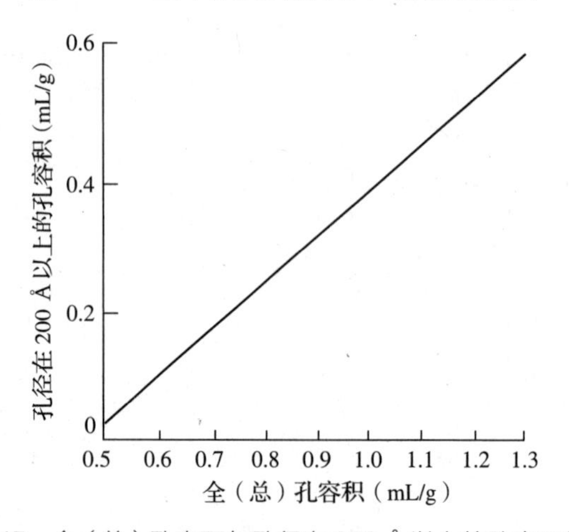

图2－15　全（总）孔容积与孔径在 200 Å 以上的孔容积的关系

2.5.2　测定活性炭的堆积密度

由 2.4.2 节可知，活性炭的表观密度、堆积密度、真密度、空隙率和孔隙率之间具有以下关系：

$$\rho_{堆} = (1 - \varepsilon)\rho_{表}$$

$$\rho_{真} = \frac{\rho_{表}}{1 - \varepsilon_{颗}} \qquad (2-13)$$

式中 ε、$\varepsilon_{颗}$分别为空隙率和孔隙率。

孔隙率 $\varepsilon_{颗}$代表了活性炭的总孔隙容积，因此可以用水容量来代替。空隙率通常为 0.44（44%），则 $1 - \varepsilon = 0.56$。

由于堆积密度的测定方法简单，即每次将 20 mL 样品加入 100 mL 量筒内，每加一次样品后，将量筒移至直径为 100 mm、厚 10 mm 的圆木板上，用手抓住量筒上部，使量筒与实验台成 80°的角，将量筒底部的各个部位在圆木板上均匀敲击（敲击时间为每次半分钟，频率为 140 ~ 150 次/min），重复操作，直至样品达到 100 mL 刻度为止，因此可以通过测定该指标推算其他指标。如按式（2 - 10），可以将堆积密度和表观密度进行换算，结果如表 2 - 3 所示。

表 2 - 3　堆积密度和表观密度的换算

堆积密度	0.40	0.42	0.44	0.45	0.46	0.48	0.50
表观密度	0.71	0.75	0.79	0.80	0.82	0.86	0.89

日本的浦野纮平等对日本市场上销售的水处理用活性炭的技术指标进行了相关处理，发现表观密度与全（总）孔容积（即水容量）、孔径在 200 Å 以上的孔容积、平均孔径具有较好的相关性，详见图 2 - 16 ~ 图 2 - 18。

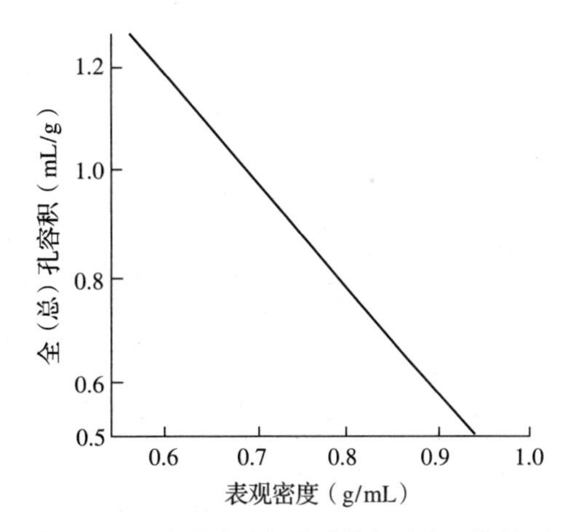

图 2 - 16　表观密度与全（总）孔容积的关系

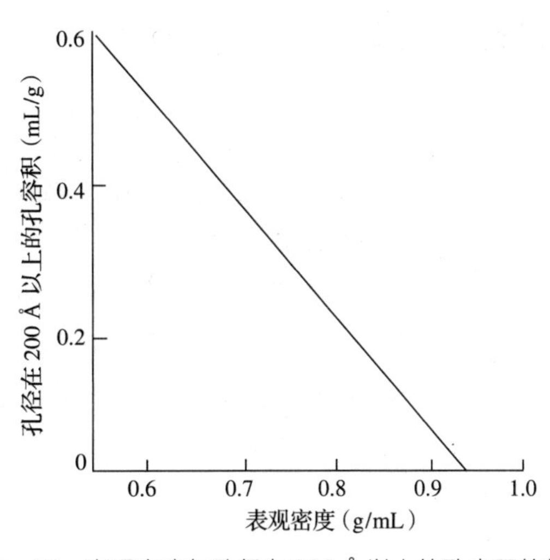

图 2 - 17　表观密度与孔径在 200 Å 以上的孔容积的关系

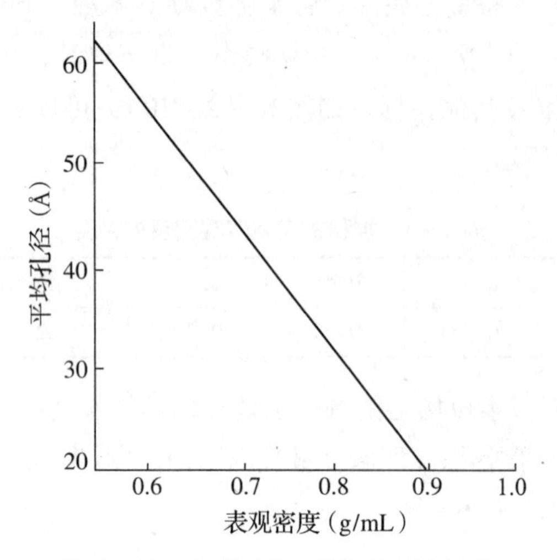

图2-18　表观密度与平均孔径的关系

2.5.3　浸水观察

这是判定活性炭质量的最简单易行的方法。首先取甲、乙两个玻璃杯（或烧杯），分别装入至杯高70%的水，然后将不同的活性炭投入水中，观察水中的气泡产生情况。如果杯中的活性炭产生的气泡小且时间持久，则可以判定杯中的活性炭质量较好；如果杯中的活性炭产生的气泡较大且时间较短，则可以判定杯中的活性炭质量较差。该方法可以用来判定炭化料和活性炭两种物料。

2.6　使用活性炭时的注意事项

活性炭在使用过程中要特别注意以下几点。

（1）活性炭容易吸附空气中的氧，从而造成局部空间严重缺氧的危险。因此在进入存放活性炭的封闭空间或半封闭空间时，必须采取缺氧环境作业安全防护措施。

（2）活性炭是还原剂，贮存时要严格避免与强氧化剂（如氯、次氯酸盐、高锰酸钾、臭氧和过氧化物等）直接接触。

（3）活性炭与烃类（如汽油、柴油、油脂、颜料增稠剂等）混合会引起燃烧。因此，活性炭必须与烃类隔开贮存。

第3章 活性炭吸附净水原理

3.1 吸附

3.1.1 吸附的相关概念

3.1.1.1 吸附的定义

所谓吸附是指在相界面上，物质自动发生富集的现象。吸附可以发生在气－固、气－液、液－液或液－固相界面上。被吸附的物质称为吸附质，吸附的物质称为吸附剂。吸附质附着到吸附剂表面的过程称为吸附，吸附质从吸附剂表面脱附的过程称为脱附、解吸。吸附剂对吸附质的吸附、脱附可简单表述如下：

$$A + B \underset{\text{脱附}}{\overset{\text{吸附}}{\rightleftharpoons}} A \cdot B$$

式中 A——吸附质；

B——吸附剂；

A·B——吸附化合物。

3.1.1.2 吸附平衡

分子或离子在相界面上不断地发生吸附和脱附，若吸附的量和脱附的量在统计学上（时间平均）相等，或经过无限长的时间也不变化，称作吸附平衡。

3.1.1.3 吸附量

达到吸附平衡时单位质量的活性炭（g）吸附的吸附质的质量（mg）称为吸附量（吸附容量），可用下式表示：

$$q_e = \frac{V(c_0 - c_e)}{W} \quad (3-1)$$

式中 q_e——吸附量，mg/g；

V——水样体积，L；

c_0——水样中吸附质的初始浓度，mg/L；

c_e——达到吸附平衡时水样中剩余的吸附质的浓度，mg/L；

W——活性炭用量，g。

3.1.1.4 工作容量和持附量

由于工作容量、持附量与活性炭的吸附、脱附（再生）密切相关，因此，基于气相吸附中丁烷的工作容量（BWC）的概念（详见《活性炭丁烷工作容量测试方法》（GB/T 20449—2006），我们给出了液相吸附中活性炭的工作容量（work capacity）和持附量（retentivity）的概念。

在规定条件下单位质量的活性炭对目标污染物的饱和吸附量和在规定条件下脱附后仍保留在活性炭上的目标污染物的量之差，称为活性炭的工作容量。

单位质量或单位体积的活性炭在规定条件下对目标污染物吸附饱和并在规定条件下脱附后仍保留在活性炭上的目标污染物的量，称为活性炭对目标污染物的持附量。

3.1.2 吸附的分类

根据吸附剂与吸附质相互作用的方式，吸附分为物理吸附和化学吸附。吸附剂与吸附质之间通过分子间引力（如范德华力）而发生的吸附称为物理吸附；吸附质分子与固体表面原子（或分子）发生电子的转移、交换或共有，从而形成化学键的吸附称为化学吸附。物理吸附与化学吸附的比较如表3－1所示。

表3－1　物理吸附与化学吸附的比较

项目	物理吸附	化学吸附
吸附的选择性	无	有
生成特异的化学键	无	有
吸附力	范德华力 疏水性相互作用	共价键 静电引力 离子交换作用

（续）

项目	物理吸附	化学吸附
固体表面的物性变化	可以忽略	显著
温度	吸附是放热过程，低温有利于吸附	温度升高，吸附速度加快
吸附量	单分子层或多分子层	单分子层
可逆性	可逆	可逆或不可逆
吸附速度	快	变化很大，通常较慢
吸附热	小，相当于冷凝热 (5 ~ 40 kJ/mol)	大，相当于反应热 (40 ~ 800 kJ/mol)
脱附	脱附容易，降低压力或升温即可	脱附困难，须以高温破坏化学键

就吸附相互作用而言，活性炭对污染物（吸附质）分子的吸附是通过物理或化学吸附以及这两种吸附的共同作用使污染物在活性炭（吸附剂）表面富集的过程。这一点在饱和活性炭（废活性炭）的再生方法中也能体现出来：单纯的物理吸附能够通过简单的低温加热处理、水蒸气加热处理使活性炭再生；而水处理所用的活性炭难以使用低温加热处理法再生，一般要通过焙烧再活化法或者各种氧化分解法再生。

3.1.3 吸附等温线

3.1.3.1 吸附等温线的定义

吸附质在吸附剂上的吸附量是绝对温度、污染物浓度和吸附相互作用的函数，在温度一定时，吸附量与污染物浓度的关系称为吸附等温线（adsorption isotherm）。以吸附量（q_e）为纵轴，以平衡浓度（c_e）为横轴作图，可以得到如图 3 - 1 所示的各种吸附等温线。

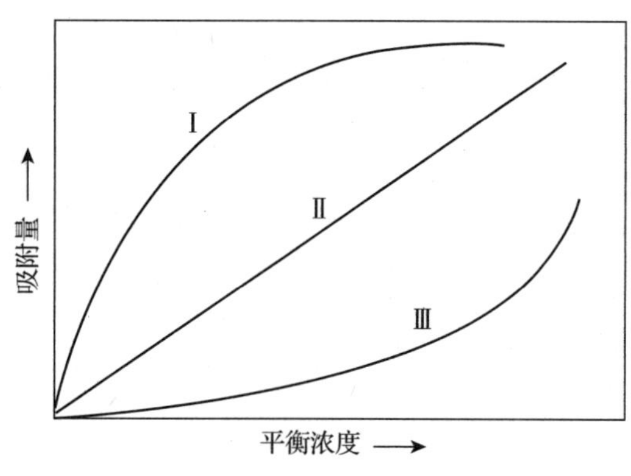

图3-1　各种吸附等温线

图 3－1 中的曲线Ⅰ朝上凸，说明在吸附剂与吸附质之间存在促进吸附的引力作用；直线Ⅱ对应着极稀溶液中或吸附量小、吸附剂表面覆盖率低时的吸附情况；曲线Ⅲ朝下凹，说明吸附剂和吸附质之间的吸引力非常弱。在实际应用中发生的吸附通常是曲线Ⅰ的情况。

吸附等温线是表示吸附性能最常用的方法，其形状能反映吸附剂的表面结构、孔结构，以及吸附剂和吸附质的物理、化学相互作用，因此，通过解析吸附等温线能知道吸附相互作用和表征固体表面。

3.1.3.2 标准吸附等温线

不同形状的吸附等温线对应不同的吸附机理。1985 年国际纯粹与应用化学联合会（IUPAC）将常见的吸附等温线分为六种，随后经过 30 年的发展，吸附等温线的新特征类型被发现，有资料显示它们与特定的孔结构密切相关。因此，2015 年 8 月，IUPAC 提出了更新的吸附等温线的分类方法，在原来六种的基础上增加了两种亚分支，现在共有八种吸附等温线，如图 3－2 所示。

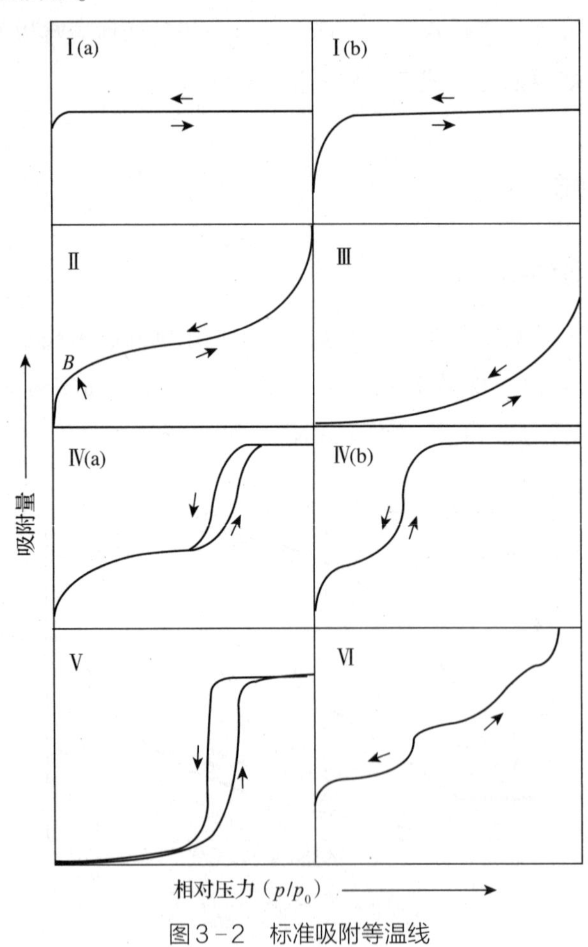

图 3－2 标准吸附等温线

可逆的Ⅰ型等温线由具有较小外表面的微孔固体（如一些活性炭、碳分子筛、分子筛沸石和某些多孔氧化物）形成。Ⅰ(a) 型等温线在 p/p_0 较小处吸附量接近极限值。该极限吸附量值由可达到的微孔容积而非内部表面积决定。在 p/p_0 非常小处陡峭的吸收是由于在狭窄的微孔（分子尺寸的微孔）中增强的吸附相互作用导致了微孔充填。对 77 K 和87 K下的氮和氩吸附，Ⅰ(a) 型等温线主要是由具有窄（真）微孔（宽度小于 1 nm）的微孔材料形成的；Ⅰ(b) 型等温线则主要针对孔径分布范围较宽的微孔材料，包括较宽的微孔和可能较窄的中孔（宽度小于 2.5 nm）。

可逆的Ⅱ型等温线是由大多数气体在无孔或大孔吸附剂上的物理吸附而形成的，其形状对应不受限制的单层－多层吸附直至达到大的 p/p_0。如果拐点很尖锐，即 B 点几乎是中间的线性部分的起点，通常对应于单分子层吸附完成。曲率逐渐变大（即拐点较不明显）表明单分子层吸附大量重叠和多分子层吸附开始。当 $p/p_0=1$ 时，吸附的多层膜的厚度通常似乎可以没有限制地增大。

Ⅲ型等温线没有拐点，因此没有可识别的单分子吸附层形成。吸附剂与吸附质的相互作用较弱，被吸附的分子聚集在多孔或无孔固体表面上最有利的位置。与Ⅱ型等温线相反，在饱和压力(即 $p/p_0=1$)下吸附量有限。

Ⅳ型等温线是由中孔吸附剂（如许多氧化物凝胶、工业吸附剂和中孔分子筛）形成的。中孔中的吸附行为取决于吸附剂与吸附质之间的相互作用，以及处于凝聚态的分子之间的相互作用。在这种情况下，初始的单层－多层吸附发生在中孔壁上（路径与Ⅱ型等温线的相应部分相同），然后发生孔隙凝结，即气体在压力 p 小于液体的饱和压力 p_0 的情况下凝结成液体。Ⅳ型等温线的典型特征是可变长度的最终饱和平稳期（有时减少到一个拐点）。

在Ⅳ(a) 型等温线的情况下，毛细管凝结有滞后现象。当孔的宽度超过某个临界宽度时会发生这种情况，该宽度取决于吸附系统和温度（如对 77 K 和 87 K 下圆柱形孔中的氮和氩吸附，孔宽大于 4 nm 的孔会出现滞后现象）。使用具有较小宽度的中孔吸附剂时，可以观察到完全可逆的Ⅳ(b) 型等温线。原则上，锥形端封闭的圆锥形和圆柱形孔也会呈现出Ⅳ(b) 型等温线。

当 p/p_0 较小时，Ⅴ型等温线的形状与Ⅲ型等温线非常相似，这可以归因于吸附剂与吸附质之间较弱的相互作用。当 p/p_0 较大时，发生分子簇聚和随后的孔隙充填。例如，在疏水性微孔和中孔吸附剂上发生的水的吸附呈现出Ⅴ型等温线。

可逆的台阶式Ⅵ型等温线代表高度均匀的无孔表面上的逐层吸附。台阶的高度代表每个吸附层的容量，而台阶的锐度取决于吸附系统和温度。Ⅵ型等温线的最佳例子是在低温下用石墨化的炭黑吸附氩气或氪气获得的等温线。

3.1.3.3 标准迟滞回线

毛细凝结现象又称吸附的滞留回环或吸附的滞后现象。吸附等温线与脱附等温线不重合，形成了滞留回环，滞留回环由不重合的吸附分支和解吸分支构成。这种现象多发生在中孔吸附剂的吸附过程中。IUPAC 将吸附的滞留回环现象分为六种情况，对应六种标准迟滞回线，如图 3-3 所示。

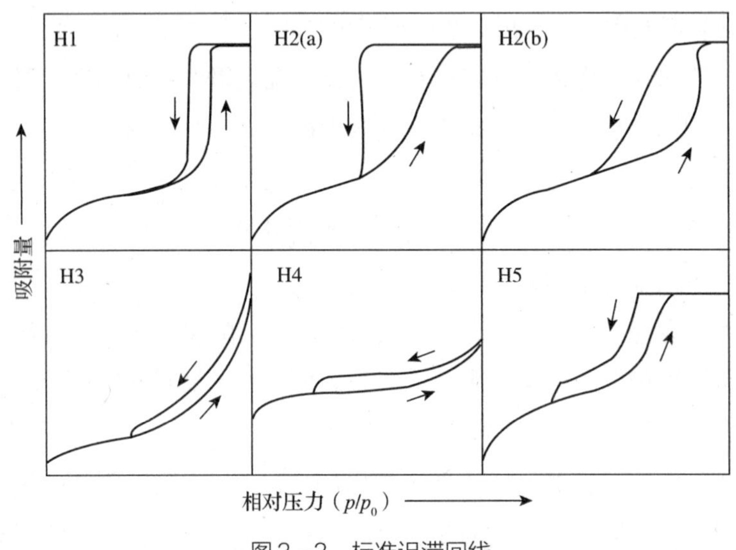

图 3-3 标准迟滞回线

在具有窄范围均匀中孔的材料（如模板二氧化硅、一些可控孔的玻璃和有序的中孔碳材料等）的吸附中发现了 H1 型滞后现象。陡峭而狭窄的回路是吸附分支上延迟凝结的明显标志。此外，在墨水瓶形孔中也发现了 H1 型滞后现象，其中颈部尺寸分布的宽度类似于孔/腔尺寸分布的宽度。

H2 型迟滞回线由更复杂的孔结构形成。H2(a) 型滞留回环具有非常陡峭的解吸分支，这可以归因于狭窄颈孔内孔阻塞、渗滤或空化诱导的蒸发。许多硅胶、一些多孔玻璃以及一些有序介孔材料呈现出 H2(a) 型滞留回环。H2(b) 型滞留回环也与孔阻塞有关，但是颈部宽度要大得多。对中孔二氧化硅泡沫和某些中孔有序二氧化硅进行水热处理之后，可观察到这种类型的迟滞回线。

H3 型迟滞回线有两个独有的特征：①吸附分支类似于Ⅱ型等温线；②解吸分支的下限通常位于空化引起的 p/p_0 处。这种类型的滞留回环由板状颗粒（例如某些黏土）的非刚性聚集体形成。如果孔网络由大孔组成，而大孔没有完全被孔凝结水充填，也会形成这种滞留回环。

H4 型迟滞回线与 H3 型迟滞回线有点相似，其吸附分支是Ⅰ型和Ⅱ型等温线的复合，在小 p/p_0 处，更明显的吸收与微孔的充填有关。H4 型滞留回环经常被发现于一些中孔沸石和微中孔碳材料的聚集晶体的吸附过程中。

H5 型迟滞回线不同寻常，它具有与某些包含开放的和部分封闭的中孔的孔结构（如堵塞的六角形模板二氧化硅）相关的独特形式。对特定的吸附系统和温度，H5 型滞留回环通常位于狭窄的 p/p_0 范围内（如对 77 K 的 N_2，p/p_0 为 0.4～0.5）。

3.1.4 经典的吸附等温方程及吸附理论

基于上述吸附等温线，人们提出了许多吸附相互作用理论，如亨利（Henry）吸附式、Freundlich 吸附式、朗缪尔（Langmuir）吸附式、BET 吸附理论、波拉尼（Polanyi）吸附势理论、微孔容积充填理论等。在实际应用中，活性炭对水中有机污染物的吸附多用 Freundlich 吸附式和 Langmuir 吸附式来表示；BET 吸附理论是测定 BET 比表面积的原理；微孔容积充填理论主要是针对活性炭微孔吸附而言的。

3.1.4.1 Henry 吸附式

$$q_e = K_p c \tag{3-2}$$

式中 q_e——吸附量，mg/g；

c——吸附质在液相中的浓度；

K_p——吸附常数。

Henry 吸附式是表示吸附特性的最简单形式，极稀溶液中的吸附或者覆盖率低时的吸附符合式（3－2）。分配系数也可以采用该式表示，此时 K_p 称为分配系数。

3.1.4.2 Freundlich 吸附式

Freundlich 吸附式是经验方程，但根据经典统计热力学，假定在非均匀表面上发生吸附，也可以从理论上推导出 Freundlich 吸附式。

$$q_e = K c_e^{\frac{1}{n}} \text{或} \lg q_e = \lg K + \frac{1}{n} \lg c_e \text{（直线形式）} \tag{3-3}$$

式中 q_e——吸附量，mg/g；

c_e——吸附质在液相中的平衡浓度，mg/L；

K——常数，与吸附相互作用、吸附量有关；

$\frac{1}{n}$——等温线的斜率，反映吸附作用的强度。

吸附等温线的形状与 n 值有关：当 $n=1$ 时，式（3－3）就变为 $q_e = Kc_e$，即 Henry 吸附式，对应图 3－1 中的直线Ⅱ；当 $1/n<1$ 时，对应图 3－1 中的曲线Ⅰ；当 $1/n>1$ 时，对应图 3－1 中的曲线Ⅲ。一般认为：当 $1/n$ 为 0.1～0.5 时，吸附容易进行；而当

$1/n>2$ 时，吸附难以进行。当 $1/n>2$ 时，即使增加活性炭的用量，吸附量仍会随被吸附物质浓度的下降而显著降低，因此不能取得好的吸附效果。

阿贝（Abe）等研究发现，活性炭等憎水性吸附剂在憎水性化合物的水溶液中吸附时，K 和 $1/n$ 之间具有如下关系：

$$\frac{1}{n}=A_1\lg K+A_0 \tag{3-4}$$

式中 A_1 的值一定，与吸附剂和吸附质无关；A_0 受吸附质的影响较小，主要受吸附剂的影响。对25 ℃下136种有机化合物在某活性炭上的吸附等温线应用式（3-4），得到如下关系：

$$\frac{1}{n}=-0.186(\pm 0.008)\lg K+0.572(\pm 0.011) \tag{3-5}$$

其中相关系数 $r=0.973$，标准偏差 $s=0.047$。

虽然式（3-5）是用一种活性炭进行研究的结果，但Abe等的后续研究表明，该式几乎对所有的活性炭都成立。

因此，若活性炭对有机化合物的吸附等温线符合Freundlich吸附式，只要计算出Freundlich吸附式中的两个吸附常数，就可以近似得到吸附等温线。由于两个常数存在式（3-5）的关系，因此，Freundlich吸附式可以变换为只用一个常数 K 来表示的式子，即式（3-6），这样就只需要计算 K 了。

$$\lg q_e=\lg K+(-0.186\lg K+0.572)\lg c_e \tag{3-6}$$

活性炭在有机化合物的水溶液中吸附时，对许多实验数据Langmuir吸附式或Freundlich吸附式都适用，但Freundlich吸附式符合得更好。因此，上述关系为确定有机化合物的吸附等温线提供了一条新思路。

3.1.4.3 Langmuir吸附式

1918年Langmuir根据动力学理论推导出单分子层吸附等温式，该模型是基于下述四个主要假设而提出的：①单分子层吸附；②局部吸附；③理想的均匀表面；④吸附和脱附呈动态平衡。Langmuir单分子层吸附模型是和吸附量、覆盖率无关的理想模型。其公式表示如下：

$$q_e=\frac{q_m k_1 c_e}{1+bc_e} \quad 或 \quad \frac{c_e}{q_e}=\frac{1}{k_1 q_m}+\frac{c_e}{q_m}\ （直线形式） \tag{3-7}$$

式中 q_e——平衡时的吸附量，mg/g；

q_m——饱和吸附量，mg/g；

c_e——平衡浓度，mg/L；

k_1——Langmuir常数。

由Langmuir吸附式可知：当 c_e 很小时，$q_e=q_m k_1 c_e$，满足亨利定律，即吸附量与污染物的平衡浓度成正比；当 c_e很大时，$q_e = q_m$，吸附量与污染物的浓度无关，吸附剂表面被占满，形成单分子层。

3.1.4.4 BET 吸附理论

为了解决更多的实验问题，1938 年布鲁诺尔（Brunauer）、埃米特（Emmett）和特勒（Teller）三人在 Langmuir 单分子层吸附理论的基础上推导出了多分子层吸附公式，简称 BET 吸附理论（公式）。他们接受了 Langmuir 吸附理论中均匀固体表面的观点，但他们认为吸附是多分子层的。在原先被吸附的分子上面仍可吸附另外的分子，而且不一定等第一层吸附满后再吸附第二层。第一层吸附与其他层吸附不同，第一层吸附是靠吸附剂与吸附质间的分子引力，而第二层及以后各层是靠吸附质分子间的引力。因为相互作用的对象不同，吸附热也不同，第二层及以后各层的吸附热接近于凝聚热。总吸附量等于各层吸附量之和。在上述内容的基础上他们导出了 BET 吸附二常数公式：

$$V = V_m \frac{cp}{(p_s - p)\left[1 + (c-1)\dfrac{p}{p_s}\right]} \tag{3-8}$$

式中 c——与吸附第一层气体的吸附热及该气体的液化热有关的常数；

V_m——铺满单分子层所需气体的体积，为常数；

p、V——吸附时的压力、体积；

p_s——实验温度下吸附质的饱和蒸气压。

将 BET 吸附二常数公式改写为

$$\frac{p}{V(p_s - p)} = \frac{1}{V_m c} + \frac{c-1}{V_m c}\frac{p}{p_s} \tag{3-9}$$

用实验数据 $p/V(p_s - p)$ 对 p/p_s 作图，得到一条直线。利用直线的斜率和截距可计算出两个常数 c 和 V_m的值，根据 V_m可以计算出铺满单分子层所需的分子数，若已知每个分子的截面面积，就可求出吸附剂的总表面积 S 和比表面积（specific surface area，m^2/g）。因 BET 吸附公式中的相对压力通常为 0.05 ~ 0.35（超过这个范围即偏离直线），如需求 V_m，只需测量这一段的吸附等温线。

“比表面积”中的“比”字指与吸附质分子的占有面积比较而言。N_2因易获得和具有良好的可逆吸附特性（N_2占有面积为 0.162 nm^2）而成为最常用的吸附质。用 N_2 分子作探针时，用 BET 法求得的比表面积叫作氮 BET 比表面积（详见 GB/T 7702.20—2008）。许多国际标准组织都采用气体吸附法测定比表面积，如美国 ASTM 的 D3037、国际标准化组织的 ISO 9277 等。我国有许多比表面积测定标准，其中最具代表性的是国标《气体吸附 BET 法测定固态物质比表面积》（GB/T 19587—2017）。

3.1.4.5 Polanyi吸附势理论

1914年Polanyi提出了这一理论。Polanyi吸附势理论认为，固体表面就像行星的重力场一样，对附近的吸附质具有吸引力，吸附质被吸附到表面，形成多分子层吸附。把单位质量的吸附质从气相（或固相）转移到吸附层所做的功叫作吸附势（adsorption potential）ε，它表示吸附单位摩尔质量的吸附质的吉布斯（Gibbs）自由能的变化。液相中活性炭的吸附现象可以近似地理解为溶解在溶液中的物质从溶液中向孔隙内析出的过程（即溶解的逆过程），其吸附势ε用下式求得：

$$\varepsilon = RT\ln \frac{c_s}{c} \tag{3-10}$$

式中 R——摩尔气体常数；

T——温度；

c——溶质的平衡浓度；

c_s——溶质的饱和溶解度。

由式（3-10）可知，溶质的平衡浓度越大，饱和溶解度越小，温度越低，就越容易被吸附。

3.1.4.6 微孔容积充填理论

1. 理论简介

微孔容积充填理论是由Dubinin等在Polanyi吸附势理论的基础上发展起来的。根据Polanyi吸附势理论，在孔隙直径接近吸附质分子的微孔中，相对的两个孔壁对吸附质分子的作用势场发生重叠，使吸附质分子受到引力场的强力作用，发生孔隙容积充填。由于被吸附的分子和微孔尺寸属于同一数量级，因此不可能形成单分子层、多分子层或弯月面，吸附一个分子，微孔就被充填。这样建立在单分子层和多分子层吸附模型上的Langmuir和BET吸附理论对微孔吸附剂就失去了意义，即活性炭的比表面积失去了意义，活性炭的有效孔隙容积才是吸附容量的决定性因素。

2. 活性炭的有效孔隙结构

第2章已经对活性炭的孔隙结构及其功能进行了详细介绍，由此可知不同的孔隙结构具有不同的功能（或作用），在吸附水中的有机污染物时主要是微孔和中孔起作用。然而，并非所有的活性炭孔隙都能发挥吸附污染物的作用。由活性炭的孔隙结构的功能（图2-6）可知，不同的污染物分子大小不同，对应不同的最小孔隙尺寸，正因如此，本书引入了有效孔隙的概念，即将污染物能进入的孔隙称为有效孔隙（或将污染物能够接近的表面称为有效表面）。活性炭的吸附容量取决于其有效孔隙容积。有效孔隙容积大，则吸附量就大；有效孔隙容积小，则吸附量就小。

有效孔隙的物理定义详见图 3－4。污染物（吸附质）在吸附剂的范德华引力的作用下，沿着 XY 曲线抵达 Y 点，此时吸附质的能量 E 最低，Y 点即吸附平衡点，吸附质的核心距吸附剂表面的距离为 R，如果距离再减小，引力便变为斥力，使吸附失去平衡。以 Y 为圆心，以 R 为半径作图，得到的圆即有效孔隙，其直径为 D（$D=2R$），见图 3－5。

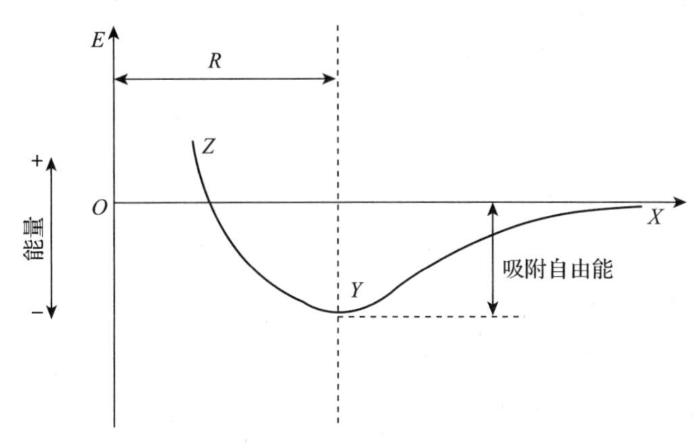

图 3－4　吸附过程中的能量变化示意

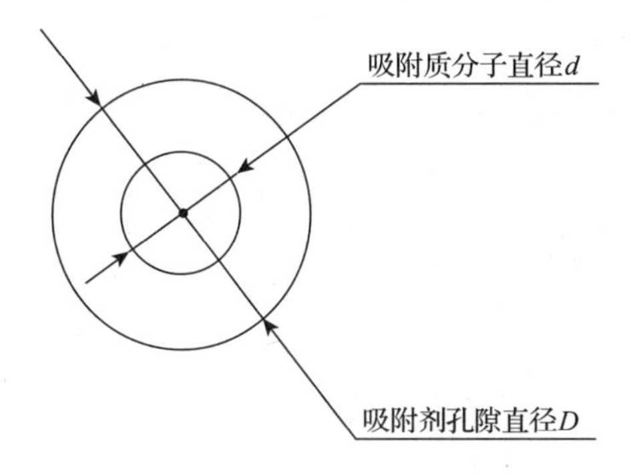

图 3－5　吸附剂孔隙直径 D 与吸附质分子直径 d 的关系示意

3. 微孔容积充填方式

早在 20 世纪 80 年代，蒋仁甫就通过试验得到了区分有效孔隙和无效孔隙的数值，即

$$\frac{D}{d} \geqslant 1.7 \qquad (3-11)$$

式中　D——活性炭（吸附剂）孔隙直径；

　　d——污染物（吸附质）分子直径。

根据式（3－11），当 $D/d \geqslant 1.7$ 时，吸附才能发生。当 $D/d=1.7 \sim 6$ 时，分子充填方式可以形象地表示为图 3－6。其中，当 $D/d=1.7 \sim 3$ 时为单分子充填，此时孔壁对吸附质分子的作用势场发生重叠，使吸附质分子受到引力场的强力作用，发生孔隙容积充填；当 $D/d=3 \sim 6$ 时，吸附质分子不处于四周受力的情况下，孔隙容积利用率较高（>70%），而且脱附（再生）较容易。

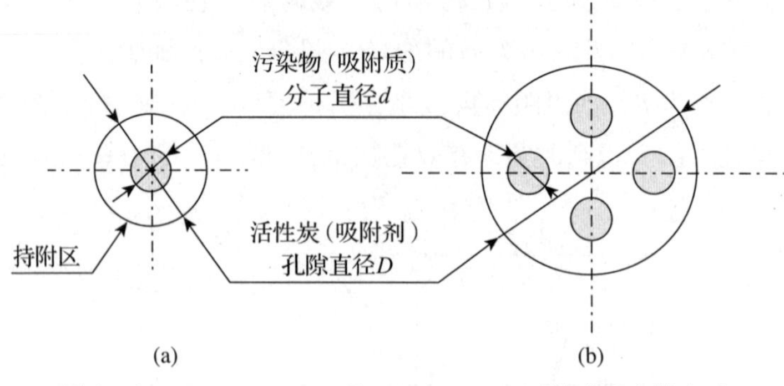

图3－6　D/d = 1.7～3 和 D/d = 3～6 时的分子充填方式

（a）D/d = 1.7～3　（b）D/d = 3～6

3.2　活性炭吸附的理论研究

3.2.1　活性炭吸附的基本原理

3.2.1.1　吸附质、吸附剂（活性炭）和溶剂（水）的相互作用关系

在液相吸附中，物质的吸附是吸附质、吸附剂和溶剂作用的结果，活性炭在水溶液中的吸附可以用图 3－7 直观地表示。

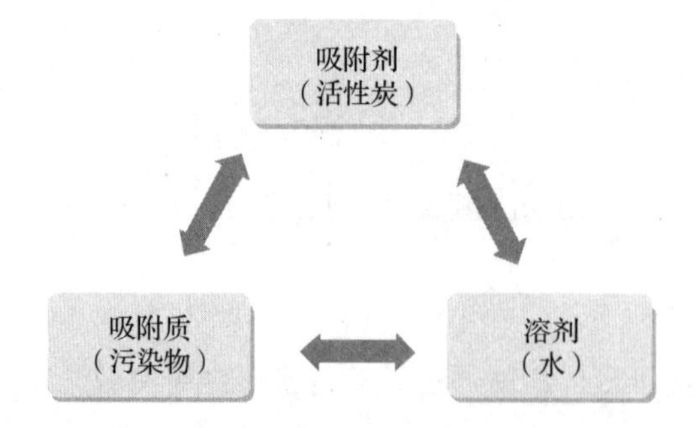

图3－7　吸附质、吸附剂和溶剂的相互作用关系

吸附剂（活性炭）和吸附质（污染物）之间存在范德华力、静电引力和氢键力。吸附质分子为非极性分子时主要是范德华力。吸附剂（活性炭）与吸附质之间的亲和力越大，吸附就越强。

吸附质（污染物）与溶剂（水）之间的亲和力与吸附质（污染物）在溶剂（水）中的溶解性质密切相关，吸附质（污染物）在溶剂（水）中的溶解度越大，即在溶液中越能够稳定存在，就越难吸附。因此，要吸附吸附质（污染物），吸附质（污染物）和溶剂（水）之间的亲和力最好小一些。

吸附剂（活性炭）与溶剂（水）之间的亲和力与溶剂（水）在吸附剂（活性炭）上的吸附有关，通常溶剂（水）分子比吸附质（污染物）分子多很多，因此吸附剂（活性炭）首先吸附溶剂（水）。吸附剂（活性炭）吸附吸附质（污染物）时，必须先脱附溶剂（水）。活性炭是优异的水处理用吸附剂就是因为活性炭表面具有憎水性，与溶剂（水）分子的亲和力小。

综上，只有吸附质（污染物）和吸附剂（活性炭）之间的亲和力大于吸附质（污染物）和溶剂（水）之间的亲和力，并且溶剂（水）与吸附剂（活性炭）之间的亲和力小，才有利于吸附剂（活性炭）对吸附质（污染物）的吸附。

3.2.1.2 憎水性吸附

所谓憎水性吸附（hydrophobic adsorption）是指吸附质分子不是通过共价键、氢键和离子键这类强作用力而只是通过范德华力之类的弱作用力与吸附剂表面作用并发生吸附。范德华力（又称分子作用力）是产生于分子或原子之间的静电相互作用，包含诱导力、色散力和取向力。在极性分子与极性分子之间，诱导力、色散力、取向力都存在；在极性分子与非极性分子之间，存在诱导力和色散力；在非极性分子与非极性分子之间，只存在色散力。

基于上述吸附质、活性炭和溶剂三者之间的相互作用关系可知，活性炭对水溶液中有机污染物的吸附性能主要取决于范德华力的大小，即属于憎水性吸附。因此，只要确定了范德华力，便能确定活性炭对有机污染物的吸附性能，进而可以探索根据物理常数近似得到吸附等温线的方法以及活性炭的化学结构与吸附性能的关系。

为此，日本学者研究了活性炭对水溶液中的93种有机化合物（包括醇、酯、醚、醛、酮、胺、脂肪酸、乙二醇和芳香族化合物等）的吸附性能，及其与物理常数的关系。结果表明，憎水性吸附可以用某些能表征范德华力的物理常数（如分子尺寸、摩尔折射率和等张比容）来反映其化学结构与吸附性能的关系。

1. 分子尺寸

活性炭作为非极性吸附剂，当活性炭表面原子和吸附质分子彼此靠近时，吸附质分子和活性炭表面原子的原子核由于同周围轨道的电子发生相对振动，瞬时极化，在极化的两个原子之间存在约10^4 J/mol的弱的电相互作用力——色散力，力的大小与r^{-6}（r为原子间的距离）成正比。原子核外的电子数越多，相对原子质量和原子序数越大，则原子或分子的色散力就越大。

研究结果表明，对分子中只包含一个羟基或氨基等官能团的单官能团脂肪族化合物，活性炭的吸附性能与该物质相对分子质量的相关性很高（$n=52$，$r=0.951$，$s=0.263$）。如果参加统计的物质中还包括多官能团脂肪族化合物和芳香族化合物，则相关性有所降低

（$n=93$，$r=0.605$，$s=0.686$）。（注：n 为有机化合物的数量，r 为相关系数，s 为标准偏差。）

2. 摩尔折射率

表征色散力或与色散力有关的参数有摩尔折射率和等张比容。色散力与分子极化率 α_o 有关，而分子极化率 α_o 又与摩尔折射率 R_m 存在比例关系，所以摩尔折射率也反映了色散力的大小。

$$\alpha_o=\frac{3R_m}{4\pi N_A} \tag{3-12}$$

式中 α_o——分子极化率；

N_A——阿伏加德罗（Avogadro）常数，$N_A=6.022\times10^{23}\text{mol}^{-1}$；

R_m——摩尔折射率。

摩尔折射率越大，吸附性能就越好（对单官能团脂肪族化合物，$n=52$，$r=0.930$，$s=0.315$；对全部化合物，$n=93$，$r=0.701$，$s=0.615$）。

3. 等张比容

等张比容（parachor）P 的值由方程 $P=M_w\gamma^{1/4}/\rho$ 算出，其中 γ 为吸附质的表面张力，M_w 为吸附质的相对分子质量，ρ 为吸附质的密度。等张比容的物理意义并不明确，可以看作液体在表面张力为 1 时的摩尔体积。与摩尔折射率类似，等张比容与有机化合物的相关性很高（对单官能团脂肪族化合物，$n=52$，$r=0.932$，$s=0.310$；对全部化合物，$n=93$，$r=0.640$，$s=0.662$）。

根据《吸附技术基础》一书，等张比容 P 是一个加和值，即由单个原子的等张比容 P_a 和单个化学键的等张比容 P_c 加和而成。原子和化学键的等张比容数值如表 3－2 所示。

表 3－2 原子和化学键的等张比容数值

原子	等张比容 P_a	化学键	等张比容 P_c
碳	4.8	三键	46.6
氢	17.1	双键	23.2
氮	12.5	四元环	11.6
氧	20.0	五元环	8.5
硫	48.2	六元环	6.1
氯	54.3		

以苯为例（共包含 6 个碳原子、6 个氢原子、1 个六元环和 3 个双键），计算如下。

6 个碳原子：$4.8\times6=28.8$。

6 个氢原子：$17.1\times6=102.6$。

1 个六元环：6.1。

3 个双键：23.2 ×3 =69.6。

苯的等张比容为 28.8 +102.6 +6.1 +69.6 =207.1。

因此，如果知道了某一目标污染物的等张比容，就可以根据活性炭对已知物质的吸附能力来判断活性炭对目标污染物的吸附能力。在计算活性炭的吸附平衡时，常用苯作为标准物质（$P_{at}=207.1$），以此为基准计算另一种被吸附物质的亲和系数（β）：

$$\beta=\frac{P_a}{P_{at}} \tag{3-13}$$

式中 P_a 为被吸附物质的等张比容。β 越大，该物质越容易被吸附。

3.2.1.3 小结

综上，利用活性炭从水溶液中吸附有机化合物时，可以通过有机化合物的物理常数来判定吸附倾向，详见表 3-3。

表 3-3 有机化合物的物理常数与活性炭的吸附性的关系

物理常数		吸附性
关于分子大小的常数	相对分子质量	正相关
	摩尔体积	正相关
	分子表面积	正相关
关于分子间力的常数	等张比容	正相关
	分子折射度	正相关
	分子引力常数	正相关值
关于溶解性的常数	水中的饱和溶解度	负相关
	（辛醇/水）分配系数	正相关值
关于极性的常数	介电常数	负相关
	有机性①	正相关
	无机性①	负相关

注：①藤田提出采用直角坐标系来表示有机化合物的总体性质，即有机概念图，其中纵轴是无机性值，横轴是有机性值，由有机化合物的有机性值和无机性值可确定一个点，该点的位置就表示有机化合物的性质。

3.2.2 活性炭吸附的热力学定量判据——污染物的化学位

3.2.2.1 化学位的定义

影响吸附的因素有多种，就饮用水净化过程而言，最主要的因素是污染物的化学位（势）。所谓的化学位是偏摩尔吉布斯函数，亦称偏摩尔自由能，用方程式表示为

$$\mu_i = \mathrm{d}G_{T,\,p} \tag{3-14}$$

式中 μ_i 即 i 物质的化学位。

如果污染物在水中的化学位高于其在活性炭中的化学位，则污染物由化学位高处流向化学位低处，完成吸附。如果污染物在水中的化学位低于其在活性炭中的化学位，则吸附不可能发生。

3.2.2.2 热力学定量判据的理论依据

活性炭吸附水中污染物的理论依据是热力学第一、第二定律。

热力学第一定律是能量守恒定律，即一个热力学系统的内能增量（δU）等于外界向它传递的热量（$\mathrm{d}Q$）与外界对它所做的功（$\delta W'$）的和。其表达式如下：

$$\delta U = \mathrm{d}Q + \delta W' \tag{3-15}$$

考虑有粒子交换的情况，则有

$$\delta U = \mathrm{d}Q + \delta W' - \mu \mathrm{d}N \tag{3-16}$$

式中 μ——化学位，也叫偏摩尔自由能；

N——物质的量。

热力学第二定律给出了熵增原理，即随时间进行，一个孤立体系中的熵（S）不会减小。其表达式如下：

$$\mathrm{d}S \geqslant \frac{\delta Q}{T} \tag{3-17}$$

结合以上定律，可以得出热力学基本方程：

$$\mathrm{d}U \leqslant T\mathrm{d}S + \delta W' - \mu \mathrm{d}N \tag{3-18}$$

基于四个热力学函数——内能（U）、熵（S）、自由能（F）、焓（H）和吉布斯函数（G）的基本关系

$$H = U + pV \tag{3-19}$$

$$F = U - TS \tag{3-20}$$

$$G = H - TS = U - TS + pV = F + pV \tag{3-21}$$

可得热力学函数与温度（T）、压力（p）、体积（V）之间的微分关系：

$$\mathrm{d}U = T\mathrm{d}S - p\mathrm{d}V \tag{3-22}$$

$$\mathrm{d}H = T\mathrm{d}S + V\mathrm{d}p \tag{3-23}$$

$$\mathrm{d}F = -S\mathrm{d}T - p\mathrm{d}V \tag{3-24}$$

$$\mathrm{d}G = -S\mathrm{d}T + V\mathrm{d}p \tag{3-25}$$

3.2.2.3 活性炭吸附水中污染物的热力学定量判据

根据热力学基本方程式（3-24）和（3-25），结合活性炭吸附水中有机物的过程是等温（由于吸附产生的热量可以忽略不计，所以 $dT \approx 0$）、等压（吸附在开口容器中进行，压力为常数，因此 $dp \approx 0$）、恒容（水中污染物的浓度很低，对吸附前后水溶液的体积基本无影响，即 $dV \approx 0$）过程，上面两式中等号右边的 dT、dp、dV 都等于0，则

$$dF = dG \tag{3-26}$$

即自由能的变化（dG）实质上是 dF 的变化，因此可以将 dF 作为等温、等压、恒容条件下活性炭从有机物浓度较低的水溶液中吸附有机物的过程的方向、限度的判据。

在活性炭吸附水中有机物的过程中，dF 可表示为

$$dF = -SdT - pdV + \gamma dA + \sum_i \mu_i dN_i \tag{3-27}$$

式中 μ_i——第 i 种有机物的化学位；

γ——表面张力；

N_i——第 i 种有机物的物质的量；

A——表面积；

p——压力；

V——体积；

S——熵。

由于活性炭吸附水中有机物的过程是等温（$dT \approx 0$）、等压（$dp \approx 0$）、恒容（$dV \approx 0$）过程，且表面积（A）不变，即 dT、dp、dV、dA 都等于0，因此有

$$dF = dG = \sum_i \mu_i dN_i \tag{3-28}$$

在活性炭吸附水中有机物的过程中，等体系中有 α、β 两个相，α 相为有机物的水溶液，β 相即以固相存在的活性炭。整个体系处在定温、定压的条件下，假设有机物 i 在液相中的化学位是 $\mu_i^{(\alpha)}$，在固相中的化学位是 $\mu_i^{(\beta)}$，当无限小量的 i 物质（dN_i）由液相迁移到固相中时，液相和固相自由能的改变量分别为

$$dG_i^{(\alpha)} = -\mu_i^{(\alpha)} dN_i \tag{3-29}$$

$$dG_i^{(\beta)} = \mu_i^{(\beta)} dN_i \tag{3-30}$$

则包含两相的体系在内的总自由能的改变量为

$$dG_{T,p} = dG^{(\alpha)} + dG^{(\beta)} = \sum_i (\mu_i^{(\beta)} - \mu_i^{(\alpha)}) dN_i \tag{3-31}$$

由热力学定律可知，$dG_{T,p}$小于零、等于零、大于零分别是自发过程、可逆过程（平衡）以及不可能实现的过程的标志，则

$$\mu_i^{(\beta)}-\mu_i^{(\alpha)}\begin{cases}<0\text{，是自发过程的标志，表示吸附过程能够进行}\\=0\text{，是可逆过程的标志，表示吸附已达到平衡}\\>0\text{，是不可能实现的过程的标志，表示吸附过程难以进行}\end{cases}$$

基于上述热力学推导过程，便可以对活性炭吸附去除有机污染物的过程进行明确的解释：

（1）如果有机物在活性炭中的化学位比在液相中的化学位低，则有机物自液相往固相迁移是自发的；

（2）如果有机物在两相中的化学位相等，则说明有机物在两相之间的分配已达到平衡（即吸附平衡）；

（3）如果有机物在活性炭中的化学位高于在液相中的化学位，则吸附不可能发生。

由此得出如下结论：吸附过程和其他过程一样，有机物自发地从化学位较高的相向化学位较低的相迁移，吸附能否发生取决于有机物在活性炭中的化学位是否比在液相中的化学位低。有了这一判据，便可以从理论上计算有机化合物能否被活性炭吸附，而不必做等温线实验验证，这对应急水处理具有非常重要的意义。

3.2.3 活性炭孔隙中的吸附势——热力学研究

从热力学的角度论述分子在活性炭孔隙中的吸附，依据的理论是波拉尼吸附势理论。其原理是：固体表面吸附吸附质分子的势能（E）是距离的函数，随着距离增大而减小。

为了更直观地表示微孔内的吸附势能的分布，日本学者利用计算机进行了仿真处理，如图 3－8 所示。

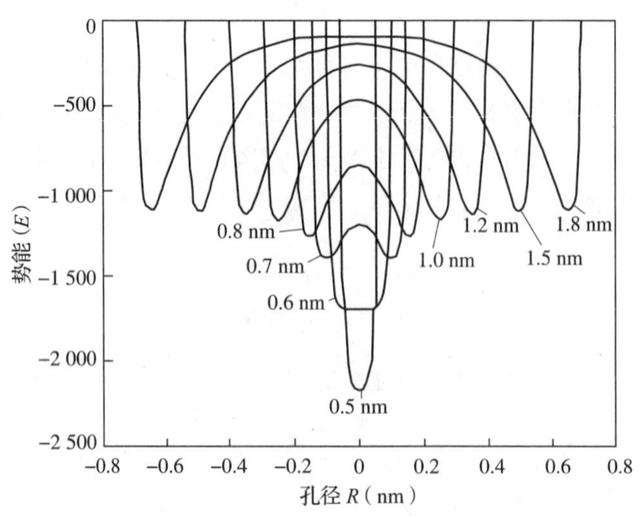

图 3－8 微孔内吸附势能与孔径的关系

从图 3 - 8 可以看出，孔隙中的势能是随孔径变化的。当孔径等于 0.5 nm 时，由于孔隙四壁势能的叠加最强，势能达到最大，势能最大处在孔隙中心；当孔径等于 0.7 nm（即杜比宁所指的次微孔的下限）时，势能最大处便不在孔隙中心了，开始向孔壁移动，数值也逐渐减小。可见，吸附剂的孔径实质上是吸附势能的另一种表现方式。

基于此图，结合图 3 - 6，可以很好地解释活性炭的持附量和工作量的问题。

3.3 活性炭吸附的过程

吸附的过程实质上是水中的污染物向活性炭中扩散的过程。理想的吸附方案是用少量活性炭以最快的速度把吸附质从溶液中吸附出来。活性炭吸附大致经历活性炭颗粒外表面液膜内的传质、活性炭颗粒孔隙内的扩散和孔隙表面的吸附三个过程，如图 3 - 9 所示。因此，影响活性炭吸附过程的因素有三个：

（1）吸附质向活性炭颗粒外表面的迁移速度（液膜扩散/外扩散速度）；

（2）活性炭颗粒孔隙内的扩散速度（内扩散速度）；

（3）活性炭颗粒孔隙表面的吸附速度。

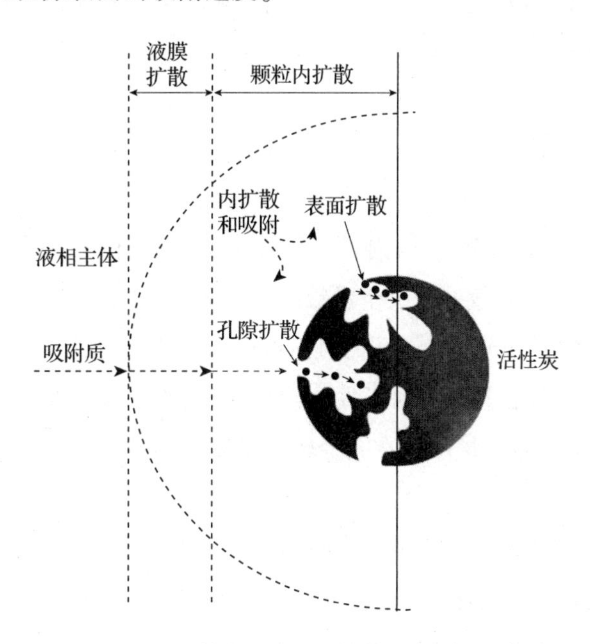

图 3 - 9　活性炭吸附的外扩散和内扩散示意

其中速度最慢的过程将对总的速度产生影响。在物理吸附的情况下，由于孔隙表面的吸附过程进行得很快，因此孔隙表面的各点很快达到吸附平衡，总吸附速度取决于前两个过程，即取决于外扩散和内扩散速度。如果吸附伴随着改变分子性质的化学反应，则该化学反应的速度可能比扩散速度慢，从而控制总吸附速度。

3.3.1 外扩散

外扩散是指发生在活性炭颗粒外部，污染物自水流主体穿过颗粒外的一层水膜转移至颗粒外表面的扩散（图3－9），其驱动力是污染物的浓度差，其速率方程为

$$V_{外} = KS(c_0 - c_s) \tag{3-32}$$

式中 K——传质系数；

S——活性炭的外表面积；

c_0——水中污染物的浓度；

c_s——活性炭颗粒外表面上污染物的浓度。

因为 $c_s \ll c_0$，故式（3－32）可简化为

$$V_{外} = KSc_0$$

传质系数 K 和水流线速度有关，水流线速度提高，湍流程度增加，活性炭颗粒外表面的水膜变薄，导致传质系数增大。活性炭的外表面积 S 和活性炭的颗粒直径 d 成反比，即粒径越大，外表面积越小；粒径越小，外表面积越大。

3.3.2 内扩散

内扩散是指发生在活性炭颗粒内部，污染物自外表面孔口处向孔内传递的扩散（图3－9），其推动力为吸附量，取决于颗粒的大小和孔结构。

根据分子间的碰撞、分子与孔壁间的碰撞可将内扩散分为以下三种类型：

（1）容积扩散（在孔径较大的时候发生，对应于活性炭大孔内的扩散）；

（2）克努森（Knudson）扩散（在孔径较小时发生，对应于活性炭次微孔或中孔内的扩散）；

（3）表面扩散（即构型扩散，由于被吸附分子由高浓度向低浓度的热运动扩散而发生，对应于活性炭微孔内的扩散）。

孔径与扩散模型的关系详见图3－10。通过测定可知，饮用水净化过程的扩散系数介于 10^{-6} cm²/s 和 10^{-5} cm²/s 之间，即属于克努森扩散。其特征是孔径很小，污染物分子与孔壁的碰撞数大于分子间的碰撞数。

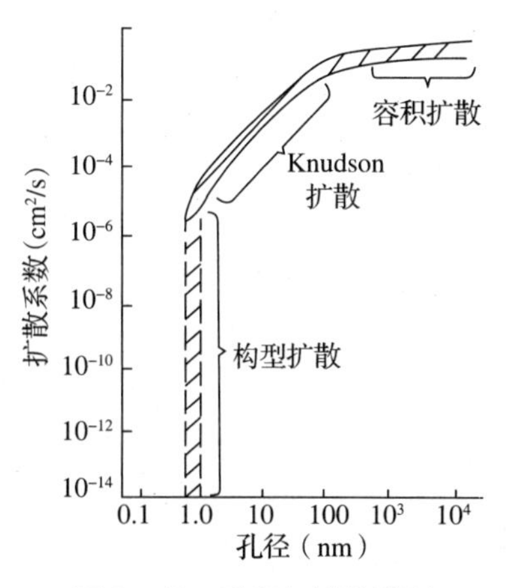

图3－10　孔径与扩散模型

由于粉末活性炭呈微粉状态，所以在多数情况下外扩散对吸附速度起支配作用，因此必须保证活性炭和被处理水有充足的接触时间和很好的接触机会。而对颗粒活性炭，就必须考虑吸附质在颗粒内部的扩散速度。

3.4　影响活性炭吸附的因素

将活性炭吸附法用于水的处理前，首先要通过吸附实验测定活性炭在被处理水中的吸附平衡常数和吸附速度，进而选择合适的活性炭并确定最佳处理条件。吸附平衡常数和吸附速度与处理条件密切相关，取决于活性炭的性质、水中的污染物的性质、废水的性质（如 pH 值、悬浮固体的含量）、吸附相互作用原理、操作系统及其运转方式等因素（表3－4），因此要具体情况具体分析。

表3－4　活性炭－水溶液界面上的吸附的影响因素

序号	影响因素
(1)	活性炭对溶质的吸引力
(2)	活性炭对水的吸引力（可忽略不计）
(3)	溶质在水中的溶解度
(4)	缔合
(5)	离子化
(6)	水对界面配位的影响
(7)	各种溶质在界面上显示出的竞争作用
(8)	各种溶质之间的作用
(9)	吸附的选择性
(10)	体系内各种分子的大小
(11)	活性炭的孔隙分布
(12)	活性炭的表面积

第4章
活性炭净水反应器

活性炭在水净化领域主要以粉末活性炭（PAC）和颗粒活性炭（GAC）两种形式应用。

4.1 PAC水处理应用的发展

1927年，在美国芝加哥的贝利斯（Baylis）PAC被首次应用于控制饮用水的臭和味，不久斯波尔丁（Spalding）也开始使用PAC。同时，德国的哈姆水厂也开始用活性炭脱除水中的异臭和异味。到了1932年，美国已经有400多家水厂采用PAC控制水的臭和味。1943年运用PAC的水厂增加至1 200多家。1970年采用PAC或GAC的水厂数量已经超过10 000个。自1930年以来，PAC水处理的应用方式很少改变，如图4-1所示。

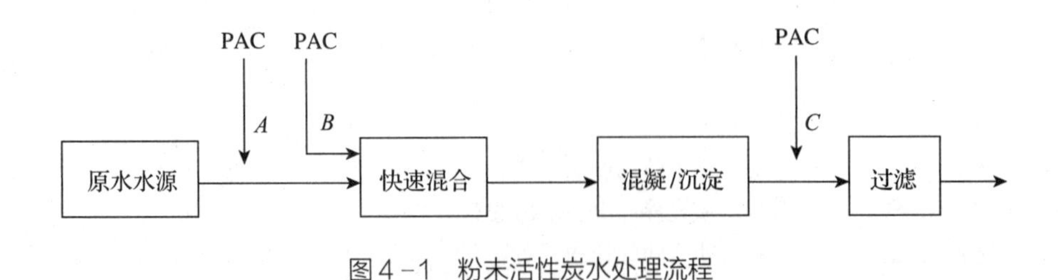

图4-1　粉末活性炭水处理流程

活性炭的吸附过程是一个扩散过程，因此需要足够的接触时间，如要去除水中的异臭和异味，活性炭和水的接触时间必须达到0.5～1.0 h。根据给水处理的工艺形式，PAC 投加点有不同的选择，如图 4 - 1 中的取水口处（*A* 点）、快速混合池内（*B* 点）和滤池前（*C* 点）。如果在 *C* 点投加，PAC 就会被保留在滤池内较长的时间，从而提高吸附效率，改善去除效果。但是必须避免 PAC 渗透进入配水系统，在管网中引起微生物的繁殖。

在取水口处（*A* 点）投加，可以确保较长的接触时间而无须安装其他设备。而且投加的 PAC 也不会像在 *B* 点投加那样一开始就混入矾花颗粒内，因此吸附动力学效果得到改善，但却增加了某些能被“混凝”去除的污染物竞争的不利。

在快速混合池内（*B* 点）投加，虽然可保证在混合池内有 10 ~ 30 min 的接触时间，也无须增加必要的构筑物，但与在 *A* 点投加相比，由于与混凝剂的相互作用，吸附效率有所降低。这是由于 PAC 颗粒在水中通常是带负电的，因此一遇到水中带正电的颗粒（例如混凝剂颗粒）就很容易发生电中和，失去稳定而沉淀，如果 PAC 尚未吸附就发生沉淀，则其吸附作用将得不到发挥。如在我国南方的一次水污染事故处置中，将 PAC 投加在混凝剂投加处，结果在沉淀池的中间部位 PAC 就基本沉淀，出水达不到预期的效果；后改在取水口处投加，效果立即变好。因此，PAC 的投加点一般设在取水口（利用从取水口到净水厂的管道输送时间完成吸附过程）或净水厂原水提升泵的进口处，以尽可能延长吸附时间。若只能在水厂内投加，则需要增加投加量。

4.2 GAC 吸附装置的分类

在活性炭吸附系统中，必须考虑的因素主要包括活性炭的特性、运行条件（如流速和接触时间）以及运行方式（是固定床、膨胀床还是流化床，是压力流还是重力流）。GAC 吸附池可以设计为由一个或多个串联或并联的吸附装置组成的上向流或下向流系统。

4.2.1 净水厂用 GAC 吸附池

活性炭吸附池的容积取决于流量（Q）、水力负荷、空床接触时间（empty-bed contact time，EBCT）等，如设计流量已定，根据选定的 EBCT，可求得活性炭床的容积（$V_B = EBCT \times Q$），活性炭床的容积乘以堆积密度即所需要的活性炭的质量。图 4 - 2 给出了典型的 GAC 固定床吸附装置的示意图。

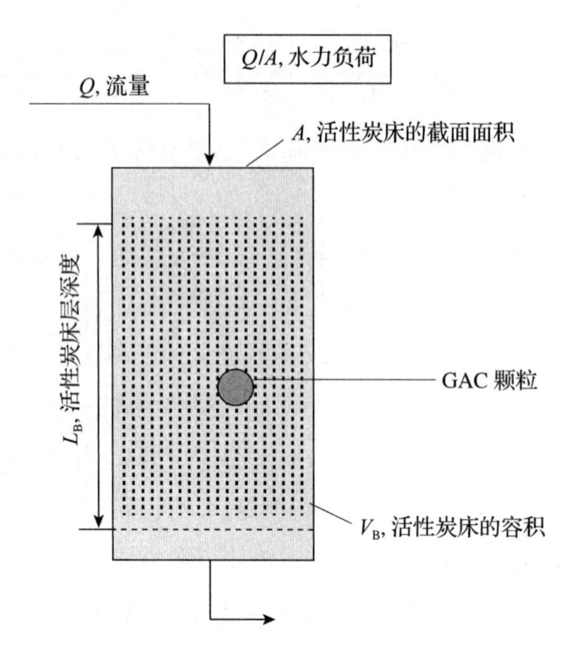

图4－2　典型的 GAC 固定床吸附装置示意

其主要计算公式为

$$\mathrm{EBCT}=\frac{V_B}{Q} \tag{4-1}$$

式中　V_B——活性炭床的容积，m^3；

Q——流量，m^3/d。

EBCT 也可以表示为

$$\mathrm{EBCT}=\frac{L_B}{Q/A} \tag{4-2}$$

式中　L_B——活性炭床层深度，m；

A——活性炭床的截面面积，m^2；

Q/A——水力负荷（HLR），$m^3/(m^2 \cdot d)$。

综上可知，EBCT 实际上是一个虚拟参数。

GAC 吸附池的具体设计可参考现行的《室外给水设计标准》（GB 50013—2018）和《室外排水设计标准》（GB 50014—2021）。

4.2.1.1　给水净化用活性炭吸附池

《室外给水设计标准》（GB 50013—2018）中指出“颗粒活性炭吸附或臭氧－生物活性炭处理工艺可适用于降低水中有机、有毒物质含量或改善色、臭、味等感官指标”。根据活性炭吸附池在工艺流程中的位置、水头损失和运行经验等，可采用下向流（降流式）或上向流（升流式）活性炭吸附池，其设计参数应通过试验或参照相似条件下的运行经验确定，亦可以参考表 4－1 确定。

表 4－1　下向流和上向流活性炭吸附池的主要设计参数

吸附池类型	空床接触时间（EBCT）（min）	炭层高度（m）	空床流速（m/h）
下向流	6～20	1.0～2.5	8～20
上向流	6～10	1.0～2.0	10～12

颗粒活性炭吸附池的池型应根据处理规模确定，除设计规模较小时可采用压力滤罐外，一般宜采用单水冲洗的普通快滤池、虹吸滤池或气水联合冲洗的普通快滤池、翻板滤池等形式。活性炭吸附池所用活性炭的粒径及粒度组成按现行标准《生活饮用水净水厂用煤质活性炭》（CJ/T 345—2010）的规定选择或通过选炭试验确定，且应该采用吸附性能好、强度高、化学稳定性好、粒径适宜和再生后性能恢复好的煤质颗粒活性炭。

实践证明，采用上向流不仅可以减少反洗次数（既减少反洗水量，又降低在反洗过程中活性炭的磨损量），还可以减小水流阻力（一般水头损失在 0.3～0.5 m），更重要的是可以减小活性炭的粒径，使计算床层吸附动力学的参数——单位体积活性炭所具有的外表面积（cm^2/cm^3）增大，这样既有利于提高初期 GAC 的吸附速度，也有利于增强后期 BAC 的生物作用。由于活性炭去除污染物的方式是吸附，因此水通过吸附层的方式就不必只采用下向流，可以采用上向流。正是因为“过滤”与“吸附”在概念上有本质区别，所以称这种吸附装置为“炭吸附池”而不是“炭滤池”。

4.2.1.2　污水深度处理用活性炭吸附池

《室外排水设计标准》（GB 50014—2021）指出“污水厂二级处理出水经混凝、沉淀、过滤后，仍不能达到再生水水质要求时，可采用活性炭吸附处理”。采用活性炭吸附工艺时，宜进行静态或动态试验，合理确定活性炭的用量、接触时间、水力负荷和再生周期。

无试验资料时，活性炭吸附池的设计参数可按下列标准确定：

（1）空床接触时间为 20～30 min；

（2）炭层高度为 3.0～4.0 m；

（3）下向流的空床流速为 7～12 m/h；

（4）炭层最终水头损失为 0.4～1.0 m；

（5）活性炭再生周期由处理后出水水质是否超过水质目标值确定，经常性冲洗周期宜为 3～5 d。

无试验资料时，活性炭吸附罐的设计参数可按下列标准确定：

（1）接触时间为20～35 min；

（2）吸附罐的最小高度与直径之比为2:1，罐径为1～4 m，最小炭层高度为3.0 m，宜为4.5～6.0 m；

（3）升流式水力负荷为2.5～6.8 L/(m^2·s)，降流式水力负荷为2.0～3.3 L/(m^2·s)；

（4）操作压力为每0.3 m高炭层7 kPa。

4.2.2 GAC吸附装置的类型

为适应不同的过程特点和分离要求，活性炭吸附装置有不同的操作工艺，如固定床吸附操作、移动床吸附操作和流化床吸附操作。为适应这几种吸附方式分别发展了固定床、移动床和流化床吸附装置，其各自的特征如表4－2所示。

表4－2　不同吸附装置的特征

项目	固定床吸附装置	移动床吸附装置	流化床吸附装置
1. 活性炭的粒径	大小均可	大小均可	必须均匀
2. 活性炭的使用效率	有未使用的活性炭，利用效率低	吸附达到饱和以后再取出，利用效率非常高	在流动段达到吸附饱和后再取出，利用效率高
3. 吸附装置的构造	有活性炭支撑床及表面洗涤设备，结构较复杂	内部无任何构造物，结构极其简单	有流动用板及流动管口，结构很复杂
4. 通水速度	无限制，可大可小	无限制，可大可小	为了维持流动（流态化），要控制在狭窄的范围内
5. 耐腐蚀衬里	结构比较复杂，橡胶衬里等可以施工	结构简单，橡胶衬里等容易施工	结构非常复杂，但橡胶衬里等仍可以施工
6. 塔内检修	活性炭支撑床需要检修	几乎不需要检修	活性炭用板及管口要检修
7. 前置过滤器	由于采用表面过滤方式，悬浮固体（SS）少，基本上要有	由于采用体积过滤方式，SS多，基本上要有	流态化，SS多，基本上要有

4.2.2.1 固定床吸附装置

固定床吸附装置是最早使用的吸附装置，其构造如图 4 – 3 所示。

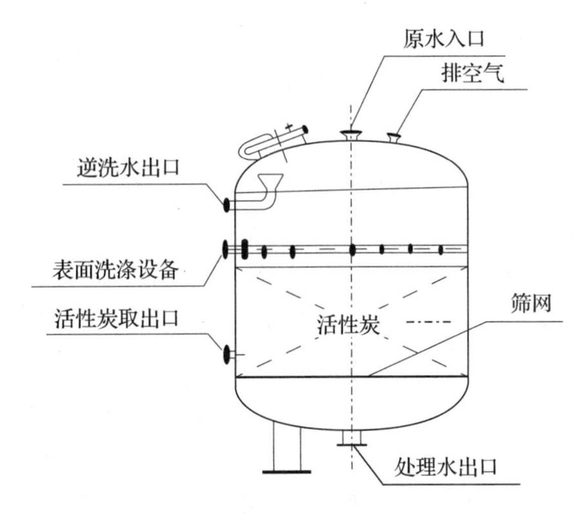

图 4 – 3 固定床吸附装置的构造

固定床吸附装置的特点是吸附剂固定填放在吸附柱（或塔）中。可以采用单塔或多塔运行方式，其中多塔运行方式又分为串联式和并联式。

单塔运行方式适用于间歇操作；多塔运行方式适用于处理水流量较大，需要使用的单塔的尺寸或高度过大以致受到场地限制或需要连续运行的情况。

串联系统适用于泄漏曲线坡度较小、处理单位水量的用炭量较大、要求出水水质较好的情况。该系统中前一柱的出水即后一柱的进水，第一柱活性炭耗竭后即停止运行、准备再生，第二柱变成第一柱，同时最后一根备用的新鲜炭柱投入使用。

并联系统一般采用三个或四个吸附塔，进水分别进入各吸附塔，处理水汇集到公共总管中。该运行方式所需水泵扬程较低，动力费用较省。

4.2.2.2 移动床吸附装置

移动床吸附装置构造极其简单，如图 4 – 4 所示。

移动床的操作方式是水从吸附塔底部进入，由塔顶流出。塔底部接近饱和的某一段高度的吸附剂间歇地排出，再生后从塔顶加入。在操作过程中定期地将接近饱和的一部分吸附剂从吸附塔中排出，同时将等量的新鲜吸附剂加入塔中。目前较大规模的废水处理多采用这种方式。移动床吸附塔的优点是占地面积小，连接管路少，基本上不需要反冲洗；缺点是难于均匀排出炭层，操作要求较高，不能使塔内的吸附剂上下层互混。

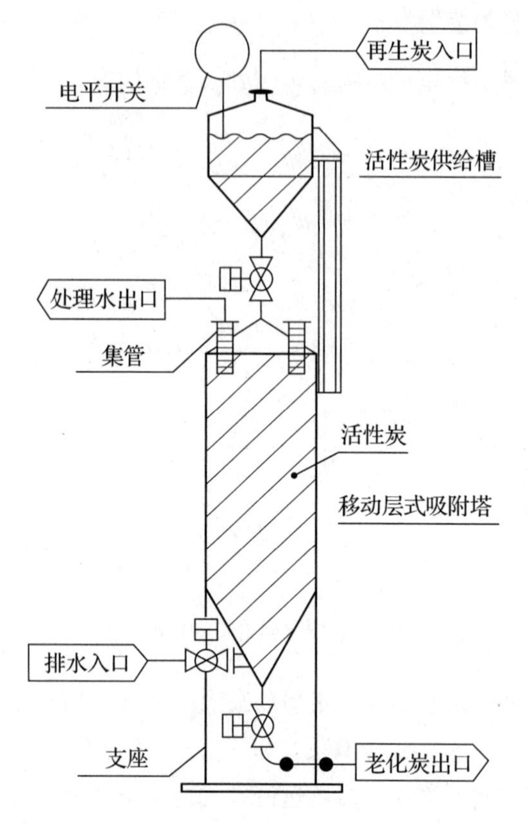

图4－4　移动床吸附装置的构造

4.2.2.3　流化床吸附装置

流化床与固定床和移动床不同的地方在于：吸附剂在流化床内处于膨胀状态或流化状态，悬浮于由下而上的水流中，被处理的废水与活性炭基本上是逆流接触。其优点是用少量的炭就可处理较多的废水，不需要进行反冲洗，基建费用低。该吸附装置适于处理含悬浮物较多的废水。为了维持最佳流动状态，必须控制通水流量。

流化床一般连续卸炭、连续投炭，空塔速度要求上下不混层，保持炭层呈层状向下移动，所以运行操作要求严格。为克服这个缺点，开发出了多层流化床，这种床各层的活性炭可以相混，新炭从塔顶投入，依次下移，移到底部时达到饱和状态即卸出。

多层流化床吸附装置是随着球形活性炭的出现而开发的，如图4－5所示，其核心构造是让活性炭流动的棚层，通过设置特殊的管嘴或下导管控制活性炭的移动。在吸附塔的最下部设置有排出老化炭的导管；补充的新炭或再生炭由吸附塔的上部加入。由于有棚层，其结构较复杂。

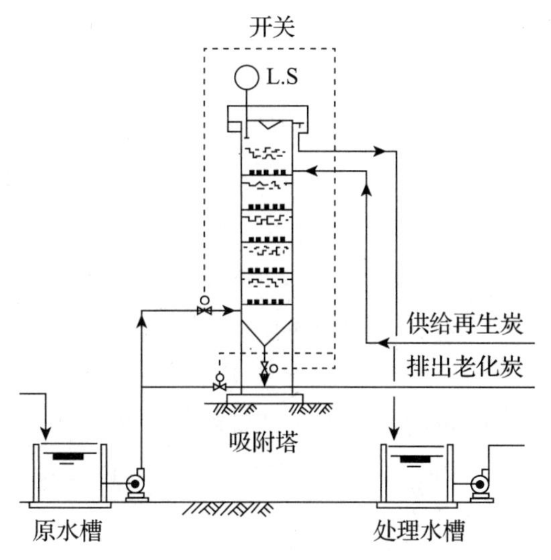

图4-5　多层流化床吸附装置的构造

4.3　活性炭吸附池的试验设计

吸附带和穿透时间是设计活性炭吸附池的重要依据。尤其是吸附带（也称吸附区、工作带、传质带、传质区），它对不同的水质、不同的活性炭是不一样的。吸附带不同，所需的炭层高度也是不同的。因此，活性炭吸附池的设计应按吸附过程来进行测定和计算。《生活饮用水净水厂用煤质活性炭》（CJ/T 345—2010）仅仅对生活饮用水净化用活性炭的基本要求和特征给出了指导性原则。因此，针对不同的水源水条件和污染物进行活性炭的试验研究，是科学选炭、保证净化效果、降低净水成本、确保生活饮用水安全的把关环节。

针对某一待处理水体，活性炭的试验研究主要包括吸附等温线试验和吸附柱试验两部分。

4.3.1　吸附等温线试验

为了得出活性炭对待处理水体的吸附等温线，必须进行吸附等温线试验。目前在饮用水净化试验研究中采用的吸附方程为式（4-3）所示的 Freundlich 方程。

$$\frac{x}{m}=Kc^{\frac{1}{n}} \text{ 或 } \lg\frac{x}{m}=\lg K+\frac{1}{n}\lg c \tag{4-3}$$

式中　x/m——单位质量的活性炭(m)对水中污染物的吸附量(x)，mg/g；

K——Freundlich 方程的常数；

c——平衡（残留）浓度，mg/L；

$1/n$——等温线的斜率。

如果令 $c=1$ mg/L，则 $\lg c=0$，$\lg x/m=\lg K$，即当 $c=1$ mg/L 时，吸附量 $x/m=K$。由于给水水源中污染物的含量比较低，因此要求活性炭在低浓度区有较高的吸附量，也就是要求 Freundlich 方程有较高的 K 值。如图 4－6 中活性炭 1 和活性炭 2 的吸附等温线，虽然活性炭 1 在高浓度（$c>c_1$）下的吸附量低于活性炭 2，但仍要选择活性炭 1。这是因为净水出水中污染物的浓度永远达不到 c_1，而为 1 mg/L 或更低。如果 $c=1$ mg/L，对活性炭 2 来说，吸附量 $x/m=0$，这就是在某些工程中投加了活性炭后处理效果不佳的问题所在。另外，还要考虑到吸附等温线试验是采用粉末活性炭进行的，得出的吸附量为最大吸附量（或理论吸附量），而颗粒活性炭有部分孔隙是被封闭的，因此是达不到理论吸附量的。

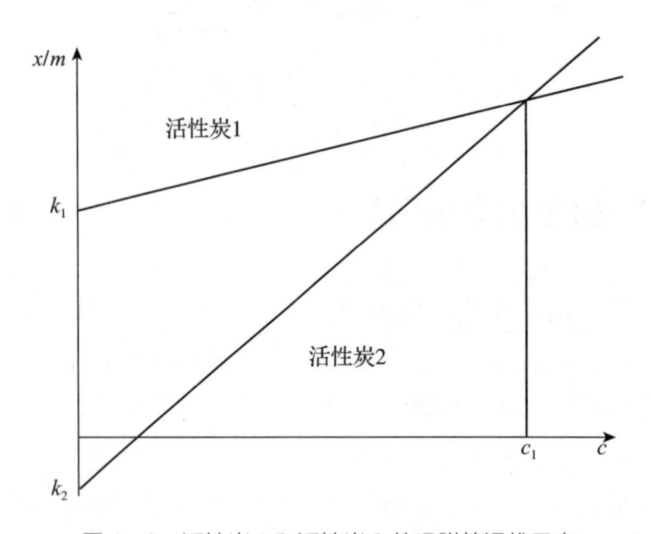

图 4－6　活性炭 1 和活性炭 2 的吸附等温线示意

4.3.2　吸附柱试验

吸附柱试验是为了求得活性炭床层的吸附带长度而进行的。吸附柱的直径 D 取决于所用活性炭的粒径 d，根据苏联科学院基辅分院推荐的数值，D/d 通常大于或等于 20，在该条件下测出的数据可直接用于生产装置。

4.3.2.1　活性炭床层吸附过程的状态

降流式（下向流）活性炭吸附池的吸附带的推移过程和穿透的关系如图 4－7 所示。由图可知，活性炭床层吸附过程的状态分为吸附平衡带（饱和区）、吸附带和未吸附带。随着处理水量的增加，吸附带不断向水流出口方向移动，直至达到穿透，即失效。

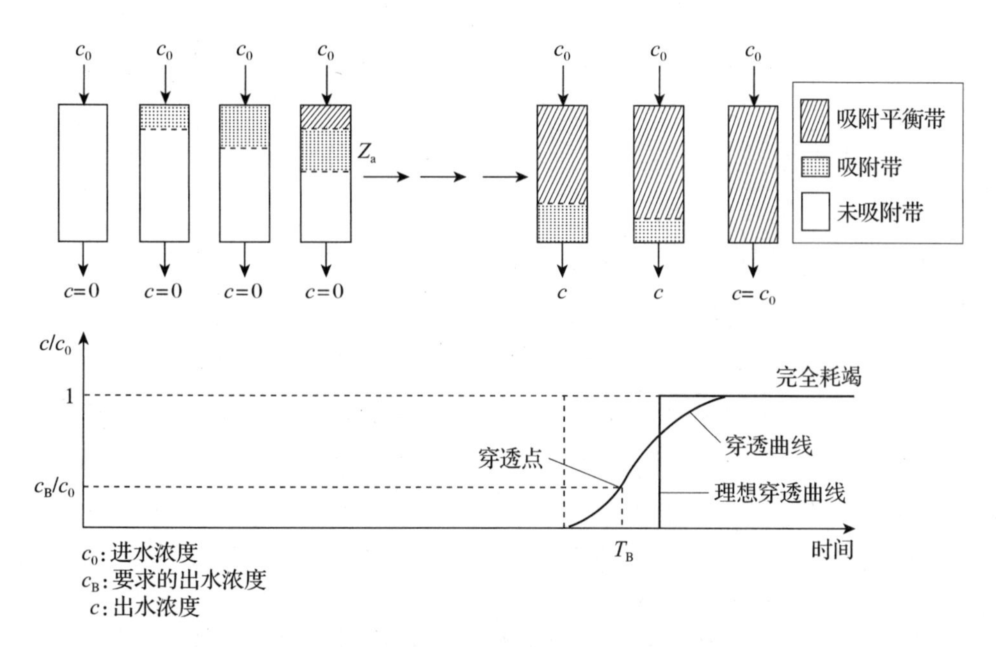

图4-7　吸附带的推移与穿透（下向流）

4.3.2.2　活性炭床层吸附带长度的计算

穿透曲线、吸附带及未吸附带的关系如图4-8所示。

图4-8中吸附带长度Z_a越小，活性炭的性能越好。Z_a值的大小和Freundlich方程中的K值有一定的关系，K值大，Z_a值就小。

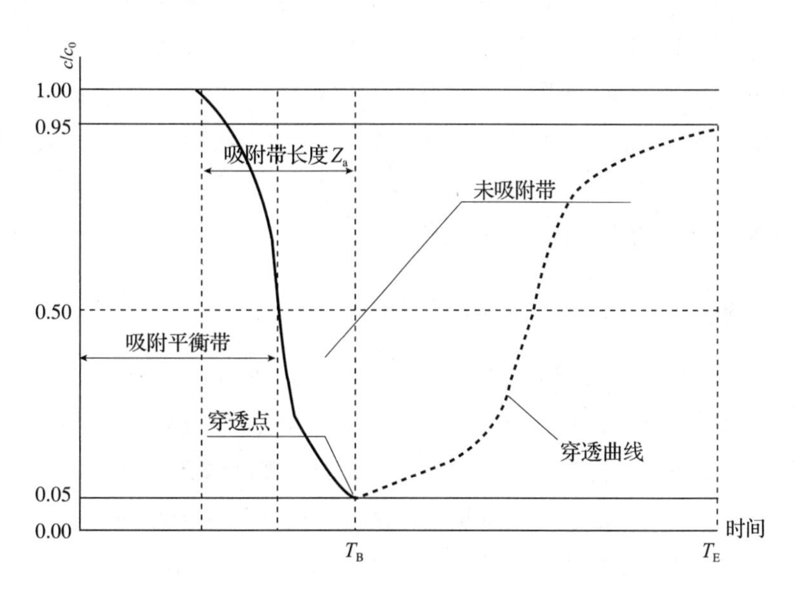

图4-8　穿透曲线吸附带及未吸附带的关系

吸附带长度 Z_a 的计算见下式：

$$Z_a = 2Z\left(1 - \frac{T_B Uc_0}{\gamma q Z}\right) = \frac{U}{\beta\gamma} \times (T_E - T_B) = U'\Delta T \tag{4-4}$$

式中 Z——炭层高度，m；

γ——装填密度，g/cm³ 或 kg/m³；

q——c_0 时的吸附量，kg/kg 活性炭；

q/c_0——吸附系数，m³/kg 活性炭；

$\beta\gamma$——单位体积活性炭处理水的体积的理论值，m³ 水/m³ 活性炭；

$U' = U/\beta\gamma$ ——吸附带的移动速度，cm/s 或 m/min；

U——空塔速度，m/min；

T_E——出水浓度达 $0.95c_0$ 时的时间，min；

T_B——出水浓度达 $0.05c_0$ 时的时间，min；

ΔT——穿透点到饱和点的时间，$\Delta T = T_E - T_B$。

ΔT 值与活性炭的有效孔隙容积密切相关，其越小越好。ΔT 值过大，即穿透曲线的“尾巴”拖长，表明无效区增大，意味着所选活性炭的有效孔隙容积不合理。这是由于活性炭的吸附包含外扩散和内扩散过程，外扩散时浓度差是推动力，而内扩散时吸附速度是活性炭的孔隙容积的函数。若孔隙容积不合理，则扩散得慢，会导致“拖尾”现象，此时若要达到一定的吸附容量，就需要增大炭层高度。

在实际工程中，吸附容量高但是吸附速度慢，成本不一定最低，因此既要吸附容量高又要吸附带短。另外，从活性炭再生的角度而言，再生的前提是脱附，虽然能吸附的也能脱附，但吸附力大脱附就困难，如果脱附困难，无疑将会增加成本。活性炭吸附四氯化碳的试验已经证明这一点：由于吸附、脱附需要往返操作，若吸附的四氯化碳不能脱附就需要加温，而温度太高活性炭就将受损，因此，不一定吸附容量越高越好，而是需要选择工作容量高的活性炭，即要求其“吃得多，吐得也要多”。这也是在第 3 章中介绍“工作容量”和“持附量”概念的原因，即要求活性炭对目标污染物的工作容量要大。

4.3.2.3 活性炭层高度与穿透曲线之间的关系

为了探讨活性炭层高度与穿透曲线之间的关系，D. B. 厄斯金（D. B. Erskine）等在单塔固定床上通过改变炭层高度得出了相应的穿透曲线，如图 4-9 所示。由图 4-9 可知，随着炭层高度的增大，穿透时的过水量之比比炭层高度增大的比率大得多，如炭层高 6 m 时的过水量与炭层高 3 m 时的过水量之比接近 3:1，即增加的 3 m 高的炭层和原来 3 m 高的炭层相比，处理水量增加了近 1 倍，这一结论对活性炭的水处理实践应用是非常有意义的。

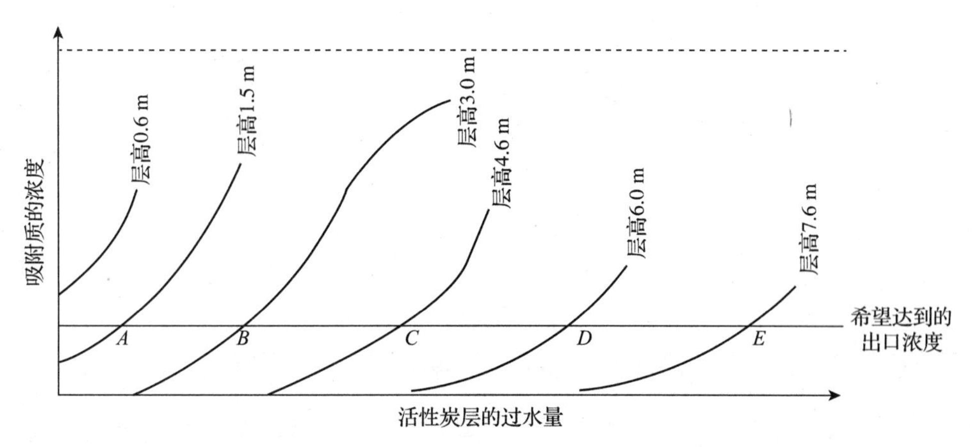

图4－9　单塔固定床吸附柱试验的穿透曲线（不同炭层高度时的穿透曲线）

为了确定具体的数量关系，有学者采用单塔和三塔串联的模式进行了试验测定（图4－10）。当过水速度不变时，可以认为吸附带也不变，穿透曲线相似，则当单塔穿透时，穿透时间为T_B时炭层的利用情况（饱和炭层的高度）为$Z-xZ_a$；当n塔穿透时，穿透时间为T'_B时炭层的利用情况（饱和炭层的高度）为$nZ-xZ_a$。由此可知，T'_B和T_B之间有如下关系：

$$\frac{T'_B}{T_B}=\frac{nZ-xZ_a}{Z-xZ_a} \tag{4-5}$$

式中　Z——单塔炭层高度；

Z_a——吸附带长度；

x——系数，一般取0.5～1.0。

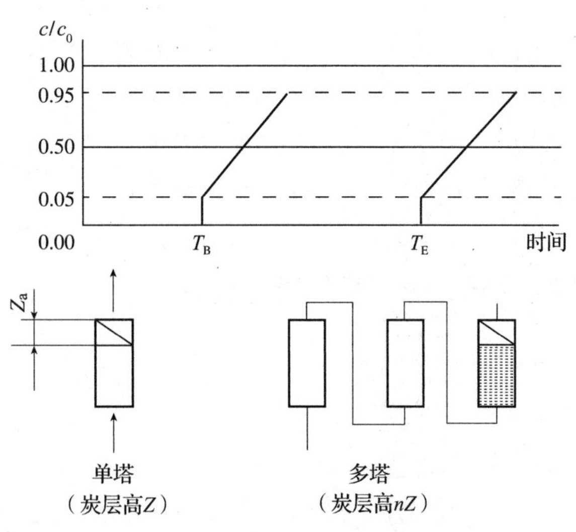

图4－10　单塔与多塔的穿透和吸附带

如果将吸附带长度的炭层看成无法充分利用吸附能力的工作层（即达不到饱和吸附），则可将其从炭层高度中减去，即取$x=1$，这样式（4－5）便简化为式（4－6）：

$$\frac{T'_B}{T_B}=\frac{nZ-Z_a}{Z-Z_a} \tag{4-6}$$

如果假定 $Z_a=0.3Z$，则

$$\frac{T'_B}{T_B}=\frac{nZ-0.3Z}{0.7Z} \tag{4-7}$$

根据式（4-7），用 $n=1.7$、2.0、2.2 和 3.1 进行计算，结果见表 4-3 和图 4-11。

表 4-3 增大炭层高度的经济意义

炭层高度增大 0.7 倍	炭层高度增大 1.0 倍	炭层高度增大 1.2 倍	炭层高度增大 2.1 倍
$n=1.7$	$n=2.0$	$n=2.2$	$n=3.1$
$\frac{T'_B}{T_B}=2$	$\frac{T'_B}{T_B}=2.43$	$\frac{T'_B}{T_B}=2.71$	$\frac{T'_B}{T_B}=4$

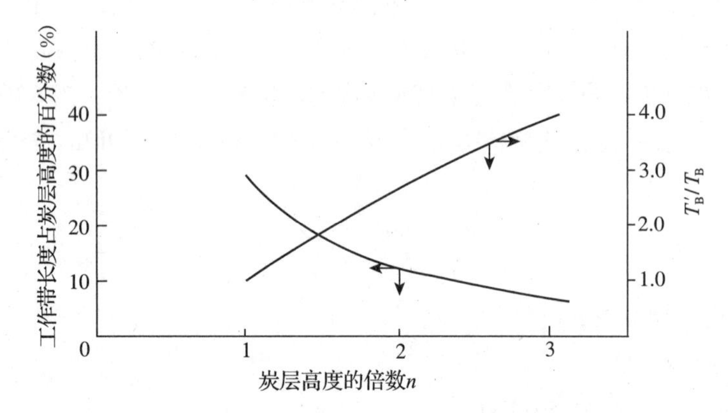

图 4-11 炭层高度与穿透时间的关系

由图 4-11 可见，随着炭层的增高，穿透时间延长的速度比炭层增高的速度快，吸附带占整个炭层的比例也直线下降，即炭层高度增大 1 倍就可以省去一个吸附带。

对穿透时间（或穿透点）的确定，在计算中采用的是 $c=5\%c_0$。在实际净水处理过程中，可以改用水厂内控指标，如 COD_{Mn}、THM 或臭与味等。

4.3.3 设计试验放大用于活性炭吸附池的计算

活性炭吸附池的各参数定义如下：

B——活性炭床层的容积，L 或 m^3；

D——活性炭床层的充填密度，kg/L 或 t/m^3；

T——达到允许浓度 c_a 所需的时间（相当于穿透时间），h；

T_r——停留时间（接触时间），h；

V——流量，L/h 或 m^3/h；

V_a——达到允许浓度 c_a 时，单位质量的活性炭净化的水量，L/kg 或 m^3/t；

V_b——体积流量（相当于空塔速度）,L/h；

ε——活性炭层的空隙率（详见 2.4.2 节），对颗粒活性炭（包括成型活性炭），在多数情况下 $\varepsilon \leqslant 0.5$；

W——活性炭床层的质量，kg 或 t；

W_n——单位时间内所需要的活性炭量，kg/h 或 t/h 。

将上述参数的关系用方程式表示如下：

$$T_r = \varepsilon / V_b = 0.5B/V = 0.5/V_b \tag{4-8}$$

$$V = V_b B \text{ 或 } B = V/V_b \tag{4-9}$$

$$W = BD \tag{4-10}$$

$$W_n = \frac{V}{V_a} \tag{4-11}$$

$$T = W/W_n = BDV_a/V = DV_a/V_b = DV_a T_r/0.5 \tag{4-12}$$

由式（4-12）可以看出，用一定质量（W）的活性炭处理至水中的污染物浓度达到允许浓度 c_a 所需的时间和活性炭床层的充填密度、活性炭的性能及停留时间存在一定的关系。

4.3.4 活性炭吸附池压力降的计算

活性炭吸附池的压力降和活性炭的床层高度成正比，如前所述，对同一种活性炭，床层高度越大，净化效果越好，但压力降也越大，必然导致运行能耗和成本提高。

活性炭吸附池的压力降可以通过吸附柱试验实测得到，也可以通过理论估算得到。

影响活性炭吸附池的压力降的因素除活性炭的床层高度外，还有滤流速度、活性炭的有效粒径和水的温度。日本的《活性炭工业》一书给出了 F-300、F-400 型活性炭在 12.78 ℃和 18.33 ℃下的水流阻力，如图 4-12 所示。

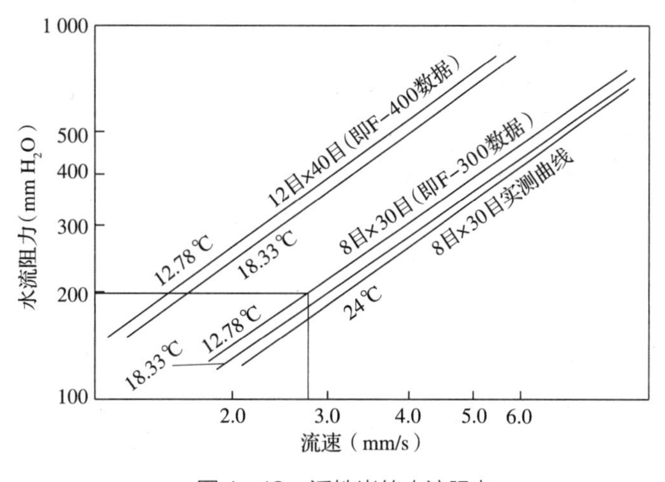

图 4-12　活性炭的水流阻力

其他规格的活性炭层的压力降可按式（4－13）进行计算。

$$\Delta p = av + bv^2 \tag{4-13}$$

式中 Δp——压力降，mm H_2O/m 活性炭层；

v——滤流速度；

a、b——与活性炭层的空隙率、粒径及水的黏度（温度）有关的参数。

由于活性炭吸附池中水流速度较快，$av \ll bv^2$，故通常将式（4－13）等号右边的第一项省略，则

$$\Delta p = bv^2 \text{或} \ v = k\sqrt{\Delta p} \tag{4-14}$$

式中 k 反映了活性炭层的滤流特性，称为滤流系数。国外学者通过对试验数据进行整理，归纳出 k 值的计算公式为

$$k = C_1 d_{10}^2 \tau \tag{4-15}$$

式中 C_1——脏垢系数，取决于活性炭颗粒所含的炭粉量，在筛分比较彻底的活性炭中，C_1 =700～1 000；

d_{10}——活性炭的有效粒径，mm，其确定方法详见第 2 章（在活性炭吸附池中，d_{10} =0.1～3 mm）；

τ——温度系数，其数值见表 4－4，表中 T 为水温（℃）。

表 4－4 温度系数的数值

T(℃)	τ	T(℃)	τ	T(℃)	τ	T(℃)	τ	T(℃)	τ
0	0.588	6	0.721	12	0.854	18	1.00	24	1.155
1	0.612	7	0.744	13	0.878	19	1.025	25	1.180
2	0.635	8	0.766	14	0.902	20	1.052	26	1.313
3	0.656	9	0.786	15	0.926	21	1.080	27	1.620
4	0.676	10	0.807	16	0.950	22	1.107	28	1.926
5	0.698	11	0.837	17	0.975	23	1.131	29	2.231

下面举例说明。

水温为 13 ℃，空塔速度为 10 m/h 时，8 目×30 目活性炭层的压力降可按下述步骤计算。

首先，根据式(4－15)计算 k 值，取 C_1 =800，d_{10} =1.6 cm，T =13 ℃(接近 12.78 ℃)，则 $k = 800 \times 0.16^2 \times 0.878 = 17.98$ m/d 或 0.2 mm/s；

然后，根据式（4－14）可得

$$\Delta p = \left(\frac{v}{k}\right)^2 = \left(\frac{10 \times 10^3}{3\,600 \times 0.2}\right)^2 = 193 \text{ mmH}_2\text{O/m}$$ 活性炭，此结果和图 4－12 一致。

第5章 活性炭净水与选炭

5.1　吸附用活性炭的孔隙结构特征

按照苏联科学院院士杜比宁的划分方法，活性炭的孔隙分为微孔（$R \leqslant 20$ Å），中孔（20 Å $< R \leqslant 500$ Å）和大孔（$R > 500$ Å）；而微孔又可以划分为真微孔（$R \leqslant 6 \sim 7$ Å）和次微孔（$6 \sim 7$ Å $< R \leqslant 15 \sim 16$ Å）。不同的孔隙结构，其功能（或作用）是不同的，就吸附水中的有机污染物而言，主要是微孔和中孔起作用。由于每种物质都有对应的最小孔隙尺寸，因此引入了有效孔隙的概念。活性炭的吸附容量取决于其有效孔隙容积的大小：有效孔隙容积大，则吸附量就大；有效孔隙容积小，则吸附量就小。

给水深度处理用活性炭，其最佳的孔隙结构分布应该是什么样的？下面对该问题进行深入解析。

5.1.1　水中污染物的分子尺寸及给水深度处理用活性炭的孔隙结构分布

5.1.1.1　水中污染物的分子尺寸及分子质量

活性炭在给水深度处理中的任务是除去用 COD 或 TOC 表示的有机化合物。水中的有机化合物给人类带来了许多危害。对可以用 COD 或 BOD 表示的物质的分子尺寸进行归纳，结果见图 5 - 1。由此可知，可用 COD 表示的物质，其分子尺寸均小于 50 Å（对应的分子质量为 10 000 Da）。

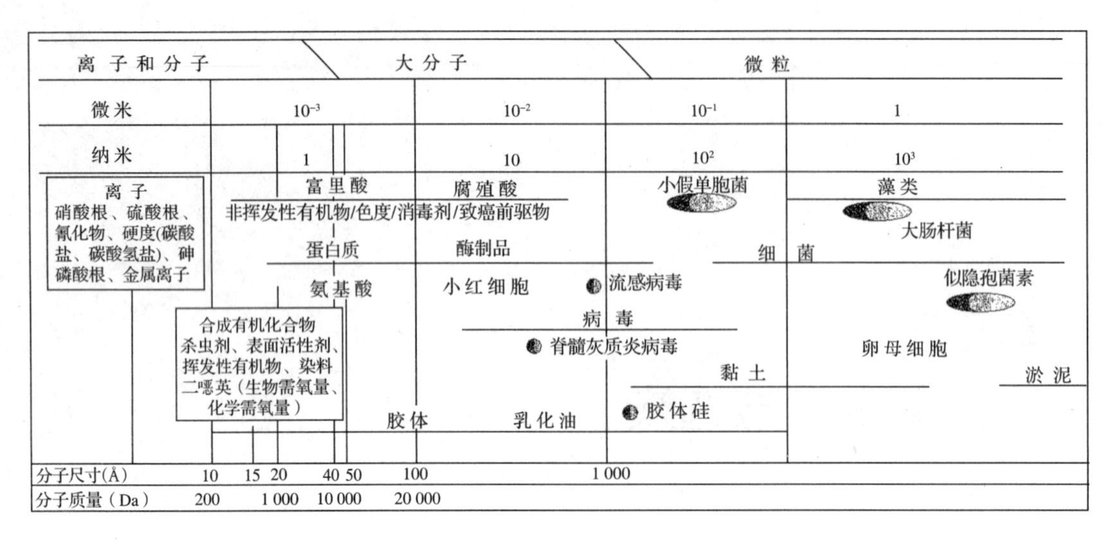

图5－1　水中污染物的分子尺寸与分子质量

5.1.1.2　水中污染物的分子质量分布

要确定活性炭的孔隙结构分布，首先必须确定活性炭要去除的物质（即目标污染物）的分子质量分布。为此李德生等对上海奉贤某水厂的原水进行了TOC分子质量分布的测定，结果详见表5－1。

表5－1　上海奉贤某水厂原水的TOC分子质量分布

序号	TOC（mg/L）	分子质量（Da）	占总TOC的百分数（%）	TOC累计百分数（%）	对应的 COD_{Mn}（mg/L）
1	5.51	—	0.72	100.00	6.2
2	5.47	100 000	1.09	99.28	—
3	5.41	10 000	2.00	98.19	—
4	5.30	5 000	9.44	96.19	—
5	4.78	3 000	9.80	86.75	—
6	4.24	1 000	56.08	76.95	—
7	1.15	500	20.87	20.87	—

由表5－1可知，98.19%的TOC分子质量不大于10 000 Da，76.95%的TOC分子质量不大于1 000 Da，即原水呈现出污染物以低分子质量有机物为主的特征。该结果与文献报道的结果（图5－1）是一致的。国内很多学者对此做了大量的工作。朱晓燕等对长江南京段原水中DOC的测定结果表明，DOC主要由小分子有机物构成，其中分子质量小于1 kDa的占53 %，在1～5 kDa的占18 %。方华等对黄浦江原水中DOC的分子质量分布进行了测定，发现分子质量在0.5～1 kDa区间的DOC含量最高，年平均达34%，大大高于

其他分子质量区间的 DOC 含量，分子质量小于 1 kDa 的低分子质量有机物占 DOC 总量的 46%，为水中有机物的主要构成部分；太湖原水中的溶解性有机物主要由低分子质量有机物组成，其中分子质量大于3 kDa 的有机物占总 DOC 的25.5%，在1～3 kDa的有机物占总 DOC 的31.9%，在0.5～1 kDa 的有机物占 8.7%，小于0.5 kDa 的有机物占33.9%。周刚对广东省珠海市的西江、竹仙洞水库、南屏水库、拱北水厂和凤凰山水库的原水，山东省济南市黄河的原水，河北省鹿泉市黄壁庄水库的原水进行了有机物分子质量分布测定，结果表明，上述七种原水中的有机物都以中低分子质量为主，分子质量小于 1 kDa 的有机物分别占原水中 DOC 总量的53.8%、57.5%、44.0%、46.0%、38.2%、46.3% 和65.5%。由此可见，原水中的有机物均呈现出以低分子质量为主的特征。

李德生等对原水深度处理各工艺段出水中有机物分子质量的分析表明，预臭氧处理主要将有机物氧化成分子质量小于 1 kDa 的 BDOC（即生物可降解溶解有机碳），主臭氧处理则将有机物进一步氧化为分子质量小于 0.5 kDa 的 BDOC，即经过预臭氧和主臭氧处理后的水也呈现出以低分子质量有机物为主的特征。

5.1.1.3 给水深度处理用活性炭的孔隙结构分布

要使活性炭孔隙适应全部的污染物是不大可能的，鉴于原水中的有机物均呈现出以低分子质量为主的特征，于是将着眼点放在分子质量不大于 1 kDa 的污染物上。分子质量处于这个范围的物质有糖类、合成染料、杀虫剂、除莠剂、内毒素（致热质，即引起发烧的物质）。上述这些物质中除糖类对人类不构成危害外，其余几种都是对人类健康有害的物质，需要认真对待并加以去除。

另据 Chang 等的研究，消毒副产物（DBP）中的 $CHCl_3$ 和 CH_2Cl_2 主要由分子质量在 1～0.5 kDa 的有机物产生，而毒性更大的 $CHClBr_2$ 和 $CHBr_3$ 由分子质量小于0.5 kDa的有机物产生。因此，将活性炭孔隙分布所适应的污染物分子质量定在 1 kDa 以下是有现实意义的。

根据式（3－11）$D/d \geq 1.7$ 的结论，可得到不同分子质量的有机物的分子尺寸及所需要的活性炭的最小孔径，详见表 5－2。

表 5－2 分子质量、分子尺寸及对应孔径的推算值

分子质量（Da）	分子尺寸（Å）	对应孔径 *D*（Å）	分子质量（Da）	分子尺寸（Å）	对应孔径 *D*（Å）	分子质量（Da）	分子尺寸（Å）	对应孔径 *D*（Å）
200	10	17	500	15.8	26.82	800	20	34
300	12.2	20.74	600	17.3	29.4	900	21.2	36.4
400	14.1	24	700	18.8	31.96	1 000	22.3	37.91

由表可见，分子质量为 1 kDa 的物质要求活性炭的最小孔径 D 为 37.91 Å，这个数值仍属于微孔（$R \leqslant 20$ Å，$D \leqslant 40$ Å）范畴，只是接近微孔的边缘而已。由该表可得出以下结论：分子质量在 1 kDa 以下的物质要求活性炭的最小孔径范围为 17～37.91 Å，即要求活性炭具有发达的微孔结构（$R \leqslant 20$ Å，$D \leqslant 40$ Å），尤其是次微孔结构（6～7 Å $< R \leqslant$ 15～16 Å，12～14 Å $< D \leqslant$ 30～32 Å）。

综上所述，吸附用给水深度处理活性炭，即去除以 COD_{Mn}（或 TOC）为表征的有机化合物所需的活性炭，应该具有发达的微孔结构（$R \leqslant 20$ Å，$D \leqslant 40$ Å），尤其是次微孔结构（6～7 Å $< R \leqslant$ 15～16 Å，12～14 $< D \leqslant$ 30～32 Å）。当然对于不同的目标污染物，可以计算出其所需要的活性炭的孔隙结构，从而做到有的放矢，大大提高水处理效果。

目前，市场上所售的国产 JT－1 型活性炭即属于次微孔发达的给水深度处理用活性炭，其孔径分布如图 5－2 所示。由图可知，JT－1 型活性炭的平均孔隙直径为 24 Å，孔分布集中于孔径 16～32 Å，恰好在 17 Å 和 37.91 Å 之间。下面摘录一些用 JT－1 型活性炭进行试验和实践运行的数据，对符合上述孔隙条件的给水深度处理专用活性炭的性能及处理效果进行验证。

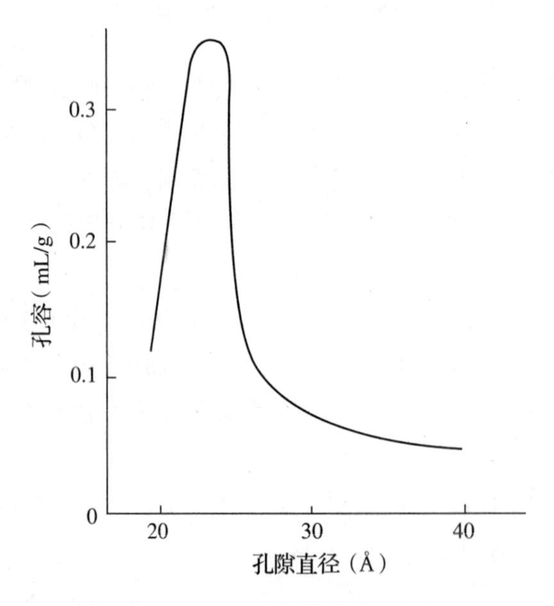

图 5－2　JT－1 型活性炭的孔径分布

5.1.2　JT－1 型活性炭的特点及效果

JT－1 型活性炭的碘吸附值为 950～1 000 mg/g，比表面积大于 900 m^2/g，亚甲基蓝吸附值大于 200 mg/g，孔容为 0.54 mL/g（R 小于 107.6 nm，不含大孔）。下面对其性能进行验证。

5.1.2.1 在低浓度下具有相当好的吸附性能

众所周知，饮用水源中有机污染物的浓度相对于污水而言是相当低的，一般为每升几毫克甚至几微克。这就要求生活饮用水净化用活性炭在低浓度范围内有较强的吸附能力，即要求 Freundlich 方程有较高的 K 值（详见 4.3.1 节）。JT－1 型活性炭做到了这一点。清华大学孔令宇在杭州南星桥水厂对 JT－1 型活性炭和另外两种活性炭的吸附性能进行了对比试验，其数据见表 5－3。由表可见，在 $1/n$ 相差无几的情况下，JT－1 型活性炭（1 号炭）的 K 值是 2 号炭的 3.7 倍、3 号炭的 3.8 倍，这充分表明 JT－1 型活性炭在低浓度范围内有较强的吸附能力。

表 5－3　三种活性炭吸附等温线中的 K 值和 $1/n$ 值

参数	活性炭类型		
	1 号炭	2 号炭	3 号炭
K	14.7	4.0	3.87
$1/n$	0.82	0.76	0.69

5.1.2.2 具有合理的孔隙分布

JT－1 型活性炭的孔隙直径主要分布在 16～32 Å 的范围内，集中分布于 24 Å（图 5－2），该区域正是苏联科学院院士杜比宁所命名的次微孔区（6～7 Å < R ≤ 15～16 Å），因此 JT－1 型活性炭具有较高的吸附容量。

根据兰州交通大学姚智文对昆山某厂生产运行 153 d 的跟踪调查：在活性炭层高度为 2 m、滤池单格过滤面积为 105 m^2、产水量为 28 571 t/d 的情况下，JT－1 型活性炭在 153 d 中吸附的 COD_{Mn} 为 3 519.14 kg（相对于主臭氧出水），比其他活性炭多吸附 1 171.43 kg，即其吸附能力较其他活性炭高出约 50%。

5.1.2.3 COD_{Mn} 和 UV_{254} 去除率较高

COD_{Mn} 和 UV_{254} 都可以作为水中有机物的替代参数。COD_{Mn} 为评价水体中有机物总量的综合指标，UV_{254} 是间接反映芳香族有机物和带双键有机物多少的综合指标。有研究表明，活性炭在挂膜期间对 COD_{Mn} 和 UV_{254} 去除率的绝对相关性达 0.72。张绍梅等采用臭氧/生物活性炭（O_3/BAC）工艺对密云水库的水进行深度处理中试研究时，对不同活性炭柱出水的 COD_{Mn} 和 UV_{254} 去除率进行了对比，结果见表 5－4。由表可以看到，JT－1 型活性炭柱（简称 JT－1 炭柱）出水的 COD_{Mn} 和 UV_{254} 浓度最低，即 COD_{Mn} 和 UV_{254} 去除率最高。其中，COD_{Mn} 去除率较其他两种活性炭柱高出 10% 左右，UV_{254} 去除率则高出 20% 左右。

表 5-4　三种活性炭柱的 COD_{Mn} 和 UV_{254} 去除率对比

水样名称	COD_{Mn}		UV_{254}	
	水中浓度（mg/L）	炭柱去除率（%）	水中值（cm^{-1}）	炭柱去除率（%）
臭氧后水	1.16	—	0.013 0	—
柱状炭出水	0.82	29	0.009 6	25
JT-1 炭柱出水	0.69	39	0.007 4	44
PK 炭柱出水	0.85	27	0.010 1	22

注：PK 炭为另一种压块破碎活性炭。

5.1.2.4　出水 BDOC 低

BDOC 是评价饮用水生物稳定性的指标，代表的是饮用水中所有可被微生物降解的溶解性有机物。有专家提出此值应小于或等于 0.2 mg/L。JT-1 型活性炭在这方面亦表现良好。张绍梅等的试验结果表明，BDOC 的出水浓度始终小于或等于 0.2mg/L，详见表 5-5，即 JT-1 炭柱的出水生物稳定性最优。

表 5-5　动态试验各装置出水 BDOC 测定值

运行时间（d）	BDOC 测定值（mg/L）				
	煤后水	臭氧后水	ZJ-15 炭柱出水	JT-1 炭柱出水	PK 炭柱出水
13	0.26	0.62	0.44	0.20	0.40
23	0.22	0.52	0.11	0.20	0.21
36	0.22	0.64	0.39	0.02	0.32
平均值	0.23	0.59	0.31	0.14	0.31

5.1.2.5　小结

通过对给水深度处理中活性炭要去除的物质 COD_{Mn} 的分子尺寸（均小于 50 Å，对应分子质量小于 10 kDa）及原水进行分析，将着眼点放在分子质量在 1 kDa 以下的物质上，计算出其所需要的活性炭的最小孔径范围为 17～37.91 Å，即要求活性炭具有发达的微孔结构（$R \leqslant 20$ Å，$D \leqslant 40$ Å），尤其是次微孔结构（6～7 Å $< R \leqslant$ 15～16 Å，12～14 Å $< D \leqslant$ 30～32 Å），并运用国产 JT-1 型活性炭对该结论进行了验证，结果表明，符合给水深度处理用活性炭孔隙结构的活性炭在实际应用中实现了高 K 值、高吸附量、出水低 BDOC 的目标。

这一结论从被处理水的角度出发，为给水深度处理专用活性炭的选择提供了理论依据，并提供了通过孔隙结构选择活性炭的新思路，从而使给水深度处理专用活性炭的选择做到有的放矢。

5.2 活性炭吸附水中有机污染物的热力学判据的应用及最佳活性炭的选择

在饮用水处理中，活性炭的主要目标是去除有机污染物。活性炭是否能吸附所有的有机污染物？有没有简单明了的方法来判断？弄清这些问题对饮用水突发性有机物污染事故具有重要的意义。

从3.2节已经知道，污染物本身的化学位可以作为吸附判据，即：如果污染物在水中的化学位高于其在活性炭中的化学位，则污染物由化学位高处流向化学位低处，完成吸附；如果污染物在水中的化学位低于其在活性炭中的化学位，则吸附不可能发生。无疑，掌握了这一判据，将对活性炭去除有机污染物的应用做到有的放矢。

5.2.1 活性炭吸附水中有机污染物的热力学判据的应用

根据化学热力学的观点，化学位是具有加和性的，正是基于这一观点，国外学者认为有机物分子原始状态的化学位可以用有机物分子的每个基团被吸附时引起的化学位的变化值总和（$\Delta\mu^0$，即 ΔF^0）来表示，即

$$-\Delta\mu^0 = \sum \delta(-\Delta\mu^0)$$

这些基团一般为$—CH_3$ 和$═CH_2$ 或$—COOH$ 和$—NO_2$ 等。在这方面有代表性的学者是克西列夫、奥希兹科和巴科德姆科。下面以吸附丙酸水溶液为例进行说明：

$$\Delta\mu^0(CH_3CH_2COOH) = \Delta\mu^0(—CH_3) + \Delta\mu^0\ (═CH_2) + \Delta\mu^0(—COOH) + \Delta\mu^0(x)$$

式中 $\Delta\mu^0(x)$为与吸附质的分子结构相关的亲和性。

然而令人遗憾的是，迄今为止，人们还无法通过理论计算获得 $\Delta\mu^0$ 值，即 ΔF^0 值。目前文献中发表的吸附物质的 $-\Delta F^0$ 值都是通过试验测定的，被测定的物质主要有脂肪醇、脂肪酸、脂肪胺、氯与苯的衍生物以及单、双取代的苯的衍生物、邻二氮茂等。

现将国外有关文献中发表的部分化合物的 $-\Delta F^0$ 值和每个结构组分的 $\delta(-\Delta F^0)$ 值汇总于表5-6中。如前所述，活性炭对水中有机物的吸附主要借助于相互间的范德华力，尤其是色散力来实现（3.2节），上述结果也表明了 $-\Delta F^0$ 与起作用的基团和每个组成元素累积起来的总能量的一致性。

表5-6　部分化合物的 $-\Delta F^0$ 值和每个结构组分的 $\delta(-\Delta F^0)$ 值

化合物	$-\Delta F^0$（kJ/mol）	基团或元素	$\delta(-\Delta F^0)$（kJ/mol）
2，4-二溴苯酚	30.6	$—C_6H_5$	21.20
对硝基苯胺	24.8	$—NO_2$	2.60

（续）

化合物	$-\Delta F^0$（kJ/mol）	基团或元素	$\delta(-\Delta F^0)$（kJ/mol）
萘	24.6	—OH（伯位）	2.30
对氯苯胺	23.6	$=CH_2$	2.18
苯酚	23.4	—COOH	1.63
苯胺	21.3	—Cl	1.38
氯苯	18.6	$—NH_2$	1.05
氯仿	18.3	—C=C—	0.88
二氯乙烷	18.3	$—CH_3$	0.46～0.58
甲胺	17.8	—OH（仲位和叔位）	0.25
三乙醇胺	17.8	—OH（在苯环上）	0.04～0.08
醋酸	17.7	—OH（当存在氨基时）	-0.25
己酸	17.7	$—CH_2—$（当存在氨基时）	-0.42
甲酸	17.7	$—SO_3H$	-1.08
乙胺	14.3	—Br	4.68
氯乙醇	13.7	$—C_4H_4$（第二萘环）	2.18～2.44
油酸	13.7		
草酸	13.5		

注：这些数据来自不同的文献和不同的作者，可能存在差异。

根据表5-6便可以计算出水中有机物的 $-\Delta F^0$ 值。下面以三硝基甲苯、黑索金为例进行计算，其分子结构式如图5-3所示。

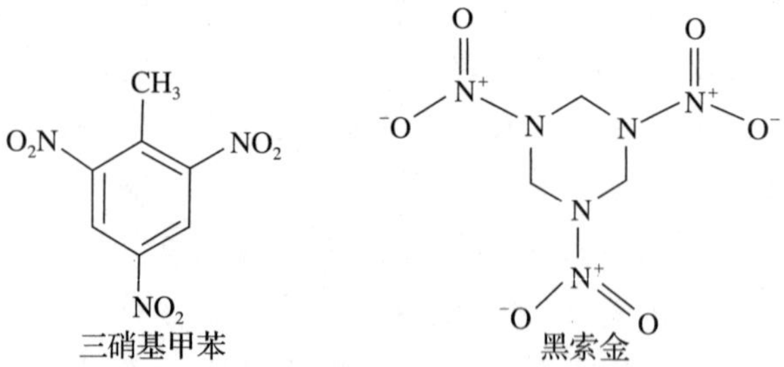

三硝基甲苯　　黑索金

图5-3　三硝基甲苯、黑索金的分子结构式

由图5-3可知，三硝基甲苯（2，4，6-三硝基甲苯，简称TNT）由1个$—C_6H_5$、1个$—CH_3$和3个$—NO_2$组成，查表5-6可得$—C_6H_5$的 $-\Delta F^0=21.20$ kJ/mol，$—NO_2$的 $-\Delta F^0=2.60$ kJ/mol，取$—CH_3$的 $-\Delta F^0=0.50$ kJ/mol，则三硝基甲苯的 $-\Delta F^0=29.50$ kJ/mol。

由图5-3可知，黑索金（环三亚甲基三硝胺，简称RDX）由3个叔氨基（可视为$—NH_2$）、3个$—CH_2—$（当存在氨基时）和3个$—NO_2$组成，查表5-6可得叔氨基的 $-\Delta F^0$

$=1.05$ kJ/mol，—NO_2的 $-\Delta F^0=2.60$ kJ/mol，—CH_2—（当存在氨基时）的 $-\Delta F^0=-0.42$ kJ/mol，则黑索金的 $-\Delta F^0=9.69$ kJ/mol。

根据化学热力学的定义，$-\Delta F^0$ 值越高，说明吸附越容易进行。事实也是如此，TNT 比 RDX 容易吸附得多，吸附量也大得多。特别是当这两种物质共存于同一种液体中时，TNT 会被优先吸附，并能取代已被活性炭吸附的 RDX；当向被 RDX 饱和了的活性炭中通入含 TNT 的废水时，出水中检测出的是 RDX 而不是 TNT。其主要原因就是两者的化学位不同，TNT 的化学位为 29.50 kJ/mol，RDX 为 9.69 kJ/mol，即竞争吸附的本质是化学位的差异。

5.2.2 最佳活性炭的选择

然而，并非所有的活性炭都可以用于吸附有机物。在确定了活性炭能够用于吸附目标污染物的基础上，如何选择最佳活性炭，即最适于吸附该物质的活性炭，将是下一步需要解决的问题。

活性炭的种类繁多，根据原材料不同可分为木质活性炭、煤质活性炭、椰壳活性炭等；根据生产工艺不同又可分为用物理法生产的活性炭和用化学法生产的活性炭。那么针对某种有机污染物如何选择最适合的活性炭呢？

首先，所选择的活性炭必须满足标准《生活饮用水净水厂用煤质活性炭》（CJ/T 345—2010）的要求，然而并非所有满足该要求的活性炭都有最佳的吸附效果。前文已经对给水深度处理用活性炭的孔隙结构进行了研究，由此可知在满足自由能 $dG_{T,p}=dG^{(\alpha)}+dG^{(\beta)}=\sum_i(\mu_i^{(\beta)}-\mu_i^{(\alpha)})dN_i<0$ 的基础上，要对其分子尺寸进行计算，不同分子质量的有机物所需的活性炭最小孔径见表 5-2，根据该表便可以找到分子质量不大于 1 000 Da 的有机污染物所需的活性炭最小孔径，这一孔径占主导的活性炭便是我们所需要的活性炭。

在工程实际应用中，我们追求的目标是成本最低，即不仅吸附效果好，还要容易脱附（再生）。基于微孔容积充填理论可知，若活性炭对目标污染物的保持力较大，污染物将不容易或不可能全部脱附，因此要求 D/d 最好为 3~6，因为在这种情况下，不仅孔隙容积利用率较高（>70%），而且由于吸附质分子不是处于四周受力的情况下，脱附（再生）较容易，从而可以达到综合成本最低的目的，这便是最佳活性炭的选择原则。

5.2.3 应用实例

以 2005 年 11 月松花江流域突发性河流水污染事件为例，其污染物是硝基苯，分子结构见图 5-4。

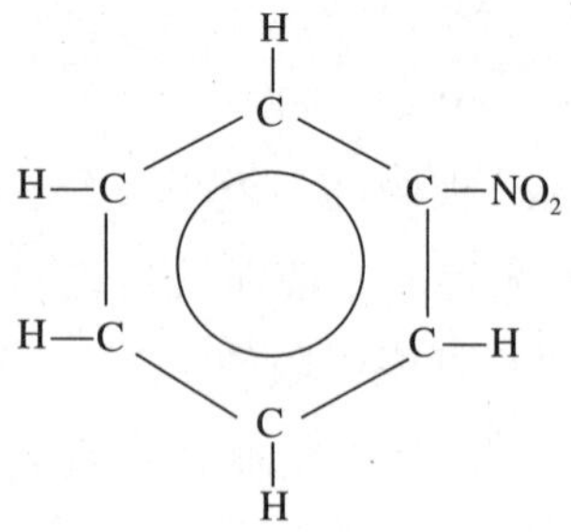

$$
\begin{array}{c}
\text{H} \\
| \\
\text{C} \\
\text{H—C} \qquad \text{C—NO}_2 \\
\text{H—C} \qquad \text{C—H} \\
\text{C} \\
| \\
\text{H}
\end{array}
$$

图5-4 硝基苯的分子结构

首先要判断活性炭能否吸附，即计算其自由能 $dF_{T,p}=dG_{T,p}$。由分子结构可知，硝基苯由—C_6H_5 和—NO_2 2 个基团组成，查表 5-6 可得—C_6H_5 的 $-\Delta F^0=21.20$ kJ/mol，—NO_2的 $-\Delta F^0=2.60$ kJ/mol，则硝基苯的 $-\Delta F^0=23.80$ kJ/mol。

该结果表明：硝基苯比苯酚（$-\Delta F^0=23.4$ kJ/mol）更易被吸附，即在同样的平衡浓度下硝基苯所需投加的 PAC 量比苯酚低。

接下来就是选择最佳活性炭。硝基苯的相对分子质量为 123，按照表 5-2，其分子尺寸小于 10 Å，即所需活性炭的最小孔径小于 17 Å。

综上可知，要去除目标污染物硝基苯，需要选择微孔发达的活性炭。

5.3 粉末活性炭投加量的确定

在生活饮用水处理中，粉末活性炭多用于突发水源污染事故等的应急处理，此时净水厂没有充裕的时间进行试验研究，因此必须根据经验或在既有理论的指导下快速选炭并投入使用。

由于吸附是吸附剂（活性炭）与吸附质（目标污染物）相互作用的结果，因此要根据水中污染物的成分确定粉末活性炭的投加量。依据现有理论和实践成果，水源发生突发性污染事件时，可以采用计算法和比较法快速确定粉末活性炭（PAC）的投加量。

5.3.1 采用计算法确定 PAC 用量

如前所述，活性炭对水中有机污染物的吸附大多可以采用 Freundlich 方程进行描述，因此根据目标污染物的 Freundlich 方程，可以计算出粉末活性炭的投加量。由于活性炭去除有机污染物的有效性，国内外学者已经对大量污染物进行了研究，现将目前已掌握的 173 种有机化合物的 Freundlich 方程相关参数列于表 5-7 中。

表 5-7　有机化合物的 Freundlich 方程相关参数

（浓度低时，取自吸附等温线的延长线，数值的精度可能低一些）

序号	有机化合物名称	lg K	$\frac{1}{n}$	浓度范围 (mg/L)	序号	有机化合物名称	lg K	$\frac{1}{n}$	浓度范围 (mg/L)
1	1-丙醇	-0.128	0.57	50~450	29	三乙醇胺	0.659	0.48	230~450
2	1-丁醇	0.505	0.51	40~400	30	醋酸甲酯	0.250	0.48	60~240
3	1-戊醇	1.02	0.45	70~300	31	醋酸乙酯	0.556	0.53	90~300
4	1-己醇	1.41	0.38	7~60	32	醋酸丙酯	1.08	0.41	20~120
5	2-甲基-1-丙醇	0.439	0.47	170~400	33	醋酸丁酯	1.42	0.40	7~50
6	2-丁醇	0.397	0.49	110~420	34	醋酸异丙酯	0.847	0.45	50~220
7	2-甲基-2-丙醇	0.169	0.47	80~400	35	二乙基醚	0.711	0.37	70~200
8	3-甲基-1-丁醇	0.981	0.40	100~330	36	二丙基醚	1.29	0.45	20~90
9	2-戊醇	0.995	0.40	100~290	37	1,4-二氧杂环己烷	0.201	0.47	70~700
10	3-戊醇	0.824	0.47	90~250	38	丙酮	-0.315	0.62	100~320
11	2,2-二甲基-1-戊醇	0.564	0.48	40~310	39	2-丁酮	0.668	0.38	120~320
12	2-甲基-2-丁醇	0.840	0.39	220~420	40	2-戊酮	0.871	0.45	60~220
13	环戊醇	0.671	0.41	90~650	41	2-己酮	1.22	0.40	40~130
14	环己醇	0.899	0.44	40~270	42	环己酮	0.998	0.37	70~280
15	2-甲基-1-丁醇	0.953	0.41	40~360	43	丙酸	0.413	0.39	70~210
16	3-甲基-2-丁醇	0.677	0.49	60~320	44	丁酸	0.848	0.41	80~320
17	1,4-丁二醇	-0.009 53	0.54	100~530	45	戊酸	1.28	0.36	40~130
18	1,2-丁二醇	0.150	0.49	80~510	46	己酸	1.63	0.33	10~90
19	*D*-(-)-甘露醇	-0.244	0.57	120~900	47	2-乙氧基乙醇	0.336	0.49	150~360
20	甘露庚糖醇	-0.431	0.67	90~930	48	2-丙氧基乙醇	1.34	0.32	30~290
21	乙醛	-0.639	0.65	100~300	49	2-己氧基乙醇	1.83	0.26	5~95
22	丙醛	-0.178	0.62	70~220	50	二甘醇	-0.106	0.59	250~390
23	丁醛	0.499	0.55	60~250	51	2,2-二乙氧基乙醇	1.23	0.27	40~260
24	戊醛	0.922	0.51	60~210	52	2-(2-丙氧基乙氧基)乙醇	1.72	0.23	40~150
25	丙胺	0.071 5	0.60	140~410	53	三甘醇	0.642	0.49	100~370
26	丁胺	0.624	0.52	110~280	54	四甘醇	1.47	0.23	20~270
27	戊胺	1.08	0.44	90~230	55	氯苯	2.00	0.35	3~140
28	己胺	1.45	0.40	40~100	56	苯甲酸	1.89	0.25	2~250

（续）

序号	有机化合物名称	lg *K*	$\frac{1}{n}$	浓度范围(mg/L)	序号	有机化合物名称	lg *K*	$\frac{1}{n}$	浓度范围(mg/L)
57	苯酚	1.58	0.28	4~270	88	棉子糖	1.92	0.22	30~590
58	苯胺	1.51	0.31	3~270	89	甘氨酸	-1.00	0.52	60~710
59	苯甲醚	2.04	0.24	10~260	90	*L*-白氨酸	0.685	0.43	20~370
60	邻二羟基苯	1.67	0.34	1~260	91	*L*-苯基丙氨酸	1.79	0.21	40~190
61	间二羟基苯	1.84	0.20	3~190	92	*L*-组氨酸	0.809	0.42	30~590
62	邻甲氧基苯酚	2.11	0.16	0.5~260	93	*L*-酪氨酸	1.80	0.25	9~110
63	间甲氧基苯酚	2.00	0.20	0.6~150	94	*L*-谷酰胺	0.528	0.35	60~640
64	对甲氧基苯酚	2.20	0.13	1~200	95	*L*-脯氨酸	-0.281	0.61	160~470
65	邻硝基苯	2.09	0.26	0.6~190	96	*D*，*L*-缬氨酸	-0.157	0.54	250~690
66	间硝基苯	2.11	0.19	0.1~80	97	*L*-苏氨酸	-0.020 9	0.37	80~500
67	对硝基苯	2.14	0.17	0.4~250	98	*L*-丝氨酸	-0.757	0.53	140~510
68	邻氯酚	2.01	0.22	0.2~260	99	*L*-谷氨酸	0.540	0.39	110~450
69	间氯酚	2.04	0.20	2~200	100	*L*-天门冬氨酸	-0.025 5	0.55	130~340
70	对氯酚	2.13	0.15	4~210	101	*L*-蛋氨酸	0.735	0.50	40~420
71	邻甲酚	1.96	0.21	0.3~260	102	溴仿	1.51	0.29	—
72	间甲酚	1.88	0.22	2~200	103	四氯化碳	1.29	0.33	—
73	对甲酚	1.93	0.21	2~210	104	氯乙烷	0.121	0.55	—
74	邻羟基苯酸	1.81	0.29	0.9~260	105	2-氯乙基乙烯基醚	0.871	0.41	—
75	间羟基苯酸	1.92	0.22	1~250	106	氯仿	0.710	0.44	—
76	对羟基苯酸	2.00	0.20	2~200	107	二溴氯甲烷	0.953	0.39	—
77	邻羟苯乙酮	2.15	0.21	0.2~220	108	1，2-二溴-3-氯丙烷	1.90	0.22	—
78	对羟苯乙酮	2.13	0.14	0.5~150	109	二氯溴甲烷	1.15	0.36	—
79	对溴苯酚	2.22	0.17	2~260	110	1，1-二氯乙烷	0.562	0.47	—
80	*D*-(+)-木糖	-0.792	0.72	200~770	111	1，2-二氯乙烷	0.836	0.42	—
81	*D*-(-)-阿拉伯糖	-0.881	0.67	240~920	112	反式-1，2-二氯乙烯	0.773	0.43	—
82	2-脱氧-*D*-核糖	-0.443	0.65	100~870	113	1，1-二氯乙烯	0.962	0.39	—
83	*D*-(+)-葡萄糖	-0.733	0.76	160~480	114	1，2-二氯丙烷	1.03	0.38	—
84	*D*-(+)-半乳糖	-0.696	0.73	160~620	115	1，2-二氯丙烯	1.17	0.35	—
85	*L*-(+)-鼠李糖	-0.231	0.64	130~470	116	苯乙烯	2.23	0.16	—
86	甲基*D*-葡萄糖苷	0.238	0.56	20~460	117	1，1，2，2-四氯乙烷	1.27	0.34	—
87	甲基*D*-甘露糖苷	0.291	0.58	20~450	118	胸腺碱	1.64	0.27	—

（续）

序号	有机化合物名称	lg *K*	$\frac{1}{n}$	浓度范围(mg/L)	序号	有机化合物名称	lg *K*	$\frac{1}{n}$	浓度范围(mg/L)
119	1，1，2－三氯乙烷	1.03	0.38	—	147	对苯二酚	1.50	0.29	—
120	对二甲苯	2.09	0.18	—	148	乙酸戊酯	1.71	0.25	—
121	1，2，4－三氯苯	2.34	0.14	—	149	丙烯酸乙酯	1.30	0.33	—
122	甲苯	1.63	0.27	—	150	二异丙基醚	1.38	0.32	—
123	1，3－二氯苯	2.22	0.16	—	151	乙撑二醇	−0.845	0.73	—
124	尿嘧啶	1.28	0.33	—	152	1，2－丙二醇	−0.521	0.67	—
125	硝基苯	2.00	0.20	—	153	2－甲基－2，4－戊二醇	0.865	0.41	—
126	鸟嘌呤	2.23	0.16	—	154	5－甲基－2－己酮	1.58	0.28	—
127	5－氯尿嘧啶	1.61	0.27	—	155	异佛尔酮	2.46	0.11	—
128	5－溴尿嘧啶	1.83	0.23	—	156	醋酸	−0.032 2	0.58	—
129	腺嘌呤	2.02	0.20	—	157	甲基氧丙环	0.029 3	0.57	—
130	对氯间甲酚	2.24	0.16	—	158	苯	−0.150	0.29	—
131	2，4－二氯苯酚	2.34	0.14	—	159	2－氯酚	1.70	0.41	—
132	甲醇	−1.22	0.80	—	160	3，3－二氯联苯胺	2.477	0.20	—
133	乙醇	−0.618	0.69	—	161	2，4，6－三氯酚	2.19	0.40	—
134	2－丙醇	−0.468	0.66	—	162	1，2－反二氯酚	0.49	0.51	—
135	2－丙烯－1－醇	−0.126	0.60	—	163	乙基苯	1.72	0.79	—
136	甲醛	−0.665	0.70	—	164	六氯丁二烯	2.55	0.63	—
137	丙烯醛	0.153	0.54	—	165	二硝基甲苯	1.83	0.43	—
138	丁烯醛	0.509	0.48	—	166	2，4－二硝基酚	1.52	0.61	—
139	仲乙醛	1.18	0.35	—	167	N－亚硝基二甲基胺	0.83	—	—
140	二丙胺	1.38	0.32	—	168	五氯苯酚	2.18	0.42	—
141	烯丙胺	0.174	0.54	—	169	3，4－苯并芘	1.53	0.44	—
142	乙撑二胺	−0.507	0.68	—	170	苯并荧蒽	2.26	0.57	—
143	二乙撑二胺	0.120	0.55	—	171	1，12－苯并芘	1.04	0.37	—
144	2－氨基乙醇	−0.809	0.72	—	172	二苯并蒽	1.84	0.75	—
145	2－氨基－1－甲基乙醇	−0.162	0.60	—	173	三氯乙烯	1.32	0.50	—
146	甲基吗啉	0.439	0.49	—					

5.3.2 采用比较法确定PAC投加量

5.3.2.1 比较法

除了计算法，另一种确定PAC投加量的方法是比较法，即依据活性炭吸附水中有机污染物的热力学判据（首先根据化学物质的分子结构计算出吸附能（详见5.2.1节），然后与酚值比较）确定活性炭的用量。

如以对硝基苯胺为例，查表5－6可得对硝基苯胺的 $-\Delta F^0 = 24.8$ kJ/mol，苯酚的 $-\Delta F^0 = 23.4$ kJ/mol，由此可知对硝基苯胺比苯酚更易被吸附，即在同样的平衡浓度下对硝基苯胺所需投加的PAC量比苯酚低。

5.3.2.2 吸附等温线方程的推算

以酚值＝25为例进行吸附等温线方程的推算。

酚值是将水中的含酚量从0.1 mg/L降至0.01 mg/L所消耗的PAC量（mg）。因此，酚值＝25时，PAC的吸附量

$$q_e = (0.1 - 0.01)/25 = 0.0036\ \text{mg/mg} = 3.6\ \text{mg/g}$$

然后参照3.1.4.2节吸附等温线的估算公式（3－6）：

$$\lg q_e = \lg K + (-0.186\lg K + 0.572)\lg c_e$$

式中 q_e——吸附量，mg/g，在本计算中为3.6 mg/g；

c_e——平衡浓度，mg/L，在本计算中为0.01 mg/L。

$$0.5563 = \lg K - 2 \times (-0.186\lg K + 0.572)$$

$$K \approx 17.3\ \text{mg/g}$$

依据式（3－5）中 $1/n$ 和 K 的关系式，

$$1/n = -0.186\lg K + 0.572 = -0.23 + 0.572 = 0.34$$

则该PAC对酚的吸附等温线（Freundlich）方程为

$$q_e(\text{即 } x/m) = 17.3c_e^{0.34}$$

5.4 生活饮用水净化用活性炭的选购与验收

5.4.1 供应商的资质与责任

生活饮用水净化处理用活性炭的投标商应为活性炭专业制造商或其代理商（统称供应商），

应具备相应的资质并提供相关文件。

5.4.1.1 活性炭制造商

（1）活性炭制造商应具备生活饮用水净化处理用活性炭的配套设计、选配、投装、运行、出池和再生能力。

（2）活性炭制造商应具备良好的加工条件和丰富的生产经验。活性炭制造商应具有国标 GB/T 7702 和城镇建设行业标准《生活饮用水净水厂用煤质活性炭》（CJ/T 345—2010）中规定的出厂应检验项目的合格资质。

（3）活性炭制造商应具有规范的技术管理和生产管理规程，具有 3 年以上生产生活饮用水净化处理用活性炭的历史和 ISO 9000 系列质量体系认证。

（4）活性炭制造商应聘有 3 年以上生活饮用水净化处理用活性炭应用经验的技术服务工程师，应具有为已完成的生活饮用水净化处理用活性炭项目提供技术服务及售后服务的能力，且信誉良好。

（5）活性炭制造商应具有省级疾控中心颁发的涉水产品卫生许可证。

5.4.1.2 活性炭代理商

（1）活性炭代理商应具有符合《生活饮用水净水厂用煤质活性炭》（CJ/T 345—2010）规定的合格活性炭制造商的有效授权。

（2）活性炭代理商应具备及时提供现场技术服务和售后服务的能力与经验，应具有国标 GB/T 7702 和城镇建设行业标准《生活饮用水净水厂用煤质活性炭》（CJ/T 345—2010）中规定的出厂应检验项目的合格资质。

（3）活性炭代理商应聘有 3 年以上生活饮用水净化处理用活性炭应用经验的技术服务工程师，应具有为已完成的生活饮用水净化处理用活性炭项目提供技术服务及售后服务的能力，且信誉良好。

5.4.1.3 供货期、售后服务、违约责任与赔偿

1）供货期　供应商须严格遵守和采购者达成的供货日期，根据合同要求和约定按期供货。

2）售后服务　为了确保科学地选炭、用炭，避免浪费资源和避免使用过的饱和活性炭对环境造成二次污染，参照发达国家现行通例，活性炭供应商有义务提供如下技术服务和售后服务。

（1）活性炭投装现场服务，包括入池、水洗等方案的配合制定与损失控制等。

（2）回收饱和活性炭，为用户提供饱和活性炭的再生服务（有偿服务）。

（3）在活性炭使用过程中，出现任何问题，供应商都应及时为采购者提供必要的技术

咨询。

上述服务内容及相应的费用可在供货合同中明确约定。

3）违约责任与赔偿　双方因履行合同而发生争议时，应协商解决；协商不成的，依法向一方所在地法院起诉。

5.4.2　活性炭的取样和验收

5.4.2.1　活性炭的取样

1）取样地点和取样方法　为了保证样品真实、可靠，必须在使用现场取样。取样方法必须事先由供应商和采购者双方协商确定。

2）取样规范　鉴于目前活性炭均系袋装（大袋为500 kg，小袋为25 kg），样品采集不得少于5%的包装件，不得从破损的包装件中取样。

3）取样工具　可用直径不小于19 mm的取样管取样。从包装件中取样时，取样管必须伸达包装件的全长，以获得具有代表性的样品。在取样过程中会引起颗粒破碎，因此要特别注意，以尽量减小对粒度分布的影响。

4）样品准备　所取样品必须混合均匀，然后分成三份（每份质量为450 g），存放于双层气密性塑料袋中。

5.4.2.2　活性炭的验收

采购者可根据下述资料对活性炭进行验收。

（1）供应商的合格检验报告和符合采购者规格的质量合格证明。

（2）由采购者委托的第三方实验室出具的检验合格的试验报告。

（3）采购者对供应商提交的参比样品进行的试验和要求的质量合格证。

制造厂应保证所有出厂的产品都符合相关标准的要求，产品应由制造厂的质检部门进行检验。每一批出厂的产品都应附有规定的质量合格证。

同时需要进行型式检验，在检验合格的样品中随机抽取足够的样品，检验《生活饮用水净水厂用煤质活性炭》（CJ/T 345—2010）中7.2.2节“表2 检验项目”中的全部技术指标。一般情况下每两年至少检验一次。当有以下情况之一时，应进行型式检验：

（1）新产品或老产品转厂生产的试制定型鉴定；

（2）活性炭的结构、材料、工艺有较大变动，可能影响产品性能时；

（3）产品长期停产后恢复生产时；

（4）出厂检验结果与上次型式检验结果有较大差异时；

（5）国家质量检验机构提出型式检验要求时。

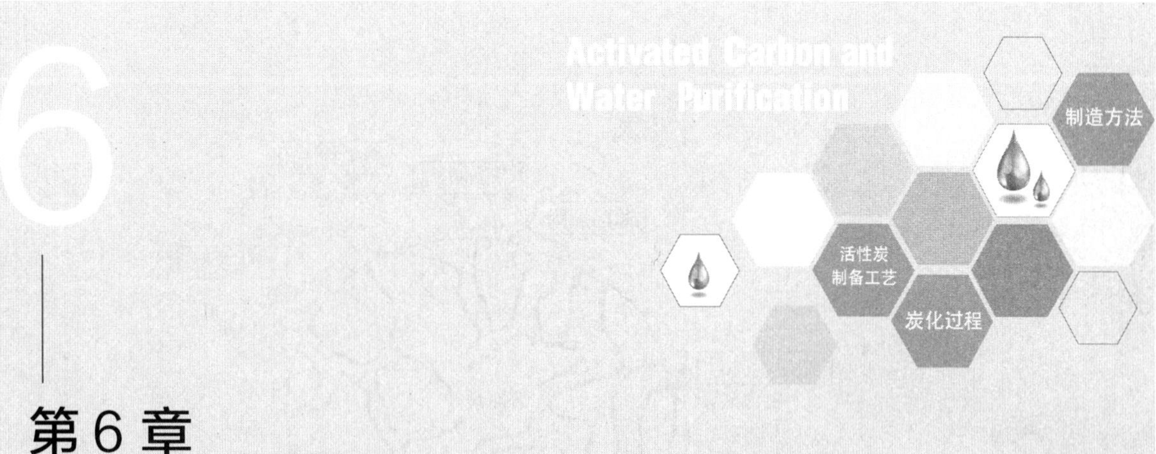

第6章 大孔生物活性炭

6.1 生物活性炭（BAC）工艺概述

6.1.1 国内外发展概述

作为BAC工艺的典型代表，臭氧生物活性炭技术因集臭氧氧化、活性炭吸附和生物降解于一体，在欧美、日本等发达国家和地区应用广泛。我国自20世纪80年代开始研究BAC工艺，目前该技术已在我国的给水深度处理中得到了广泛应用并取得了良好效果，为贯彻执行《生活饮用水卫生标准》（GB 5749—2006）提供了强有力的技术支持。BAC工艺依靠生物和活性炭的协同作用延长了活性炭的寿命，降低了净水成本，从而为以生物活性炭为中心的深度处理技术的推广铺平了道路。截止到2013年，全国已建和在建的深度处理工程日供水能力已达2 087万 m^3/d。据不完全统计，截至2020年底全国范围内已有超过120个水厂采用BAC工艺，总处理能力超过4 000万 m^3/d，占地表水厂处理能力的30%以上。

6.1.2 BAC工艺的机理

BAC工艺是活性炭吸附与生化处理相结合的技术，因此BAC工艺处理水的过程涉及载体颗粒（活性炭）、微生物、水、水中污染物（基质）及其他溶质之间复杂的相互作用过程。研究生物活性炭法处理水的机理就是探索这四者之间的相互作用以及影响这些作用的诸因素的性质，并确定其定量关系。基于目前的研究，生物活性炭可用图6-1所示的简化模型来表示。

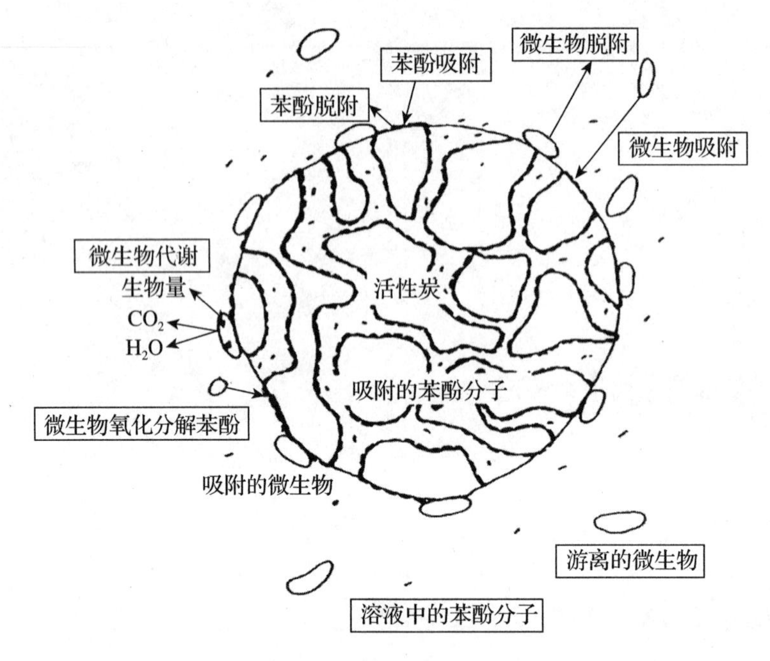

图6-1　生物活性炭的模型

生物活性炭模型中的相互作用机理是：

(1) 在利用活性炭的吸附作用（对有机物的富集作用）的同时还利用微生物的降解作用；

(2) 微生物的活动减轻了活性炭的吸附负荷，并对活性炭起再生作用（主要通过：①微生物对已被吸附的有机物的降解作用；②微孔和中孔内被吸附的污染物和生化降解产物的解吸作用）；

(3) 吸附水中对微生物有抑制（或杀灭）作用的物质（如农药），促进微生物生长和繁殖；

(4) 针对 BAC 工艺，活性炭的另一个功能是将 O_3还原为 O_2，从而为微生物生长和繁殖提供氧源；

(5) 由于活性炭对有机物的吸附大部分是可逆的，因而有机物能脱附（解吸）出来作为微生物生长和繁殖的营养源；

(6) 活性炭还能吸附微生物的代谢产物，使微生物保持较高的活性。

这几种作用的叠加保证了微生物平稳、高效地繁殖，这是活性炭表面能载持大量微生物的根本原因。

综上可知，在 BAC 工艺中，活性炭不仅仅承担着生物膜载体材料的功能。在液体的水与固体的活性炭接触的界面上发生着基质、活性炭、微生物及氧气参与的各种现象，因此活性炭的界面、孔隙结构分布等均对微生物有很大影响。

6.1.3 适合生物处理用活性炭的孔隙结构的量化

目前给水深度处理工艺大部分采用的是 BAC 工艺。众所周知，生物活性炭的处理效果和生物活性炭上载持的生物量有关，而生物量与生物活性炭能载持的生物的表面有关。大量的研究表明，目前生物均载持于活性炭的外表面上（图 6－1），而外表面积只占比表面积的 0.2% 左右，由此可见外表面的利用率非常之低。要解决这一问题，增大微生物能进入的孔隙容积是关键。大孔活性炭不仅能提供更多可附着的内表面，更重要的是能明显提高进入孔隙后微生物对环境（尤其是温度）的抗干扰能力。这样就能有效应对水温降至 10 ℃及以下时位于活性炭外表面的微生物进入休眠状态所导致的出水水质明显降低的情况。然而，在水处理背景下，活性炭亦应具备吸附去除有机污染物的能力，因此适合生物处理用活性炭的孔隙结构不仅要有适于微生物附着、繁衍的大孔，而且要有一定比例的吸附孔，尤其是发达的微孔。

该工作已在小（中）试规模上取得了成功，电镜照片显示，微生物已进入孔隙，生物载持量提高了 25% ，TOC 去除率也提高了 25% 。

6.2 适合 BAC 工艺用活性炭

6.2.1 BAC 工艺的技术瓶颈

虽然 BAC 工艺在保障饮用水水质安全方面起到了把关作用，但该工艺存在一个技术瓶颈：当水温低于 10 ℃时，其处理效果就下降。如子楼矣（Zilouei）和马聪（Ma）等的研究表明低温对细菌增长以及 NH_3-N（氨氮）和 COD 去除率有极大的影响。在 BAC 工艺过程中生物降解速率会随着水温的升高和空床接触时间（EBCT）的增加而增大，其中水温对消化过程尤为重要，水温低于 15 ℃时，消化速率就会急剧减小，水温为 12 ℃时，消化速率会减小 50% 。BAC 在低温下去除率降低主要是由于生物活性降低。我国地处北半球，幅员辽阔，水温低于或等于 10 ℃的地区或时段很广，这对时刻需要保障饮用水安全的净水厂无疑是一个巨大的挑战。

6.2.2 适合 BAC 工艺用活性炭的提出

BAC 工艺的处理效果除与不可控制的水温、可控的设计参数（如反冲洗程序、预臭氧、EBCT 等）有关外，与微生物所附着的载体——活性炭的关系更为密切。对于设计参数已优化的BAC工艺，其处理效果不仅取决于活性炭的吸附性能，还取决于活性炭上微生物的载持量以及微生物的活性，尤其在使用后期，当生物作用成为主导作用时，更是如此。然而，目前BAC工艺所用的活性炭均是依据《生活饮用水净水厂用煤质活性炭》（CJ/T 345—2010）选定的，该标准是基于活性炭在水处理中的吸附性能而制定的，而对于生物活性炭所应具有的性能并无任何规定。

无疑，基于吸附功能而开发的活性炭决定了其孔隙结构以微孔为主，没有或仅有少量大孔（直径大于0.1 μm），故微生物只能附着在活性炭的外表面上（图6-1），从而受温度的影响较大：温度下降，其处理效率便大幅降低。安德森（Andersson）等对两种具有不同孔隙分布的活性炭在低温下的应用试验表明，中孔活性炭在中等温度（4～10 ℃）下对氨氮的去除率（>90%）远高于微孔活性炭（45%），且附着在其上的细菌的增殖速度更快，对温度变化的适应性更好。换而言之，在BAC工艺中，固定微生物的合适的载体（活性炭）是非常重要的，具有合适的孔隙分布的活性炭有利于微生物的生长和繁殖，尤其是在长时间低温的北方气候环境中。Weber等的研究表明，通过提供更多供微生物附着的表面来增加细菌的数量，同时为其提供庇护，将减小温度对细菌增长的影响，从而有助于维持低温下去除有机污染物所需要的最小生物量，进而保障低温条件下的饮用水安全。

然而，活性炭的外表面积极其有限，研究表明，活性炭的大孔不仅具有绝热的功能，而且更适于担载微生物，更重要的是大孔提供的比表面积是外表面积的10^4倍。因此，为了增加单位体积活性炭的微生物载持量，除了减小粒径（增大外表面积）、使活性炭的形状更适于微生物附着外，最根本的措施是增加能够吸附微生物的孔隙——大孔的数量，这将大大增加可供微生物附着的内表面，从而提高单位体积活性炭的微生物载持量，同时活性炭大孔的“宜居”条件将为微生物提供庇护，减小温度对微生物增长的影响，从而有利于解决BAC在低温下处理效率降低的技术难题。换而言之，就是要开发一种能为微生物出入活性炭孔隙并繁衍提供“宜居”条件的大孔活性炭，实现活性炭与微生物群落的耦合。盖德（Gaid）最早提出能进入活性炭大孔的细菌平均尺寸为（1～2）μm×0.5 μm。但对活性炭而言，孔径大于或等于0.1 μm的孔隙都称大孔，因此细菌是无法进入所有的大孔的。只有微生物能够进入的孔隙才是有效的，因此找出有效孔隙，并生产出以有效孔隙为主要构成的产品，才能使BAC技术更趋完善。

6.2.3 适合生物处理用活性炭的有效孔隙结构

本书第5章已经对给水处理中吸附用活性炭的有效孔隙结构进行了研究，并指出活性炭孔隙直径（D）大于或等于污染物分子直径（d）的1.7倍时，吸附才能发生，且D/d最好为3～6，因为此时不仅孔隙容积利用率较高（>70%），而且脱附（再生）较容易。具有这一孔隙结构的活性炭在给水处理过程中实现了低浓度下吸附能力强、吸附量大的目标。但是人们对BAC工艺用活性炭的有效孔隙结构分布及其与微生物群落的关系尚不清楚。如果单从微生物载体看（图2－6），大孔发达的活性炭更适合BAC工艺：活性炭的大孔不仅能担载微生物，且具有绝热作用，这将有效避免低温下微生物活性降低的问题。然而，在饮用水处理这种贫营养环境中，足够的底物浓度是确保细菌附着的重要条件，没有或只有较弱吸附能力的大孔活性炭在水处理中表现得更像沙子，因此BAC工艺所需的活性炭除作为微生物载体外，尚需承担富集微生物生长所需基质的工作，即要具有有效去除微量有机物等的能力。适合BAC工艺的大孔生物活性炭不仅要有适合微生物生长和繁衍的微米水平的大孔，还要有发达的吸附孔（尤其是微孔），以确保在寡营养环境中微生物附着、生长、繁衍所需的底物（水中的污染物），因此在其孔隙分布上希望大孔占一定比例，但也要有一定比例的微孔、中孔。

不同用途对活性炭孔径、孔结构的要求是不同的。水处理中微生物的平均尺寸为0.5 μm×2.0 μm，因此活性炭需要有微米级的大孔。据报道，法国开发出一种专门作为微生物载体使用的活性炭（Picabiol），其大孔容积很大，颗粒密度仅为普通活性炭的60%左右，笠原伸介的研究表明其在低温（1 ℃）下具有常温（19.6 ℃）下的处理效果。但切斯尼（Chesnea）等指出：该活性炭是以磷酸为活化剂用化学法制造的，通常残留3%～12%的P_2O_5（或水合形式的H_3PO_4），当其投入水中时，大部分残留物将被浸出，导致水溶液pH值下降，产生大量酸性废水；另外残留的P_2O_5还会快速固定水中的钙离子，在活性炭表面引发碳酸钙的沉积，并通过阻塞多孔结构的部分孔道而导致活性炭过早失效。Picabiol虽然在低温下具有较好的生物处理效果，但其生产过程需要大量药剂，且其应用过程对环境造成了二次污染。鉴于此，本书作者开始着手研发适合BAC工艺用的大孔生物活性炭，并最大限度地减少化学药剂的使用，从而避免对环境产生不利影响。

6.3 适合生物处理用活性炭原材料的确定

6.3.1 原材料的初步筛选

6.3.1.1 不同原材料的特性分析

要制备适合BAC工艺用的大孔活性炭，首先面临的就是选择活性炭原材料的问题。黄振兴等总结了生产活性炭的各种原材料的特性，详见表6－1，这些特性将影响到活性炭的工艺制造方法，并决定所制成产品的性能。

表6－1 活性炭原材料的种类和某些特性

原材料	碳含量（%）	挥发分含量（%）	密度（g/mL）	灰分含量（%）
软质木	40	70	0.35～0.5	0.2～1
硬质木	40	70	0.5～0.8	0.2～1
果壳	40	66～70	1.3	0.5
褐煤	60～77	40～60	1.05～0.35	6.0
软质煤	60～80	20～30	1.2～1.5	1～15
半硬质煤	70～80	10～20	1.4	1～15
硬质煤	80～95	5～10	1.4～1.8	1～15
木质素	40	70	—	—
石油焦	70～80	10～20	1.4	1.5

由表6－1可知，从木质材料到褐煤、软质煤、半硬质煤、硬质煤，碳含量逐渐增大，挥发分含量逐渐减小，灰分含量和密度逐渐增大。这是由原材料的成分决定的，如木质材料的主要成分——纤维素分子($(C_6H_{10}O_5)_n$)的重复单元中含有相当于5个水分子的H原子和O原子，与石墨结构相差甚远，甚至连石墨的基本结构——芳环都尚未形成；褐煤的基本结构单元有1～2个苯环或脂环，但其含氧官能团、侧链、桥链较多，结构比较松散；烟煤的基本结构单元由3～5个芳环和取代烃组成，并含有少量的脂环、氢化芳环或杂环，基本结构单元由—CH_2—CH_2—键和—O—键连接而形成具有网状空间结构的大分子化合物；无烟煤的基本结构单元含有十几个芳环、氢化芳环和脂环稠环，基本结构单元之间以氧桥连接，结构致密。生产活性炭的原材料，从木质材料到褐煤、烟煤、无烟煤，含有的芳环由少到多，结构越来越致密、有序（逐渐失掉纤维素木质结构），尤其是高变质程度的无烟煤，结构有序化程度大大增加，已接近三度空间的有序结构。原材料结构的这种变化决定了由其生产的活性炭的孔隙结构各不相同。

6.3.1.2 木质活性炭的特点

木质材料的主要成分是纤维素、半纤维素和木质素，结构中含有较多的氧。在炭化和活化过程中，木质材料分子中的羟基和氢原子以水的形式排除，留下保持着原材料刚性的骨架碳结构，生成难以石墨化的碳素前驱体。因此，木质材料可生成性能优良的活性炭。但不同木质材料的密度有很大的差别（0.35～1.3 g/mL）。通过对不同原材料密度的活性炭的孔隙分布曲线进行分析可知，原材料密度越大，微孔容积越大，即原材料的密度会影响活性炭的孔隙结构分布，在选择适合BAC工艺用大孔活性炭的原材料时应考虑原材料的密度。

基于原材料密度对活性炭孔隙结构的影响，可以通过调整木质材料的压缩比来调整木质活性炭的孔隙结构分布。表6－2给出了压缩与未压缩木质活性炭（简称木炭）对孔隙的影响。由该表可知，随着木炭压缩比的增大，木炭中大孔的容积逐渐减小，而微孔的容积不断增大，因此可以通过控制压缩比来调整活性炭中大孔、中孔、微孔的孔隙容积分布。未压缩木炭装填密度小，大孔容积大，而微孔容积小，这是由于未压缩木炭的炭化或活化过程中反应性强，活化速度快以及分子之间空隙大等。由此可知，用木质材料可以生产出大孔活性炭，且可通过调整压缩比的方式改变木质活性炭的孔隙分布比例。另外，木质材料中灰分较少（<1%），因此木质材料可作为生产适合BAC工艺用活性炭的优质原材料。

表6－2　压缩与未压缩木炭对孔隙的影响

木炭	装填密度（g/mL）	大孔容积（mL/g）	微孔容积（mL/g）
未压缩木炭	0.27	0.89	0.23
压缩木炭（1）	0.46	0.29	0.53
压缩木炭（2）	0.49	0.19	0.57

6.3.1.3　煤质活性炭的特点

煤层是由古代植物演变而来的，根据原始成煤是高等植物还是低等植物，煤可分为两大类——腐殖煤与腐泥煤。由高等植物形成的煤称为腐殖煤，由低等植物形成的煤称为腐泥煤。制造活性炭的煤质原料主要是腐殖煤，腐殖煤由于煤化程度不同又可分为泥炭、褐煤、烟煤和无烟煤，烟煤在我国又分为长焰煤、不黏煤、弱黏煤、气煤、肥煤、焦煤、瘦煤和贫煤。原则上腐殖煤中的各类煤都可以作为生产活性炭的原料煤，但由于受到原料煤性质、生产成本和产品性能等多方面因素的限制，目前主要采用无烟煤、长焰煤、弱黏煤、不黏煤和褐煤等生产活性炭，且对原料煤的煤质要求较为严格。

在几种常用的原料煤中，褐煤质活性炭同木质活性炭相似，微孔容积较小，碘吸附值较低，糖蜜值较高。沈曾民等的研究结果表明，用褐煤生产的活性炭碘吸附值不高（599～642 mg/g），但孔容积较大，说明用褐煤生产的活性炭含较多中孔、大孔。由此可知，褐煤可以作为大孔生物活性炭的备选原材料。北京煤化工研究分院系统研究了用不黏煤、弱黏煤及无烟煤生产的活性炭的吸附性能，结果发现：以不黏煤、弱黏煤为原料生产的活性炭具有较发达的中孔，宜用作液相吸附净化用活性炭；以无烟煤为原料生产的活性炭微孔发达，宜用作优质的气相吸附用活性炭。

另外，还有木质素（造纸过程中的副产品）、石油焦（轻油制油的副产品）等其他制造活性炭的原材料，但因这些原材料来源有限，故不考虑作为大孔生物活性炭的原材料。

6.3.1.4 配煤活性炭的特点

用单一煤种生产的活性炭，其孔结构及吸附性能依据原煤的性质各有特点和缺陷，故应用领域受到限制。如净水用 φ1.5 mm 的圆柱状活性炭为无烟煤经磨粉、加入煤焦油混捏成型后炭化、活化而得。其优点是强度较高，浮灰少，再生得率较高；缺点是呈圆柱状，价格较高，外表面光滑，不利于微生物附着、繁衍，同时孔隙分布范围较窄，不利于去除水中较大分子的污染物。而采用配煤生产技术可以在小幅增加活性炭生产成本的条件下，在一定范围内改变活性炭的孔结构，提高活性炭的吸附性能，从而扩大活性炭的应用领域。如《生活饮用水净水厂用煤质活性炭》（CJ/T 345—2010）所推荐的压块（片）破碎炭和圆柱破碎炭，均是采用配煤经磨粉、成型（压块或制成圆柱）、炭化、活化、破碎、筛分而得的。这种产品的孔隙分布比较合理，强度也高，较适用于饮用水净化。因此，可以考虑在选定原材料（木质材料、褐煤）的基础上，采用配煤技术生产大孔生物活性炭。

6.3.2 大孔生物活性炭原材料的确定

通过对生产活性炭的各种原材料的特性及所生产的活性炭的孔隙分布进行分析可知，木质材料和褐煤均具备生产大孔活性炭的特性。虽然能够用于生产木质活性炭的原材料的品种和数量很多，但为了保护日益减少的森林资源，保护人类的生存环境，木质活性炭生产受到越来越多的限制。结合中国的实际情况，我们选择了可再生的木质材料——竹子，且选用了中国产量最大的毛竹，对大孔生物活性炭进行了探索试验。

6.3.2.1 竹质活性炭、褐煤质活性炭的表面形态特征

为了初步确定原材料选择的正确性，对竹质活性炭、褐煤质活性炭进行了电镜观察，竹质活性炭、褐煤质活性炭的电镜照片如图 6－2 所示。

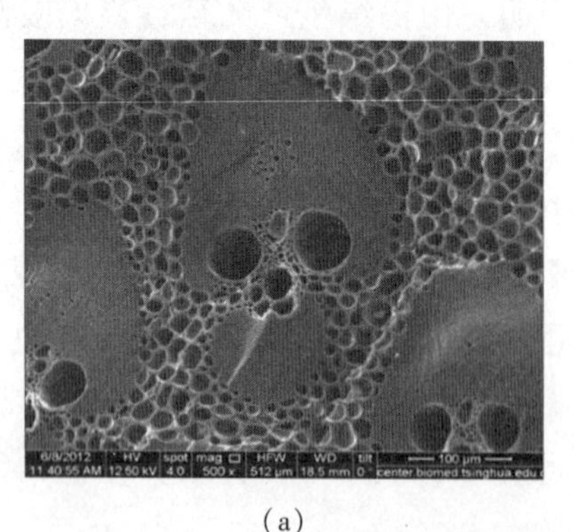

(a)

(b)

图 6－2 竹质活性炭和褐煤质活性炭的电镜照片（500×）

(a) 竹质活性炭 (b) 褐煤质活性炭

由图6－2可知，竹质活性炭基本保留了竹子的维管束结构，具有丰富的大孔结构；在同样的放大倍数下可以看到，褐煤质活性炭尚具有部分成煤植物的残留结构，但已无法辨认其种属。为了验证原材料选择的正确性，采用N_2吸附法及压汞法分别对这两种活性炭进行孔隙分布测定。

6.3.2.2 竹质活性炭、褐煤质活性炭的孔隙特点

竹质活性炭和褐煤质活性炭的N_2吸附法孔分布曲线和压汞法累积孔分布曲线，分别如图6－3和图6－4所示。

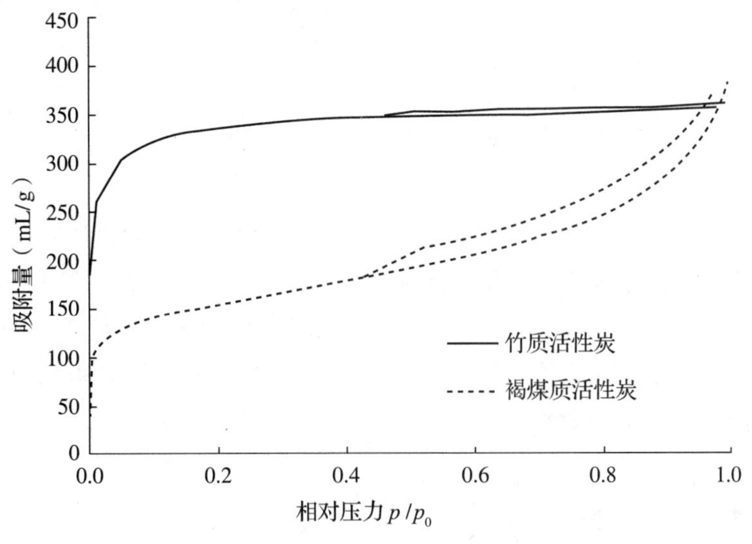

图6－3 N_2吸附法孔分布曲线

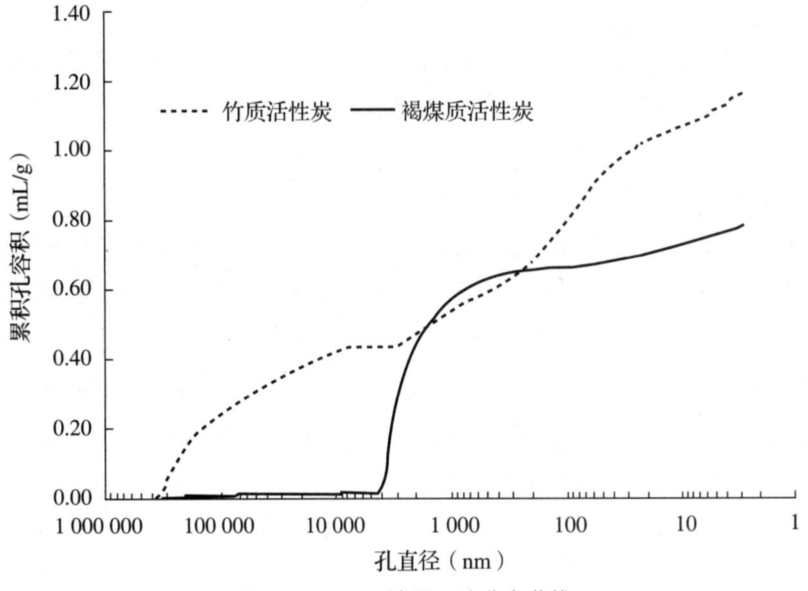

图6－4 压汞法累积孔分布曲线

由图6－3可知，竹质活性炭与褐煤质活性炭有着完全不同的孔隙结构分布。竹质活性炭的吸附等温线属于Ⅰ型，接近水平，在相对压力大于0.04时，吸附量相对于压力增大上升缓慢，脱附曲线与吸附曲线几乎重合，没有明显的滞回，表明样品有较发达的微孔，中孔较少；褐煤质活性炭的吸附等温线属于Ⅰ型和Ⅱ型的结合型，一开始吸附量随着相对压力的增大急剧上升，吸附速度很快，当相对压力达到0.04时，吸附曲线逐渐趋于平缓，由于样品中含有中孔和大孔，吸附平台并非水平，而是有一定斜率地偏移水平线，且脱附曲线与吸附曲线不重合，具有明显的滞回，这表明在褐煤质活性炭中有毛细管凝聚现象发生，即褐煤质活性炭中有中孔存在。

图6－4表明，竹质活性炭的累积大孔容积（$D>100$ nm）比褐煤质活性炭大20%左右，其中近50%的孔隙容积由直径大于10 μm的孔隙提供；而褐煤质活性炭80%以上的累积大孔容积由直径集中分布在0.1～10 μm范围内的孔隙提供。

结合N_2吸附法孔分布曲线和压汞法累积孔分布曲线可知，竹质活性炭的总孔容积较大，且具有发达的微孔和大孔结构，而褐煤质活性炭的总孔容积较小，其微孔亦较少。单从微生物载体看，大孔发达的活性炭更适合作为生物活性炭，然而活性炭在给水深度处理中除作为微生物载体外，还需要承担吸附水中有机化合物（以TOC表征）、去除抑制微生物繁殖的物质（如农药、除草剂）的工作，因此在其孔隙分布上应具有一定的微孔、中孔结构。故本研究以竹子为主要原材料研发大孔生物活性炭，必要时以褐煤为辅助材料，通过配煤的方式生产大孔生物活性炭。

6.3.3 原材料来源调查

6.3.3.1 竹子原材料

竹子生长周期短，成材早，产量高，用途广。竹子一次栽植成功就可永续利用，从竹笋破土到成长为嫩竹只需几个月的时间，从成竹到砍伐一般为3年，一般竹子造林5～10年以后，就可以年年砍伐利用。因此，竹子是可再生资源。

我国竹资源丰富，是世界上最主要的产竹国，蓄积量和品种均占世界的1/3；无论是竹子的种类、竹林的面积、竹材的蓄积量还是竹材、竹笋的产量都雄居世界首位。竹林集中分布于四川、浙江、江西、安徽、湖南、湖北、福建、广东、广西、贵州、重庆、云南等，其中以福建、浙江、江西、湖南4省最多，占全国竹林总面积的60.7%。薛纪如等将我国的竹林划分为五大竹区：北方散生竹区、江南混合竹区、西南高山竹区、南方丛生竹区、琼滇攀缘竹区。其中江南混合竹区包括四川东南部、湖南、江西、浙江、安徽南部及福建西北部，位于北纬25°～30°，年平均温度为15～20 ℃，1月平均温度为4～8 ℃，年降水量为1 200～2 000 mm。该区是我国人工竹林面积最大、竹材产量最高的地区，也是我国毛竹分布的中心地区，竹业生产较发达。

通过对原材料的用途、含水率、产量等的实地调研，本研究拟选用浙江安吉地区的毛竹下脚料（竹子碎屑、竹节）作为原材料生产大孔生物活性炭。2012—2013 年，通过对浙江安吉竹产业发展局、浙江永裕家居股份有限公司、安吉县工商行政管理局、安吉县质量技术监督局特种设备科、安吉天振竹木开发有限公司等单位的调研，初步确定原材料的来源相对稳定，但价格会有波动，其中竹子碎屑、竹节等的价格为 300 ~ 600 元/t。

6.3.3.2 褐煤原材料

褐煤是一种煤化程度较低的煤，其反应性强，在空气中容易风化，燃点低，不容易储存和运输。褐煤多呈褐色或黑褐色，其剖面可以清楚地显示出由裸子植物形成的木质痕迹，碳含量在 60% ~ 70%，挥发分含量大于 40%。

全世界的褐煤地质储量约为 4 万亿 t，占全球煤炭储量的 40%。我国褐煤资源丰富，据 20 世纪末的统计，全国已探明褐煤保有储量为 1 300 亿 t，占全国煤炭储量的 13% 左右。褐煤主要分布在华北地区，该地区储量约占全国褐煤储量的 3/4 以上，其中以内蒙古东部地区赋存最多，煤种以中生代侏罗纪硬褐煤为主；西南地区是我国仅次于华北地区的第二大褐煤质地，其储量约占全国褐煤储量的 1/8，其中大部分分布在云南省境内，主要是新生代第三纪软褐煤。据全国第三次煤炭资源预测，全国另有褐煤预测资源量 1 903 亿 t，占全国煤炭预测资源量的 4.18%。

由以上分析可知，我国褐煤资源丰富，其中内蒙古的褐煤储量最大，为后续产品研发、生产提供了原材料保障。

6.4 适合生物处理用活性炭的制备

6.4.1 制备方法

大孔活性炭的生产过程与其他活性炭的生产过程大体相同，只是碳的来源不同，原材料的准备及炭化、活化的具体条件有差别。本试验以水蒸气为活化剂，分别以竹子碎屑（简称竹屑）、竹节、竹梢为原材料制备活性炭，制备流程如图 6 - 5 所示。其中竹子原材料为浙江安吉等地的毛竹下脚料，包括竹屑、竹节、竹梢等。另外，还需煤焦油、沥青等黏结剂。产品类型不同，炭化料的制备过程也不相同，竹片破碎活性炭只需用粉碎机将原材料破碎到所需的粒度进行炭化、活化即可；竹质柱状活性炭则需将原材料成型后，再进行炭化活化。炭化、活化过程均采用外热式回转炉。在制备过程中采用标准试验筛（ASTM 标准）对原材料及炭化、活化料进行筛分。

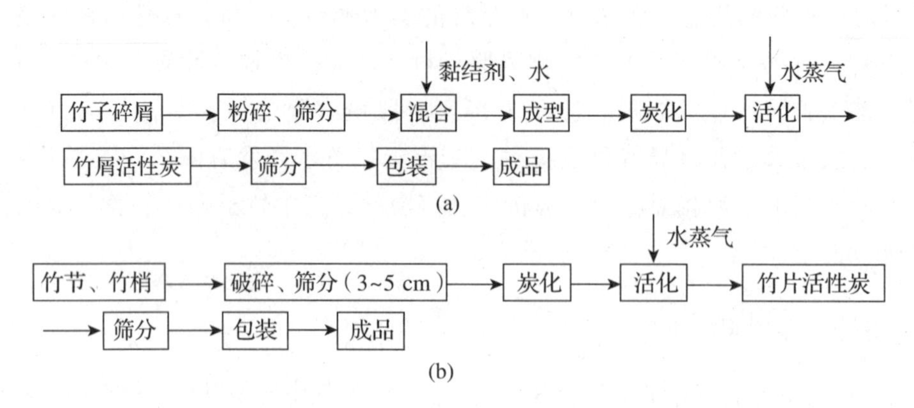

图6-5　竹屑和竹片活性炭的制备流程

（a）竹屑活性炭　（b）竹片活性炭

6.4.1.1　原材料预处理

竹质活性炭的原材料如图6-6所示。竹屑活性炭的成型前需对原材料进行含水量测定、粒度筛分试验；竹片活性炭的原材料只需劈成3~5 cm见方的竹片即可。竹屑活性炭所用原材料的筛分试验结果表明：大于60目的竹屑占13.1%，60~100目的竹屑占28.1%；小于100目的竹屑占58.8%。

图6-6　竹质活性炭的原材料

6.4.1.2　成型

1. 黏结剂的选择

在颗粒活性炭的成型阶段，通常要往原材料中加入一定的黏结剂或利用原材料本身在加压成型过程中产生的黏结性组分来成型。生产竹片破碎活性炭不需成型，故不需要加黏结剂；而生产竹屑活性炭有造粒成型阶段，故需要黏结剂。

制造颗粒活性炭的黏结剂应具有以下特性：含碳量高，热解时析焦率高，最后能成为活性炭的一部分，起到骨架作用；具有一定的流变性能，对基质颗粒具有良好的浸润性，与基质混合后具有可塑性，有利于将基质原料加工成型为颗粒状物质；具有黏结性，在工艺过程中能使基质结合成整体颗粒，并赋予其较高的强度；有助于形成活性炭颗粒内部的初步孔隙，并对加工过程无影响，起到造孔作用。因此，能够用于活性炭生产的黏结剂为数不多。生产中用得最多、黏结性最好的黏结剂是与煤结构、性质近似的煤系高芳烃的煤焦油和煤沥青，以及阔叶类的木焦油。因竹子属于木质材料，其在加热过程中会产生木焦油，结合以上研究结果，初步选用煤焦油、煤沥青、木焦油等作为黏结剂。考虑到生产成本，原则上尽量少加或不加黏结剂。

2. 成型过程

除炭化、活化设备以外，原材料成型设备也很关键。因活性炭的孔隙增大，其强度必然会下降。基于前期的原材料选择工作，经过资料调研以及试验研究，对竹屑大孔活性炭的成型采用造粒机挤压成型方式，所用设备为扬州牧羊集团生产的 UMT 颗粒机（图 6 – 7（a））。该设备的功能是将破碎至一定粒度的原材料按一定比例混合均匀后加入压块成型机的成型模具内，在高压条件下，通过原材料中黏结性组分的黏结力，将物料压成具有一定强度的柱状压块料，压块料的直径由花板的孔径而定，可由旋刀切成一定的长度（可以按用户要求生产不同尺寸的产品），干燥后即可送入炭化炉炭化。由于该设备可以调整压缩比，因此可以通过调整这一参数在一定范围内调整物料的强度和堆积密度，使其满足《生活饮用水净水厂用煤质活性炭》（CJ/T 345—2010）的要求。采用了高压缩比和低压缩比两种比例进行压块试验，压块料的直径均为 6 mm，如图 6 – 7（b）所示。

（a）

（b）

图6－7　成型设备及压块料

（a）成型设备　（b）挤压成型压块料

6.4.1.3 炭化

1. 炭化温度的确定

炭化温度和炭化升温速度决定了炭化料的质量。炭化温度指转炉中部的温度。若炭化温度太低（炉尾抽力一定），焦油物质逸出至炭颗粒表面形成油颗粒或球状颗粒，炭化不彻底，水容量低，给活化带来困难，物料在炭化炉内或卸出炉子后容易着火；若炭化温度太高，炭颗粒表面烧焦，活化速度慢。因此，炭化温度的控制至关重要。日本学者研究了外热式回转炉中球形炭的炭化过程，结果发现随着炭化温度的升高，炭化料的强度持续增大（表6－3），但其孔隙容积和比表面积却呈先增大后减小的趋势，即在满足炭化料的强度要求的前提下，炭化温度不能过高，因为超过600 ℃，炭化料的烧失率就会升高，已形成的微孔会被破坏，不利于后续活性炭的生产。

表6－3 炭化温度对炭化料性质的影响

炭化温度（℃）	孔隙容积（mL/g）	比表面积（m^2/g）	显微硬度
450	0. 145	100	65
500	0. 150	150	85
600	0. 170	220	94
700	0. 154	155	96
800	0. 127	140	98
900	0. 125	100	99
1 000	0. 020	20	100

相关研究及生产实践表明，为了保证成品质量及活化得率，炭化温度应根据品种不同控制在500～600 ℃，其他工艺条件也要相应改变。如对日本扁柏和柳杉的研究表明，炭化物的挥发分受炭化温度的影响很大：随着炭化温度的上升，挥发分含量减少，其中在500 ℃以下时减少得快，在500～700 ℃时减少的速度变慢，在700 ℃以上时减少得很慢。由此可知：炭化反应在500 ℃以下时激烈地进行，在600～700 ℃时基本结束；固定碳含量的变化状况基本上与挥发分相对应，在炭化反应结束的700 ℃以上时基本不再增加。基于以上理论和实践经验，为保证一定的炭化、活化得率，本试验将炭化温度初步设定在500～600 ℃，并根据炭化料的质量进行调整。

2. 炭化升温速度的确定

炭化升温速度的快慢直接影响石墨微晶的大小、定向和交联程度，对活性炭的强度和性能有很大的影响。炭化升温速度（最终炭化温度为700 ℃）与炭化料的堆积密度和强度的关系如图6－8所示。由图可知，随着炭化升温速度的加快，炭化料的堆积密度和强度均逐渐下降，当炭化升温速度达到30 ℃/min时，炭化料的堆积密度降低至700 g/L，强度接近90%，这是由于升温速度太快，在短时间内产生大量挥发分，导致活性炭的强度下降。当采用太西煤制备活性炭时，在炭化升温速度为5 ℃/min、炭化温度为550 ℃的条件下，炭化料的水容量可达到28%，这一实践也证明了上述结论的正确性。虽然低温长时间炭化有利于颗粒中的挥发分徐徐逸出，炭颗粒收缩均匀，形成均匀的初步孔隙结构，有利于提高炭颗粒的强度；但升温速度过慢会延长炭化时间，从而影响炭化的效率和设备的利用率。结合生产实践经验，将炭化升温速度定于8～12 ℃/min。在试验过程中，可通过减小炭化炉滚筒的安装倾角来减小单位长度的温度梯度；在滚筒的安装倾角固定的情况下，可以降低滚筒的转速。

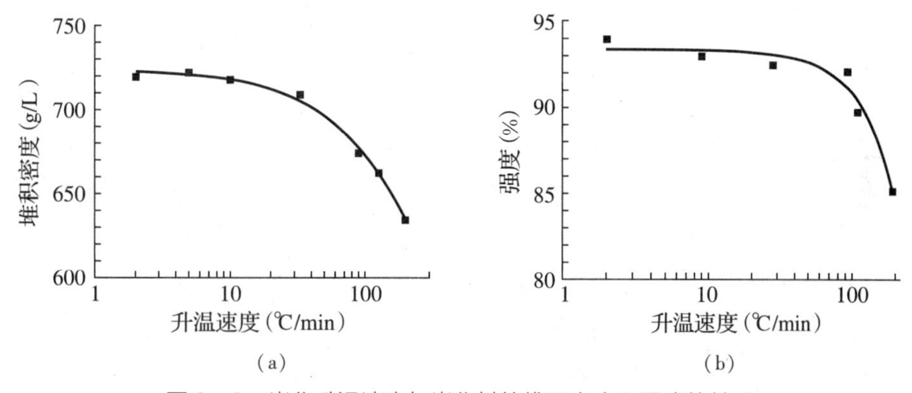

图6-8　炭化升温速度与炭化料的堆积密度和强度的关系

（a）升温速度与堆积密度的关系　（b）升温速度与强度的关系

3. 竹质活性炭的炭化过程

根据竹子原材料热分解过程的温度变化、热解速度和生成物的情况等，可以把竹子的炭化过程大体上分为干燥阶段、预炭化阶段、炭化阶段等。各阶段的温度范围、产物及主要特征如下。

（1）干燥阶段（室温至120 ℃）：65 ℃时有大量白色水蒸气逸出，此时温度上升速度开始加快，大部分非结合态的水在低于105 ℃时逸出。

（2）预炭化阶段（120～200 ℃）：120 ℃左右时有黄色气体逸出，不稳定的组分开始分解，竹子的化学组成开始变化；150 ℃左右时点火，烟气开始燃烧，生成气态产物，如二氧化碳、一氧化碳、碳氢化合物等，并有微量焦油析出；200 ℃时达到竹子的自催化温度，即使不提供热量，炭化炉的温度也会自然上升，但升温速度减慢，故还需继续供给热量。

（3）炭化阶段（200～550 ℃）：继续升温，加热至550 ℃，炭化完成。在该阶段炭化炉内发生了剧烈的热解、缩聚、黏结固化等过程。

4. 炭化尾气的处理

炭化尾气是整个活性炭生产工艺中最严重的污染源。这是由于在炭化过程中物料发生热分解反应，产生大量挥发性物质，如苯、萘、菲、酚及其衍生物等。目前在生产实践中主要通过电捕集法和焚烧法来处理炭化尾气，由于前者投资大，耗电量大，水蒸气用量大，因此大部分厂家采用焚烧法处理尾气。本试验中的炭化尾气采用热解焚烧工艺处理，即先热解（700 ℃左右，在此温度下苯环可被打开）后焚烧，以确保无污染物排放。在实际大生产中，竹屑活性炭生产线可实现炭化尾气全部回收利用，即通过炭化可以得到固体产物（木炭）、液体产物（竹醋液）和气体产物（木煤气）。

6.4.1.4 活化

1. 活化温度、时间的确定

在不同的活化温度和活化时间条件下生产的活性炭的孔结构不同。通常碳和气体的反应速度随温度的升高而加快，因此气体活化需在高温下进行，但不能任意提高活化温度，因为活化温度影响整个系统的化学平衡。随着温度的升高，反应速度加快，炭化料的烧失率升高，活性炭的得率降低，而且活化温度过高，会导致活性炭的微孔减少，吸附能力下降。因此，水蒸气活化法的活化温度一般控制在 800～950 ℃。初步按照800 ℃、850 ℃和900 ℃三个温度进行活化试验，并根据样品质量随时调整活化温度。活化时间控制在1.5～3.5 h。

2. 活化剂流量的确定

由碳和水蒸气反应的化学方程式

$$C + H_2O \xlongequal{} CO + H_2$$

可知，在理论条件下 1 kg 碳活化需要 1.5 kg 水蒸气；实际生产时需给出过量系数，若过量系数为 2，则 1 kg 碳需要供给水蒸气 3 kg。当活化剂流量增大时，活化速率也增大，即可以缩短活化时间，但达到一定流量后，活化速率就是一个常数。基于以上理论并结合生产实践，在本试验期间，提供足够大的活化剂流量（4.5 kg H_2O/kg 活性炭），以确保活化速率为一个常数。

6.4.2 竹质活性炭产品的指标

在保持水蒸气用量不变的条件下，通过调整活化温度、活化时间，探索了不同压缩比下大孔活性炭的理想生产条件。活化试验表明，在 800 ℃下活化产品的指标不满足水处理用活性炭的要求，故将温度提升至 850 ℃和 900 ℃。较理想的活化产品的指标如表6－4所示。

表6-4　竹屑活性炭和竹片活性炭的各项指标

活性炭		活化温度（℃）	活化时间（h）	碘吸附值（mg/g）	亚甲基蓝吸附值（mg/g）	水容量（%）	强度（%）
竹屑活性炭	低压缩比	850	3.0	1 010	188	91.0	>90
	低压缩比	850	3.5	1 074	195	93.2	97.5
	高压缩比	900	2.5	1 108	210	91.5	>90
	高压缩比	900	3.0	1 202	225	115.0	>90
竹片活性炭		850	2.5	1 100	220	92.0	96

由表6-4可知，对竹屑活性炭而言，低压缩比时，在850 ℃下活化3.0～3.5 h，其指标较理想；高压缩比时，在900 ℃下活化2.5～3.0 h，其指标较理想；其各项指标均能满足《生活饮用水净水厂用煤质活性炭》（CJ/T 345—2010）的技术指标要求。对竹片活性炭而言，在850 ℃下活化2.5 h即可达到CJ/T 345—2010的技术指标要求。相对于竹屑活性炭而言，竹片活性炭较容易活化，且其碘吸附值、亚甲基蓝吸附值、强度等指标均较高，但与煤质活性炭相比，其堆积密度较小，若炭化过程处理不当，用于水处理时可能产生漂浮现象（该现象在水处理中不允许发生）；而竹屑活性炭不仅保留了竹子的原始孔隙，同时在成型时形成了二次孔隙结构，故不存在此现象。

综上可知，通过控制生产条件（压缩比、炭化条件、活化条件），可以得到不同指标的大孔活性炭，即可以按照大孔活性炭的指标（碘吸附值、亚甲基蓝吸附值、强度）要求定向生产大孔活性炭。

6.5　适合生物处理用大孔活性炭的表征

因为新研发的竹质大孔活性炭主要针对饮用水深度处理中的生物活性炭工艺而言，故根据《生活饮用水净水厂用煤质活性炭》（CJ/T 345—2010），对其关键性指标进行测定。因后续验证试验用炭为低压缩比竹屑活性炭，故仅对低压缩比竹屑活性炭进行了详细的表征。

6.5.1　大孔活性炭的电镜观察

采用Quanta 200型环境扫描电子显微镜（ESEM），在高真空模式下（30 kV），从微观的角度对竹屑活性炭和竹片活性炭的形貌及孔隙结构特征进行了观察。具体操作过程如下：将预处理过的活性炭样品用导电胶粘贴到样品盘上，放入喷镀仪中喷金60 s，然后将样品盘固定于扫描电镜的载物台上，调整焦距、对比度，选取合适的视野，观察微观组织结构，并在一定的放大倍数下拍摄照片，扫描结果如图6-9和图6-10所示。

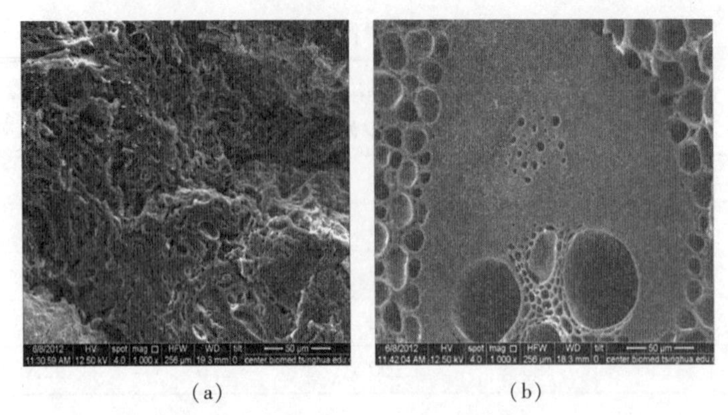

(a)　　(b)

图6-9　竹屑活性炭与竹片活性炭电子显微镜照片对比（1 000×）

（a）竹屑活性炭　（b）竹片活性炭

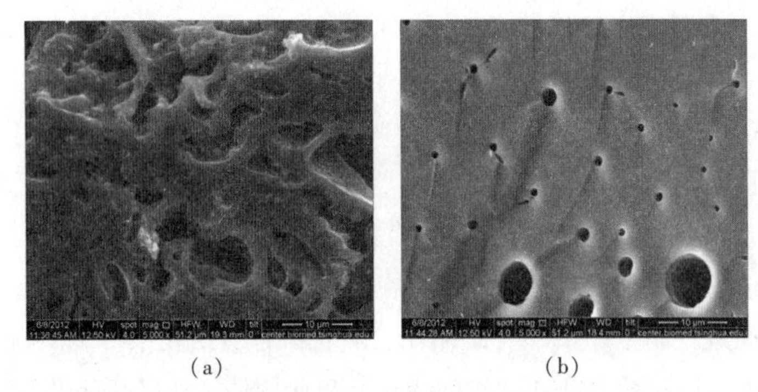

(a)　　(b)

图6-10　竹屑活性炭与竹片活性炭电子显微镜照片对比（5 000×）

（a）竹屑活性炭　（b）竹片活性炭

由图6-9和图6-10可以看出，竹屑活性炭与竹片活性炭的表面均形成大小不一的孔隙，孔的结构有圆形、狭缝形和不规则形。其中，竹屑活性炭的孔隙结构较发达，布满了蜂窝状的不规则孔隙，且大孔中间嵌有中孔，这些孔在吸附过程中不仅起到输送通道的作用，而且起到良好的毛细凝聚作用，从而大大增强活性炭的吸附能力；竹片活性炭中存在大量圆形的大孔和中孔，但大孔与中孔独立存在，相互之间缺乏连通性，不利于吸附质在孔隙内部的扩散。

相比于煤质炭中的原煤破碎炭和压块炭，竹片活性炭更多地体现了植物本身输送通道的孔隙特点，而竹屑活性炭的孔隙分布则比较均匀，各种孔隙交错分布，更适合污染物的输送与吸附。

6.5.2　大孔活性炭的 N_2 吸附-脱附等温线分析

将竹屑活性炭与竹片活性炭样品在120 ℃下常压及真空干燥以后，用美国康塔公司的全自动比表面积和孔径分析仪（Autosorb-iQ2-MP）在77 K下对样品进行 N_2 吸脱附测试，其吸附－脱附等温线如图 6－11 所示。

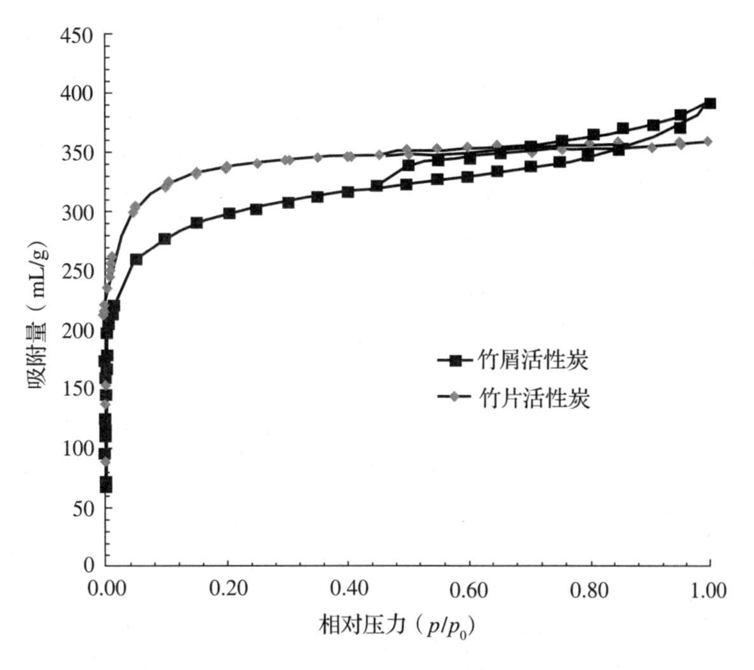

图 6－11　竹屑活性炭与竹片活性炭的 N_2 吸附－脱附等温线

通过将 N_2 吸附－脱附等温线与标准等温线进行对比分析，可以确定不同材料的吸附等温线的类型。图 6－11 表明，竹屑活性炭与竹片活性炭的等温线类型有明显的区别：竹屑活性炭的等温线属于Ⅰ型和Ⅱ型的结合型，一开始吸附量随着相对压力的增大急剧上升，吸附速度很快，当相对压力达到 0.04 时，吸附曲线逐渐趋于平缓，由于样品中含有少量中孔和大孔，吸附平台并非水平，而是有一定斜率地偏移水平线，且脱附曲线与吸附曲线不重合，出现明显的滞后现象，这表明在活性炭中有毛细管凝聚现象发生，即竹屑活性炭中有中孔存在，且在 IUPAC 对迟滞现象的分类（图 3－3）中，该迟滞环属于 H4 型滞留回环，表明孔为狭缝孔；竹片活性炭的等温线属于Ⅰ型，接近水平，说明样品中大都是微孔结构，在相对压力大于 0.04 时，吸附量相对于压力增大上升缓慢，脱附曲线与吸附曲线几乎重合，没有明显的滞回，表明样品有较发达的微孔，中孔较少；当相对压力大于 0.90 时，竹屑活性炭与竹片活性炭的等温线均有"拖尾"现象，说明这两种活性炭中均存在大孔，且竹屑活性炭比竹片活性炭含更多的大孔。

6.5.3　大孔活性炭的比表面积及孔分布测定

由测得的 N_2 吸附－脱附等温线，采用多点 BET 法计算总比表面积 S_{BET}，采用 t 方法分析微孔容积，采用 BJH 法对中孔分布进行解析。其中 t 方法是吸附层厚度法，是德博尔（de Boer）等于 1965 年提出来的，用于微孔容积和外表面积分析。BJH 法是由巴雷特（Barrett）、乔伊纳（Joyner）和海伦娜（Helena）最早提出的经典方法。该方法略去了吸附膜对液体化学位的贡献，采用简单的几何方法导出了应用开尔文（Kelvin）方程计算孔结构参数的方法。采用美国麦克公司生产的 AutoPore Ⅳ 9500 高性能全自动压汞仪对竹屑与竹片活性炭的孔结构参数进行测定。由 77 K 下的 N_2 吸附－脱附等温线及压汞法计算的孔结构参数见表 6－5。

表 6－5　竹片与竹屑活性炭的 BET 比表面积及孔容分布

名称	S_{BET} (m^2/g)	S_{ma} (m^2/g) ($D>100$ nm)	S_{me} (m^2/g) ($D=4\sim100$ nm)	S_{mi} (m^2/g) ($D<4$ nm)	V_{ma} (mL/g) ($D>100$ nm)	V_{me} (mL/g) ($D=4\sim100$ nm)	V_{mi} (mL/g) ($D<4$ nm)
竹屑活性炭	990	2. 224	44. 2	859. 7	0. 804 5	0. 087 3	0. 414 3
竹片活性炭	1 275	5. 758	9. 7	1 237	0. 801 7	0. 015 3	0. 435 3

注：S_{ma}、V_{ma} 分别为大孔的比表面积、容积；S_{me}、V_{me} 分别为中孔的比表面积、容积；S_{me}、V_{me} 分别为微孔的比表面积、容积。

由表 6－5 中的数据可见，竹屑活性炭与竹片活性炭均具有发达的孔隙结构，尤其是大孔和微孔结构，其总孔容积（$V_{mi}+V_{me}+V_{ma}$）分别为 1. 306 1 mL/g 和 1. 252 3 mL/g；竹屑与竹片活性炭的大、中、微孔比例分别为 61. 6%、6. 7%、31. 7% 和 64. 0%、1. 2%、34. 8%，即与竹片活性炭相比，竹屑活性炭的微孔、大孔比例较低，但中孔比例却较高，其容积是竹片活性炭的 5. 7 倍。BET 比表面积（S_{BET}）数据也证明了这一点，与竹片活性炭相比，竹屑活性炭的 S_{BET}、S_{ma} 较小，但 S_{me} 却较大，即在大孔孔容相近的条件下，竹屑活性炭的 S_{ma} 较小，表明竹屑活性炭的大孔容积中较大大孔所占比例较大。

综上可知，两种活性炭的大孔容积均在 0. 8 mL/g 以上，但与竹片活性炭相比，竹屑活性炭的总孔容积、孔隙分布均发生了变化，即竹屑活性炭的成型工艺使其形成了二次孔隙结构，改变了植物本身所形成的活性炭的孔隙分布，具体的孔隙分布将在下面进行详述。

6. 5. 3. 1　微孔孔径分布

图 6－12 为根据 N_2 吸附－脱附等温线用 HK 法（即 Horvath-Kawazoe 微孔分布计算法，是 1983 年由日本的霍瓦特（Horvath）和川添（Kawazoe）从分子间作用力的角度推导的狭缝形孔的有效微孔半径与吸附平衡压力的关系式，用于活性炭 N_2 吸附数据微孔分布计算）计算得到的微孔孔径分布曲线。由图可知，竹屑活性炭和竹片活性炭的微孔孔径分布曲线类似，均呈多峰分布，其峰值孔径分别为 0. 55 nm、1. 25 nm、1. 55 nm 和 0. 55 nm、1. 24 nm、1. 56 nm。竹片活性炭的总微孔容积（0. 435 3 mL/g）比竹屑活性炭（0. 414 3 mL/g）稍大，但其真微孔、次微孔分布却有明显的区别：竹屑活性炭的真微孔（$R\leqslant0.6\sim0.7$ nm）较竹片活性炭少，但其次微孔（$0.6\sim0.7\ \text{nm}<R\leqslant1.5\sim1.6$ nm）却较发达，由第 5 章的内容可知，这正是吸附用给水深度处理活性炭所需要的孔隙结构，即竹屑活性炭更适合用于

净水厂的饮用水处理。上述分析表明竹屑活性炭工艺改变了竹片活性炭的原始孔隙结构分布，使微孔的总含量有所降低，但却提高了次微孔的含量，使之更适合饮用水处理。

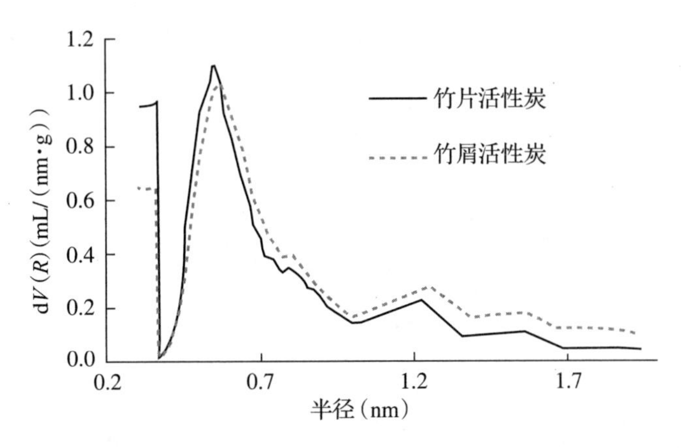

图6-12　用HK法计算得到的竹屑与竹片活性炭的微孔孔径分布曲线

6.5.3.2　中孔孔径分布

用BJH法计算得到的竹屑与竹片活性炭的中孔孔径和累积中孔容积分布曲线如图6-13所示。由图可知，两者的中孔孔径基本呈单峰分布，峰值孔径为4 nm，其中竹屑活性炭的中孔孔径分布范围较宽，在直径为4～30 nm处有较多分布，而竹片活性炭的中孔孔径分布范围较窄，主要分布在直径为4～10 nm的范围内。由竹屑与竹片活性炭的中孔孔径和累积中孔容积分布曲线可知，竹屑活性炭的中孔容积较竹片活性炭大近6倍，孔径分布范围亦较宽，从直径为4 nm开始到20 nm左右，其中孔容积迅速增大，超过30 nm以后其孔容积几乎不变；而竹片活性炭的中孔容积则在直径为4 ～10 nm的范围内增大较快，而后几乎不变。由此可见，竹屑活性炭工艺不仅大大增大了其中孔容积，而且使其中孔分布范围大大增大，这有利于竹屑活性炭对水中的大分子有机污染物的吸附。

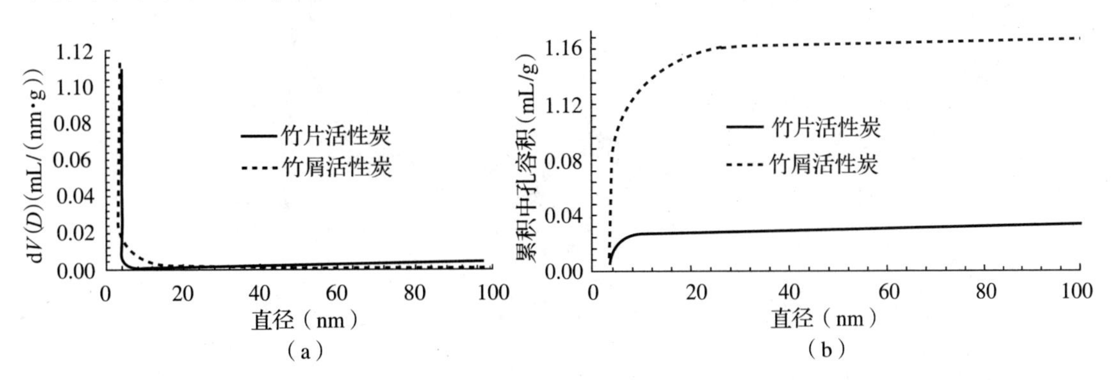

图6-13　用BJH法计算得到的竹屑与竹片活性炭的中孔孔径和累积中孔容积分布曲线

(a) 中孔孔径分布曲线　(b) 累积中孔容积分布曲线

6.5.3.3 大孔孔径分布

竹屑与竹片活性炭的累积大孔容积分布曲线及大孔孔径分布曲线分别如图 6－14 和图 6－15所示。

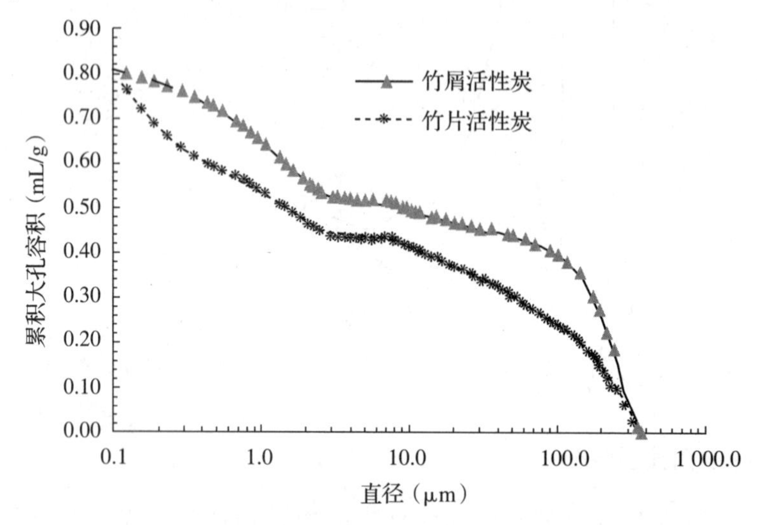

图6－14 用压汞法计算得到的竹屑与竹片活性炭的累积大孔容积分布曲线

由图 6－14 可知，竹屑与竹片活性炭的累积大孔（$D>100$ nm）容积基本一致，即竹屑活性炭的工艺过程对大孔总容积并未产生影响，但根据曲线的形状可知，其大孔孔径分布有明显的差别。这一点也体现在图 6－15 的大孔孔径分布曲线上。

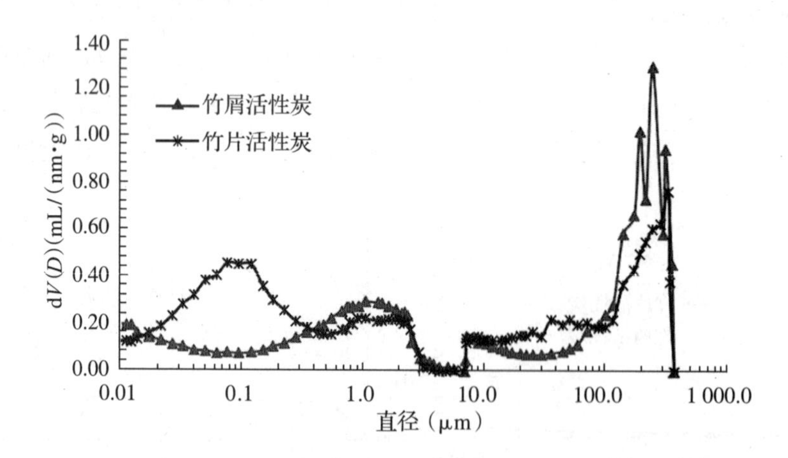

图6－15 用压汞法计算得到的竹屑与竹片活性炭的大孔孔径分布曲线

由图 6－15 可知，竹屑与竹片活性炭的大孔孔径均呈多峰分布，且其峰值有明显的差异，其中竹屑活性炭在直径小于 7 μm 的范围内有一个较宽的峰，该峰集中分布在 0.3～3 μm 范围内，而竹片活性炭除在此范围内有一个相对较低的峰外，在 0.1 μm 处还有一个较高的峰；在 7 ~ 80 μm 范围内，竹片活性炭呈现微弱的峰值分布，而竹屑活性炭则呈现波谷状分布；在 80 ~ 400 μm 范围内，竹屑活性炭在 190 μm、250 μm、310 μm 处呈多峰分布，且分布比例较高，而竹片活性炭仅在 320 μm 处呈单峰分布，这也是竹屑活性炭大孔比表面积较小的原因所在。

根据活性炭的孔隙功能可知，不同的孔隙结构对应不同的功能。单从微生物载体看，大孔发达的活性炭更适合微生物的生长和繁殖，无疑，这两种孔隙分布的活性炭均可用作生物活性炭，但究竟哪一种效果更好，则有待于后期试验证明。

6.5.4 大孔活性炭的表面官能团测定

采用傅里叶变换红外光谱仪（Thermo Nicolet NEXUS）对样品的表面官能团进行分析。取溴化钾载体约 100 g，置于玛瑙研钵中，加入少许样品，充分磨细、混匀，然后装模；将装好粉末样品的模具置于压片机上抽真空 2 min，然后加压至 90 000 N/cm^2（90 kPa），持续 10 min，将样品压制成 0. 1 ~ 1. 0 mm 厚的薄片，用样品架固定，置于红外光谱仪的样品室中，在 4 000 ~ 400 cm^{-1} 的波数范围内进行扫描测定，得到样品的红外光谱，如图 6 – 16 所示。

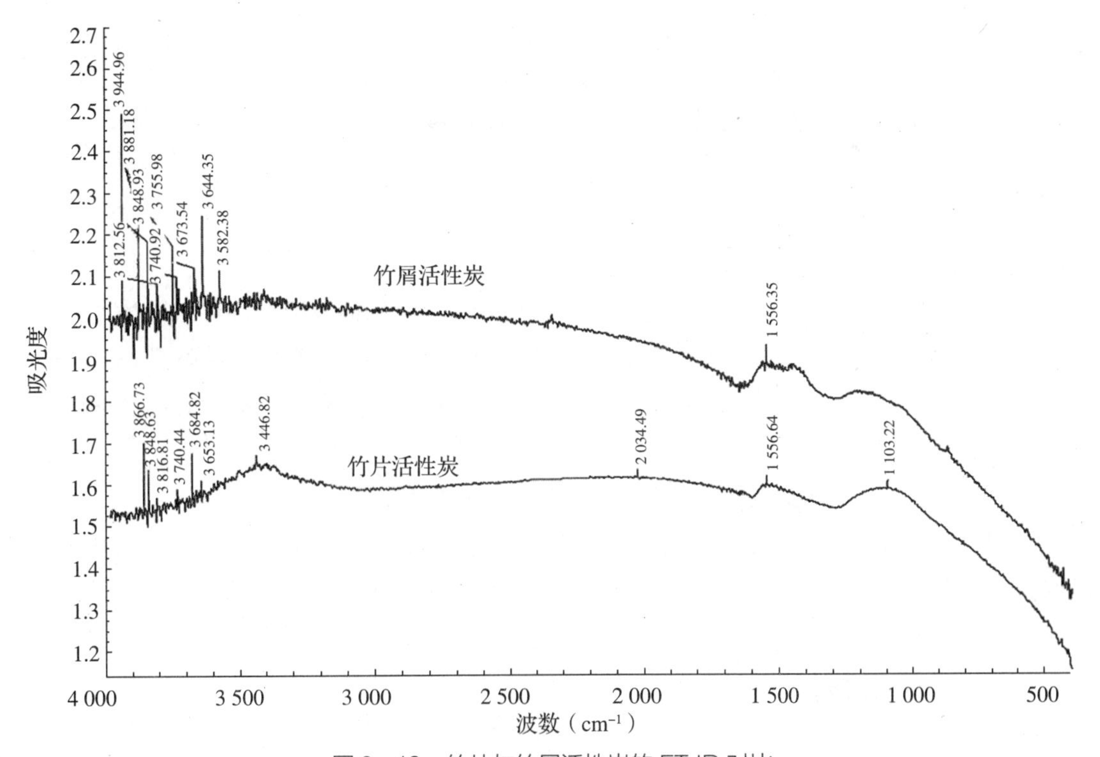

图 6 – 16　竹片与竹屑活性炭的 FT-IR 对比

由图6-16可知，竹片活性炭和竹屑活性炭的傅里叶变换全扫描图的趋势是一致的，即两者所含表面官能团的种类基本一致，在1 600～1 430 cm^{-1}范围内均有一个强的吸收峰，即有芳烃存在；在1 100 cm^{-1}附近有较宽的吸收峰，表明有醇存在。所不同的是，竹片活性炭在3 400 cm^{-1}处有一个强的吸收峰，这一羟基伸展表明活性炭表面吸附了水分。

6.6 竹屑大孔活性炭的产业化生产成本估算

6.6.1 原材料成本

按产量为4 t/d（年产1 200 t）计算。

若以干燥的竹子碎屑粉料为原材料，则粉碎和干燥工序可取消。各工序的消耗和得率如下。

（1）原材料消耗：造粒得率为95%，即1 t竹屑原材料可以得0.95 t压块料。

（2）炭化得率：30%，即炭化1 t压块料，得0.3 t炭化料。

（3）活化得率：若所生产的大孔活性炭的碘值按1 000 mg/g计算，则得率为43%，即活化1 t炭化料，得0.43 t活性炭。

由此可知，生产1 t活性炭需2.3 t炭化料，7.75 t压块料，8.16 t干竹屑。

若干竹屑以600元/t计算，则原材料消耗费为4 896元，约4 900元/t活性炭。

6.6.2 设备成本

（1）成型设备：按1 h生产1 t压块料算，即1 t/h，约需投资设备费128万元；

（2）炭化设备：按1 h生产0.5 t炭化料算，即0.5 t/h，约需投资设备费133万元；

（3）活化设备：按1 h生产4 t活性炭算（含余热回收），即4 t/h，约需投资设备费147万元；

（4）筛分和包装设备：约15万元。

综上，设备总投资共计约423万元，若设备折旧费按7年计算，则每年的设备折旧费约为60万元，折合到每吨活性炭产品上，则为500元/t活性炭。

6.6.3 电能消耗费

总用电量约为200 kW，若电费以0.8元/(kW·h)计，则每天用电$200\times0.8\times24=3\ 840$元，折合为每吨活性炭的电能消耗为960元/t活性炭。

6.6.4 工人工资

造粒、炭化、活化工序各需要 2 名工人，三班制（四班人员），则生产工序共需要 24 人；筛分、包装工序共需要 3 人，一班制，则整个生产过程共需要 27 人。若工资按 100 元/(人·d)计，则每天需支出工资 2 700 元；折合到生产成本中，2 700 元/4 t = 675 元/t 活性炭，即每生产 1 t 大孔活性炭，需支付工人工资 675 元。

6.6.5 管理费

取工资的 100%，则管理费亦为 675 元/t 活性炭。

6.6.6 竹醋液收入

每生产 1 t 炭化料，可产生 220 kg 竹醋液，即竹醋液的产量为 220 kg/t 炭化料，相当于每生产 1 t 活性炭，产生 220 kg/43% = 511.6 kg≈0.51 t 竹醋液。沉淀后的竹醋液价格约为 4 000 元/t，则 0.51 t×4 000 元/t = 2 040 元，即每生产 1 t 竹质大孔活性炭，就会有 2 040 元的副产品（竹醋液）收入。

6.6.7 成本效益核算

综上，竹质大孔活性炭的直接成本为 7 710 元/t。按碘吸附值大于 1 000 mg/g 的水处理用活性炭价格为 10 000 元/t 计算，尚有 2 290 元/t 的盈余，若加上回收竹醋液的收入，盈余将为 4 330 元/t。由此可见，由竹子下脚料（竹子碎屑）生产竹质活性炭，不仅实现了废物利用，而且利润率很高。

Picabiol@2 目前在中国的销售价格约为 25 000 元/t，与其相比，大孔活性炭更有价格优势。

6.7 竹质大孔活性炭的应用

6.7.1 竹质大孔活性炭吸附试验

6.7.1.1 试验简介

试验共采用七种活性炭，分别简称竹屑大孔炭、竹片炭、柱状破碎炭、JC 炭、原煤破碎炭、神华1#炭、神华2#炭。其中竹屑大孔炭、竹片炭为自制活性炭；柱状破碎炭由江苏某活性炭科技有限公司提供；另外四种活性炭均为普通的煤质商品活性炭，依次为北京市某自来水厂正在使用的活性炭（以下简称JC炭）、从山西某公司购得的原煤破碎炭、从新疆某公司购得的压块破碎炭神华1#炭和神华2#炭。试验时，首先将七种活性炭样品研磨至95%过200目筛，然后将其在105 ℃下烘干后置于干燥器内保存。七种活性炭的基本指标和孔隙结构参数分别如表6－6和表6－7所示。

表6－6　七种活性炭的基本指标

活性炭种类	粒度	碘吸附值（mg/g）	亚甲基蓝吸附值（mg/g）
竹屑大孔炭	8目×30目	1 200	240
原煤破碎炭	8目×30目	960	180
竹片炭	8目×30目	1 100	220
神华2#炭	8目×30目	1 008	132
JC炭	8目×30目	1 000	180
柱状破碎炭	8目×30目	1 200	230
神华1#炭	8目×30目	957	109

表6－7　七种活性炭的孔隙结构参数

活性炭种类	平均孔径（nm）	BET比表面积（m^2/g）	微孔比表面积（m^2/g）	中孔比表面积（m^2/g）	总孔容积（mL/g）	微孔容积（mL/g）	中孔容积（mL/g）
竹屑大孔炭	2.238	1 085	1 008	601.18	0.607 2	0.519 4	0.301 9
柱状破碎炭	2.265	1 035	951.1	887.40	0.586 0	0.478 4	0.448 0
竹片活性炭	2.325	1 015	908.1	478.09	0.589 7	0.468 6	0.267 0
原煤破碎炭	2.557	943.2	821	605.05	0.602 9	0.423 1	0.384 7
神华2#炭	2.356	805.6	727.9	319.67	0.474 4	0.377 2	0.193 6
神华1#炭	2.449	775.6	679.8	379.00	0.474 9	0.352 4	0.236 4
JC炭	2.398	765.7	700.1	354.55	0.459 0	0.362 0	0.216 1

6.7.1.2　吸附试验的目标污染物

吸附试验选取饮用水中典型的三种有机污染物（内分泌干扰物中的阿特拉津、消毒副产物中的二氯乙酸和三氯乙酸）作为吸附对象，在超纯水配水条件下，采用七种活性炭对这三种目标污染物进行静态吸附平衡试验，以比较不同活性炭的吸附性能。

6.7.1.3 试验过程

试验过程如下。

（1）初始液配制：阿特拉津、二氯乙酸和三氯乙酸的初始浓度分别为 1.0 g/L、200 μg/L、200 μg/L。

（2）向样品瓶内加入等量的待测液，然后分别加入不同质量的活性炭配成一系列溶液，并将样品瓶迅速封闭。

（3）在 25 ℃恒温水浴中振荡 24 h，转速为 150 r/min。

（4）振荡结束后，使水样迅速过孔径为 0.45 μm 的滤膜（采用真空抽滤装置）。

（5）对阿特拉津采用固相萃取－高效液相色谱法测定，对二氯乙酸和三氯乙酸采用微量萃取衍生化毛细管气相色谱法测定。

6.7.1.4 试验结果及讨论

采用 Freundlich 方程来比较不同活性炭的吸附性能，结果如表 6－8 所示。结果表明，对这三种有机物的吸附均符合 Freundlich 吸附等温线模型，且拟合效果均较好。

表 6－8　Freundlich 模型拟合结果

目标污染物	PAC 种类	Freundlich 模型		
		K	$\frac{1}{n}$	R^2
阿特拉津	竹屑大孔炭	469.89	0.481	0.982
	柱状破碎炭	426.58	0.438	0.988
	竹片炭	401.79	0.436	0.994
	原煤破碎炭	297.85	0.412	0.996
	神华 2# 炭	239.88	0.430	0.983
	神华 1# 炭	148.59	0.385	0.972
	JC 炭	118.30	0.346	0.989
二氯乙酸	竹屑大孔炭	220.30	1.974	0.986
	柱状破碎炭	119.12	1.457	0.991
	竹片炭	114.29	1.689	0.979
	原煤破碎炭	77.09	1.567	0.995
	神华 2# 炭	51.17	0.881	0.986
	神华 1# 炭	24.04	0.635	0.974
	JC 炭	11.12	0.613	0.977

（续）

目标污染物	PAC 种类	Freundlich 模型		
		K	$\frac{1}{n}$	R^2
三氯乙酸	竹屑大孔炭	297.85	0.698	0.987
	柱状破碎炭	239.88	0.837	0.984
	竹片炭	206.54	0.994	0.989
	原煤破碎炭	102.57	0.853	0.972
	神华 2# 炭	57.68	1.080	0.987
	神华 1# 炭	24.21	1.720	0.987
	JC 炭	14.09	1.351	0.983

由表 6－8 可知，对同一种活性炭来说，三种物质的 Freundlich 方程 K 值的大小顺序为阿特拉津 > 三氯乙酸 > 二氯乙酸，即三种物质中阿特拉津最容易被活性炭吸附，其次是三氯乙酸，最后是二氯乙酸。对同一种有机污染物而言，活性炭对其吸附能力的大小顺序是竹屑大孔炭 > 柱状破碎炭 > 竹片炭 > 原煤破碎炭 > 神华2# 炭 > 神华1# 炭 > JC 炭。

可从吸附用给水深度处理活性炭的角度解释这一现象。首先，阿特拉津（$C_8H_{14}ClN_5$）、三氯乙酸（$C_2HCl_3O_2$）、二氯乙酸（$C_2H_2Cl_2O_2$）的分子质量分别为 215.68 Da、163.39 Da、128.94 Da，分子质量越大，越容易被吸附；从活性炭有效孔径的角度而言，由 5.1 节表 5－2 可知，分子质量为 200 Da 的有机污染物所需要的最小活性炭孔径为 1.7 nm，分子质量为 300 Da 的有机污染物所需要的最小活性炭孔径为 2.1 nm，要吸附这几种物质，活性炭需要具有发达的微孔结构，尤其是次微孔结构。吸附试验表明，竹屑大孔炭、竹片炭的吸附性能均较好，尤其是竹屑大孔炭，而且从 K 值上看，竹屑大孔炭、柱状破碎炭和竹片炭的值远大于其余四种炭。这从实际应用的角度证明了竹屑大孔炭、柱状破碎炭、竹片炭均具有发达的微孔结构。

综上，竹屑大孔炭在保持了大孔结构的同时，亦有发达的微孔结构，即竹屑大孔炭对有机物有很好的吸附效果。

6.7.2 竹质大孔活性炭小柱子对比试验

6.7.2.1 小试装置简介

试验运行了 5 根内径为 3 cm、高 70 cm 的小型活性炭柱，它们平行连接在中间水箱之后，如图 6－17 所示。5 根炭柱内分别装填 PICA 炭（1#）、竹屑大孔炭（2#）、竹片炭（3#）、原煤破碎炭（4#）、压块破碎炭（5#），其中 PICA 炭为法国 PICA 公司生产的专用生物活性炭，原煤破碎炭和压块破碎炭为山西某公司生产的市售普通净水活性炭。填炭高度为 30 cm，其颗粒粒径均为 8 目 ×30 目，炭柱下部装填 5 cm 厚的玻璃珠承托层，炭柱边缘距离顶部 5 cm 处设有溢流口。

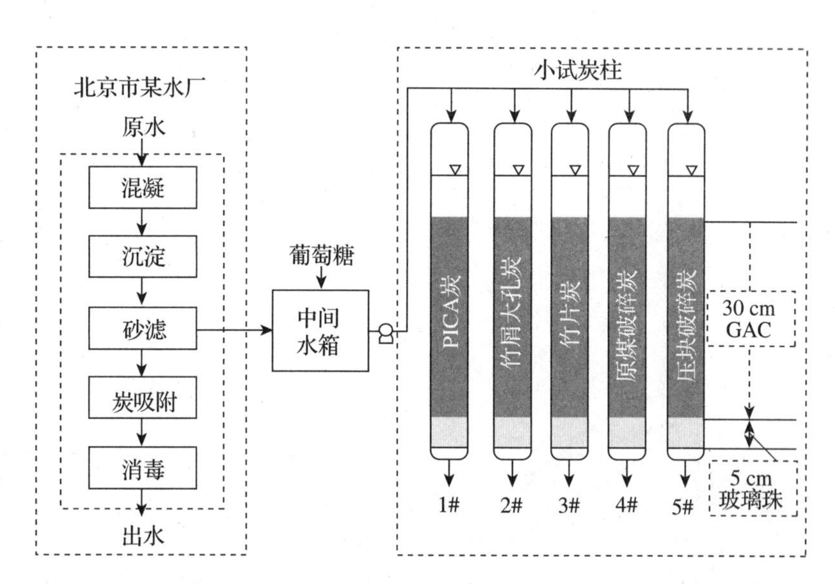

图 6－17　竹屑大孔炭与其他四种对比炭小柱子试验装置

活性炭柱的进水为自配水，在北京市某水厂砂滤池出水（DOC 浓度为 1. 8 ~2. 0 mg/L）的基础上投加葡萄糖（易生物降解）至 DOC 浓度为7. 0 ~7. 5 mg/L，流速为0. 16 L/h，通过蠕动泵控制进水流量，保持炭柱的空床停留时间为 25 min。炭柱运行方式为下向流，炭柱出水管先向上翻折，控制炭柱内的水面高于炭层表面约 5 cm。定期（3 ~5 d）进行反冲洗，活性炭膨胀率为 30%。活性炭柱从 2013 年 5 月开始运行，共连续运行近 130 d。在试验期间，每天对活性炭柱进出水的 DOC、UV_{254} 进行测定，并对活性炭表面微生物的生长和活性情况进行定期检测。

6. 7. 2. 2　五种活性炭的特性

五种活性炭的微孔、中孔及大孔的比表面积和容积分布如表 6－9 所示。由表可知，PICA 炭的比表面积（S_{BET}）最大，即其所含微孔最发达，具有最大的微孔容积（0. 646 6 mL/g）和微孔比表面积（1 352 m^2/g），竹片炭和竹屑大孔炭次之，压块破碎炭和原煤破碎炭最小。PICA 炭具有最大的中孔容积和中孔比表面积，竹屑大孔炭和压块破碎炭次之，竹片炭最小。竹片炭的大孔比表面积最大，为 5. 448 m^2/g，PICA 炭和竹屑大孔炭次之，压块破碎炭和原煤破碎炭最小，分别为 1. 718 m^2/g 和 1. 464 m^2/g。

表 6-9　五种活性炭的微孔、中孔及大孔的比表面积和容积分布

名称	BET 比表面积 S_{BET} (m^2/g)	大孔比表面积 S_{ma} (m^2/g)	中孔比表面积 S_{me} (m^2/g)	微孔比表面积 S_{mi} (m^2/g)	大孔容积 V_{ma} (mL/g)	中孔容积 V_{me} (mL/g)	微孔容积 V_{mi} (mL/g)
竹屑大孔炭	990	2.175	44.2	859.7	0.805 8	0.087 3	0.414 3
PICA 炭	1 760	2.262	134.0	1 352.0	0.755 5	0.231 7	0.646 6
竹片炭	1 275	5.448	9.7	1 237.0	0.810 1	0.015 3	0.435 3
原煤破碎炭	828	1.464	19.7	712.3	0.293 7	0.039 4	0.384 0
压块破碎炭	914	1.718	42.3	786.2	0.381 1	0.101 2	0.334 3

为了找到微生物与活性炭孔隙之间的关系，给出了五种活性炭的累积大孔容积和微分大孔容积分布，如图 6-18 所示。由图可知，在这五种活性炭中，竹屑大孔炭、

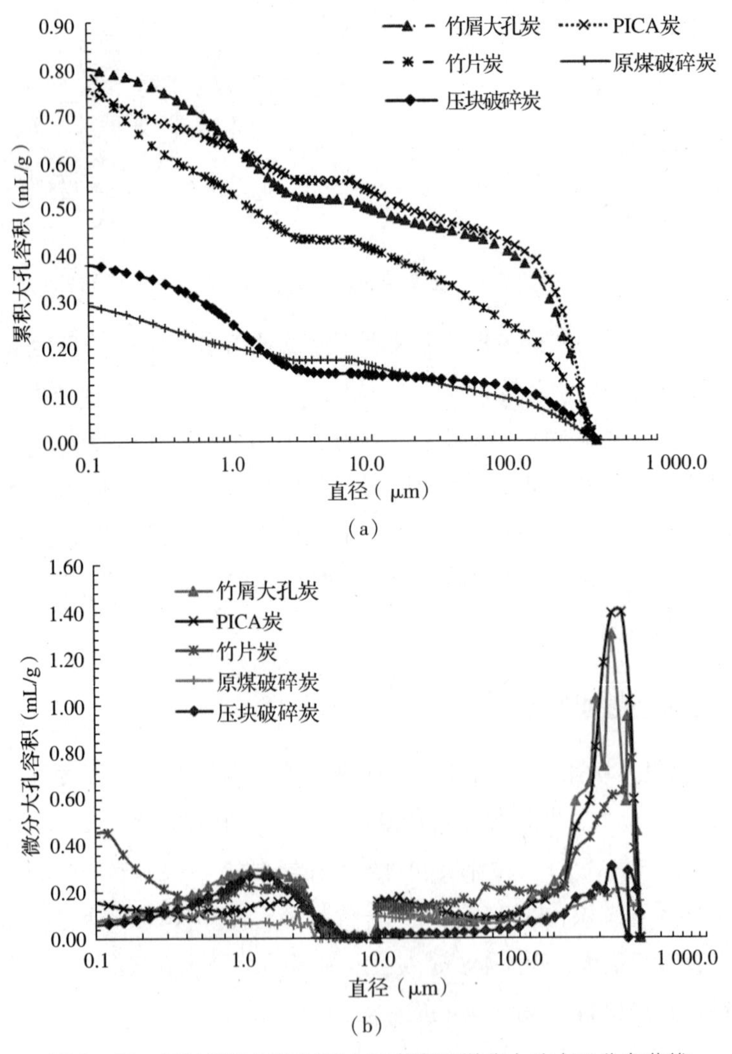

图 6-18　五种活性炭的累积大孔容积和微分大孔容积分布曲线

（a）累积大孔容积分布曲线　（b）微分大孔容积分布曲线

竹片炭均具有发达的大孔结构，其大孔（$D>0.1\ \mu m$）容积均达到了 0.8 mL/g，PICA 炭次之，为 0.76 mL/g；其他两种市售普通活性炭的大孔容积均较小，其中原煤破碎炭的大孔容积最小，仅为 0.3 mL/g 左右；压块破碎炭因生产过程增加了成型工艺，形成了二次孔隙结构，从而改变了煤炭的原始孔隙结构分布，其大孔容积有所增大，约为 0.38 mL/g。

活性炭的孔分为微孔（$R\leq 2$ nm）、中孔（$2\ nm<R\leq 50$ nm）和大孔（$R>50$ nm），因细菌尺寸一般为 0.2 ~ 2 μm，故细菌无法进入活性炭的微孔、中孔及较小的大孔中。由微分大孔容积分布曲线可知，在 0.5 ~ 2 μm 的范围内，竹屑大孔炭、压块破碎炭、竹片炭、PICA 炭均有较集中的大孔分布，这与细菌的尺寸范围（0.2 ~ 2 μm）相吻合，但微生物是否能在其中生长，还与孔隙分布位置、表面粗糙度、营养基质以及输送通道等多种因素有关。竹屑大孔炭、PICA 炭、竹片炭在大于 50 μm 的范围内均有较集中的大孔分布，该部分孔隙较大，更适于微生物在其内部生长和繁殖，且有利于基质输送，因此有助于微生物在活性炭表面积累。

6.7.2.3 不同活性炭对溶解性有机碳（DOC）的去除

将采集的水样通过孔径为 0.45 μm 的膜过滤后，使用总有机碳分析仪（岛津 TOC-V，日本）测定 DOC。在小试期间，不同活性炭柱对 DOC 的去除率如图 6－19 所示。

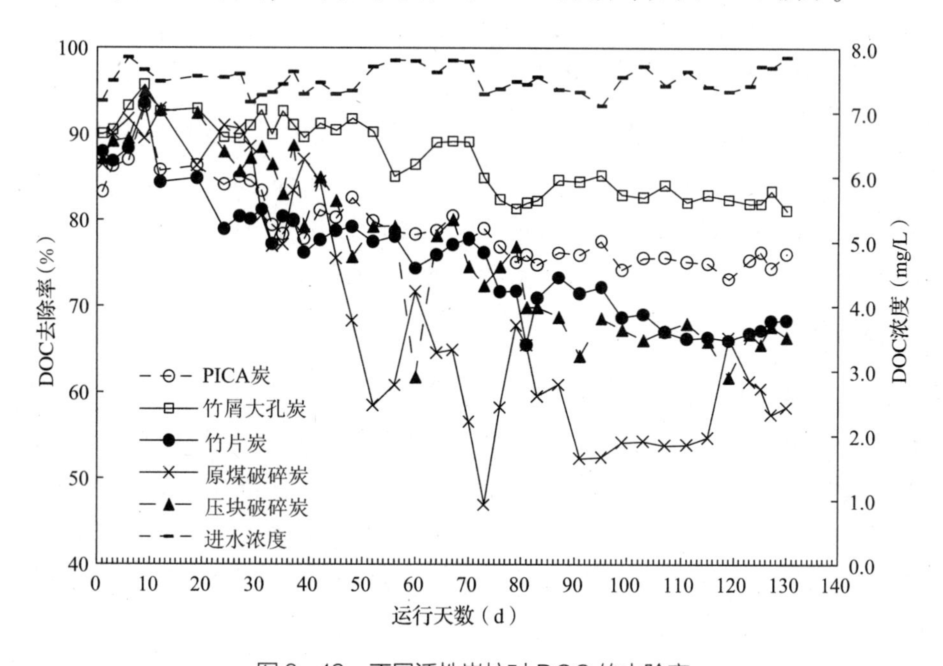

图 6－19　不同活性炭柱对 DOC 的去除率

从图 6－19 可以看出，在活性炭柱运行的 130 d 中，5 根活性炭柱都经历了吸附期、过渡期和稳定期。其中，前 20 d 为吸附期，在此期间，不同活性炭柱对 DOC 的去除率均达 80% 以上，竹屑大孔炭与压块破碎炭的去除率甚至达 90% 以上，即 DOC 中仅有 10%～20% 为不可吸附有机物，且该百分比随着活性炭吸附能力的增强而降低。比较 5 根活性炭柱的吸附特性可以发现，五种活性炭对水中有机物的吸附作用相近：竹屑大孔炭、压块破碎炭的吸附能力最强，原煤破碎炭的吸附能力亦较强，但波动较大，竹片炭和 PICA 炭的吸附能力稍差。随着活性炭表面的吸附位逐渐达到饱和，活性炭柱慢慢进入过渡期（20～80 d），在此期间，活性炭柱对 DOC 的去除率逐渐降低，但由于 GAC 逐渐转化为 BAC，活性炭表面生物膜对 DOC 的生物降解作用逐渐增强，因此出水 DOC 浓度不会持续降低。活性炭柱运行 80 d 后，出水 DOC 浓度保持稳定，即活性炭柱进入了稳定期。在稳定期，竹屑大孔炭对 DOC 的去除率最高（约为 83%），其次为 PICA 炭（约为 75%），再次为竹片炭（68%）、压块破碎炭（66%）和原煤破碎炭（56%），即竹屑大孔炭对 DOC 的去除率较市售普通压块破碎炭和原煤破碎炭分别高 25.8% 和 48.2% 。

小试结论与前述吸附试验结论相吻合，再一次验证了竹屑大孔炭具有较强的吸附能力，即竹屑大孔炭为微生物生长提供了“宜居条件”，可用于以吸附有机污染物为主的给水深度处理阶段。

6.7.2.4 不同活性炭的生物量和生物活性比较

当活性炭柱运行到不同阶段时，分别测定了 5 根炭柱表层活性炭的生物量和生物活性：通过单位质量炭样异养菌平板计数（heterotrophic plate count，HPC）和三磷酸腺苷（adenosine triphosphate，ATP）含量反映炭颗粒表面的生物量，通过单位质量炭样耗氧速率（oxygen uptake rate，OUR）反映炭颗粒表面的生物活性。

1. 不同活性炭柱的 HPC

采用 R2A 培养基倾注平板法，在 22 ℃下培养 168 h 后测定 HPC。具体操作步骤如下：取 500 mg 左右炭样，加入 5 mL 脱附溶液（脱附溶液配方为：界面活性剂 Zwittergent 3－12 10^{-6}mol/L、蛋白胨（peptone）0.1 g/L、EGTA 10^{-3} mol/L、三羟甲基氨基甲烷（Tris）缓冲溶液 0.01 mol/L（pH＝7.0）），于 4 ℃保存；对加入了脱附溶液的炭样进行超声处理，超声时间为 10 min；吸取一定量超声后的悬浊液，稀释至合适的浓度；在 R2A 培养基中培养 7 d，7 d 后记录培养皿中的菌落数，计算得到单位质量炭样的 HPC 值。不同运行时期各活性炭柱的 HPC 结果如图 6－20 所示。

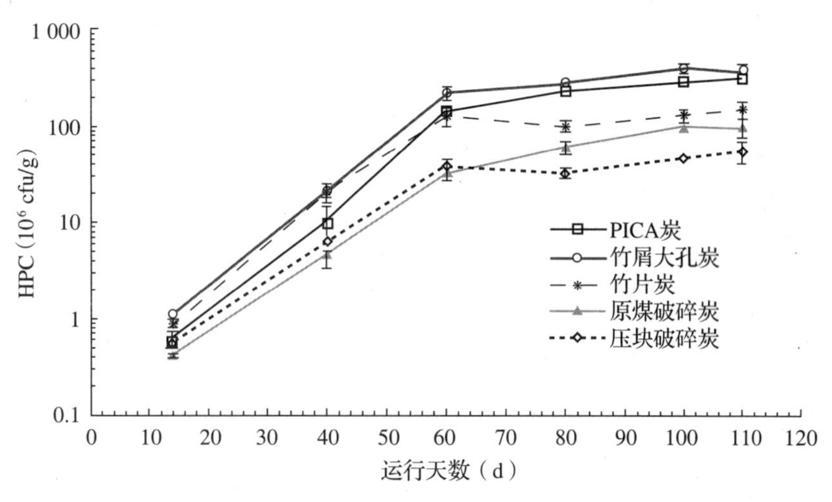

图6－20　不同运行时期活性炭柱炭颗粒表层生物量

由图 6－20 可知，炭柱运行 40 d 时，活性炭表面积累了大量的微生物，其中竹屑大孔炭和竹片炭的生物量最高，为 4.7×10^6～2.1×10^7 cfu/g，与 14 d 时相比平均增加了 1 个数量级左右；至稳定运行阶段（80 d 以后），竹屑大孔炭、PICA 炭和竹片炭的生物量均达到了 10^8 数量级，其次为原煤破碎炭和压块破碎炭，其生物量均为 10^7 数量级。由于在试验中各炭柱运行条件相同，且炭柱进水中含有较为丰富的易生物降解的有机物（本试验中用葡萄糖），即营养物质不是限制微生物生长的因素，因此活性炭的性质是决定炭柱表层生物量的主要因素。这可以用活性炭所具有的大孔比表面积和大孔容积进行解释：由表 6－9 可知，竹屑大孔炭、PICA 炭和竹片炭的大孔比表面积较普通活性炭大 1.5 倍以上，从而为微生物提供了足够的可附着的表面积；更为重要的是竹屑大孔炭、PICA 炭和竹片炭的大孔容积是普通原煤破碎炭和压块破碎炭的 2～3 倍，从而为微生物繁衍生息提供了“宜居条件”，即增加适于微生物生长的大孔有利于微生物附着和繁衍生息。其中竹片炭有最大的大孔容积和大孔比表面积，但其在稳定期生物量却有所下降，详细原因分析见 6.7.2.6 节。

到稳定运行阶段，竹屑大孔炭的生物量较原煤破碎炭和压块破碎炭分别高 300% 和 795%，较 PICA 炭和竹片炭分别高 39.5% 和 212%。

图 6－21 比较了稳定期 5 根炭柱的 DOC 去除率与生物量（取第 110 d 的 HPC 值）的关系，两者之间存在较好的相关性，相关系数为 0.791 8，即增加炭颗粒表面的生物量有助于提高生物活性炭对有机污染物的去除效果。

2. 不同活性炭柱的 OUR

OUR 采用 Unisense 微呼吸测定系统，用氧电极连续测定生物膜系统的溶解氧变化，以单位时间单位质量生物膜的氧气消耗速率计。不同运行时期各活性炭柱的 OUR 如图 6－22 所示。

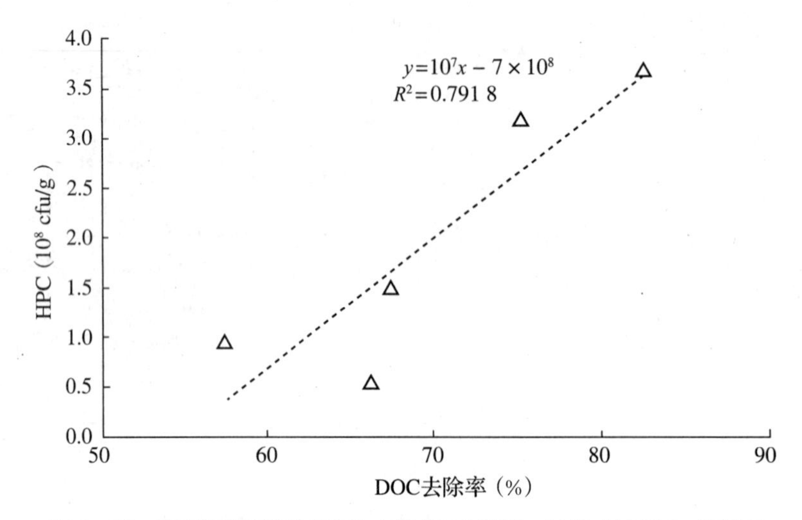

图6－21　稳定期炭柱的的 DOC 去除率与生物量（110 d HPC）的关系

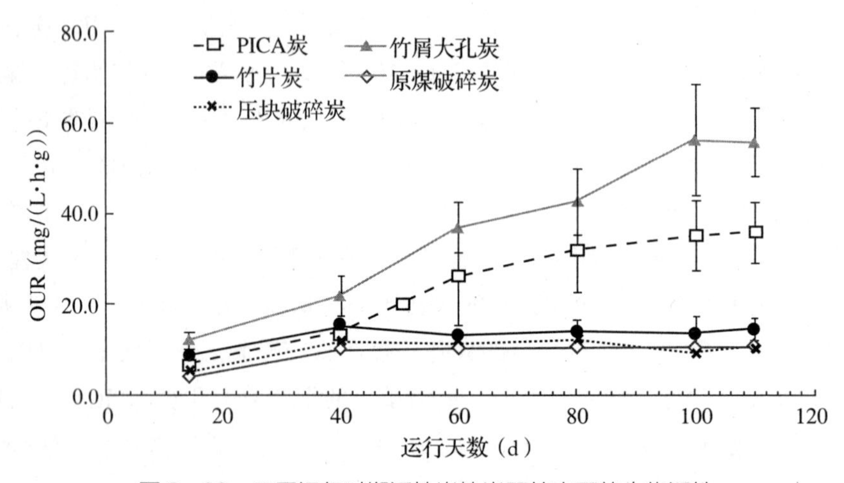

图6－22　不同运行时期活性炭柱炭颗粒表面的生物活性

图6－22比较了不同运行时期各活性炭柱的生物活性。在运行初期，各活性炭柱炭颗粒表面的生物活性差异不大，其中竹屑大孔炭的生物活性略高；随着生物量积累，竹屑大孔炭生物活性的增长最显著，从第14 d的12.1 mg/(L·h·g) 增加至第100 d的56.1 mg/(L·h·g)，此后基本保持稳定；PICA炭生物活性的增长也较为明显，从第14 d的7.1 mg/(L·h·g) 增加至第100 d的35.0 mg/(L·h·g)，此后基本保持稳定；竹片炭、原煤破碎炭和压块破碎炭的生物活性几乎没有增长。这表明竹屑大孔炭和PICA炭的内部孔隙结构适于微生物生长和增殖，从而在积累生物量的同时保证了微生物的活性。

另外，结合稳定期活性炭柱的DOC去除效果（图6－21）可以看出：生物活性高的炭柱，整体上DOC去除率也较高。这是由于竹屑大孔炭和PICA炭表面吸附的大量有机物可以作为生物膜的第二个营养来源，从而维持了生物膜继续增长，并使其保持了生物活性，即吸附作用与生物作用协同进行，形成了一个良性的循环。

3. 不同活性炭柱的 ATP 含量

用传统的平板计数法培养出的细菌不超过水样中实际细菌总数的 1%，为了更好地表征活性炭颗粒表面的细菌总量，试验测定了单位质量炭样的 ATP 含量。每个活细胞中都含有 ATP，ATP 在细胞死亡后迅速降解，因此可以通过测定样品的 ATP 含量间接反映活细胞的数量。具体操作步骤如下：取 500 mg 左右炭样，加入 5 mL 脱附溶液；对加入了脱附溶液的炭样进行超声处理，超声时间为 10 min；用移液枪移取 100 μL 超声后的悬浊液，加入 96 孔板中，同时加入 100 μL BacTiter-Glo™反应试剂；避光反应 2 min 后，用多功能酶标仪读取荧光强度；对照 ATP 标准曲线，计算单位质量炭样的 ATP 含量。

图 6－23 为用 ATP 含量表征的 5 根炭柱的生物量积累过程，该图与用 HPC 表征的生物量情况较为一致，五种活性炭中竹屑大孔炭和 PICA 炭有利于生物膜增长，其余三种活性炭的生物量增长则相对有限。炭柱的生物量在运行至 80～100 d 后基本保持稳定，单位质量炭样的 ATP 含量在 150～600 ng/g。

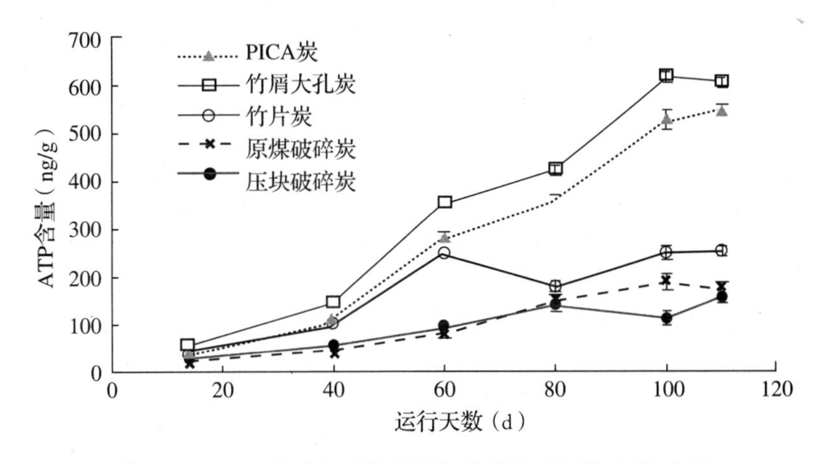

图 6－23 不同运行时期活性炭柱炭颗粒表面的 ATP 含量

6.7.2.5 炭柱生物量、生物活性与活性炭孔径、孔容积的关系

为了找出炭柱生物量、生物活性与活性炭孔隙直径、孔容积的关系，对稳定期炭柱的生物量（HPC）、生物活性（OUR）与孔隙直径、孔容积的关系进行了相关分析，结果如表 6－10、表 6－11 所示。

表 6－10 稳定期炭柱的生物量（HPC）与孔径、孔容积的关系

孔径 *D*	>0.1 μm	0.1～1 μm	1～2 μm	2～5 μm	>5 μm	5～10 μm	>10 μm	10～50 μm	50～100 μm	>100 μm	100～200 μm	200～300 μm	>300 μm
竹屑大孔炭	0.804 5	0.155 4	0.085 8	0.042 9	0.350 0	0.021 1	0.328 9	0.054 4	0.047 1	0.227 4	0.009 3	0.136 9	0.081 2

（续）

PICA 炭	0. 756 1	0. 121 8	0. 043 1	0. 031 2	0. 355 6	0. 022 7	0. 332 9	0. 080 4	0. 037 4	0. 215 1	0. 007 9	0. 113 4	0. 093 8
竹片炭	0. 801 7	0. 251 5	0. 079 3	0. 037 6	0. 343 9	0. 020 5	0. 323 4	0. 109 6	0. 061 1	0. 152 7	0. 010 8	0. 090 8	0. 051 1
原煤破碎炭	0. 293 9	0. 090 1	0. 019 6	0. 010 0	0. 174 1	0. 012 5	0. 161 6	0. 054 8	0. 020 9	0. 085 9	0. 036 4	0. 033 8	0. 015 7
压块破碎炭	0. 381 2	0. 123 6	0. 076 3	0. 035 9	0. 145 5	0. 003 5	0. 142 0	0. 015 4	0. 016 1	0. 110 5	0. 041 0	0. 045 4	0. 024 1
相关系数	0. 690	0. 059	0. 056	0. 191	0. 550	0. 793	0. 556	0. 219	0. 447	0. 919	0. 804	0. 893	0. 788

表 6－11　稳定期生物活性（OUR）与孔径、孔容积的关系

孔径 *D*	>0. 1 μm	0. 1～1 μm	1～2 μm	2～5 μm	>5 μm	5～10 μm	>10 μm	10～50 μm	50～100 μm	>100 μm	100～200 μm	200～300 μm	>300 μm
竹屑大孔炭	0. 804 5	0. 155 4	0. 085 8	0. 042 9	0. 350 0	0. 021 1	0. 328 9	0. 054 4	0. 047 1	0. 227 4	0. 009 3	0. 136 9	0. 081 2
PICA 炭	0. 756 1	0. 121 8	0. 043 1	0. 031 2	0. 355 6	0. 022 7	0. 332 9	0. 080 4	0. 037 4	0. 215 1	0. 007 9	0. 113 4	0. 093 8
竹片炭	0. 801 7	0. 251 5	0. 079 3	0. 037 6	0. 343 9	0. 020 5	0. 323 4	0. 109 6	0. 061 1	0. 152 7	0. 010 8	0. 090 8	0. 051 1
原煤破碎炭	0. 293 9	0. 090 1	0. 019 6	0. 010 0	0. 174 1	0. 012 5	0. 161 6	0. 054 8	0. 020 9	0. 085 9	0. 036 4	0. 033 8	0. 015 7
压块破碎炭	0. 381 2	0. 123 6	0. 076 3	0. 035 9	0. 145 5	0. 003 5	0. 142 0	0. 015 4	0. 016 1	0. 110 5	0. 041 0	0. 045 4	0. 024 1
相关系数	0. 504	0. 002	0. 019	0. 193	0. 578	0. 514	0. 578	0. 051	0. 131	0. 899	0. 599	0. 776	0. 927

由表 6－10、表 6－11 可知，生物量和生物活性与大孔（孔径大于 0. 1 μm）容积的相关系数较小，分别为 0. 690 和 0. 504，而与孔径大于 100 μm 的孔的容积有较好的相关性，相关系数分别为 0. 919 和 0. 899，其次是孔径大于 300 μm 的孔的容积。由此可知，增加直径大于 100 μm 的大孔，有利于微生物的生长、繁殖，但在给水处理中，活性炭除了作为生物载体外，还需承担去除有机物的任务，故希望其在含有大孔的同时也有适当比例的微孔和中孔。这一结论为进一步提高大孔生物活性炭的处理效果提供了理论和现实依据。

6. 7. 2. 6　不同活性炭的微生物电镜观察

图 6－24 给出了 PICA 炭、竹屑大孔炭及竹片炭生长生物膜前后的电镜照片，可以看出：PICA 炭、竹屑大孔炭表面覆盖了一层生物膜，能观察到球菌、短杆菌和丝状菌等；生物膜表面附着了非细胞物质，如丝状胞外分泌物，可以建立细胞间的联系并对生物膜起到保护作用。炭颗粒的剖面图证明确实有细菌颗粒进入活性炭颗粒的内部。但并非所有的大孔均适合微生物附着、生长、繁殖，竹片炭的表面光滑处仅有部分生物膜覆盖，即生物膜倾向于生长在炭颗粒表面凹陷、粗糙的部分。竹屑大孔炭和 PICA 炭的二次孔隙结构为微生物提供了“宜居条件”：凹凸不平的大孔外表面使微生物免受或少受水流剪切力的作用，且其内部可以储存丰富的基质、营养物质，这些都有利于微生物的附着。由此可以推

断，竹片炭初期生物量很高，而后期生物量和生物活性降低的原因应该是：虽然竹片炭的大孔结构为微生物的生长和繁殖提供了表面和空间，但不适于微生物附着，反冲洗容易使其脱落，从而导致竹片炭后期生物量和生物活性降低。

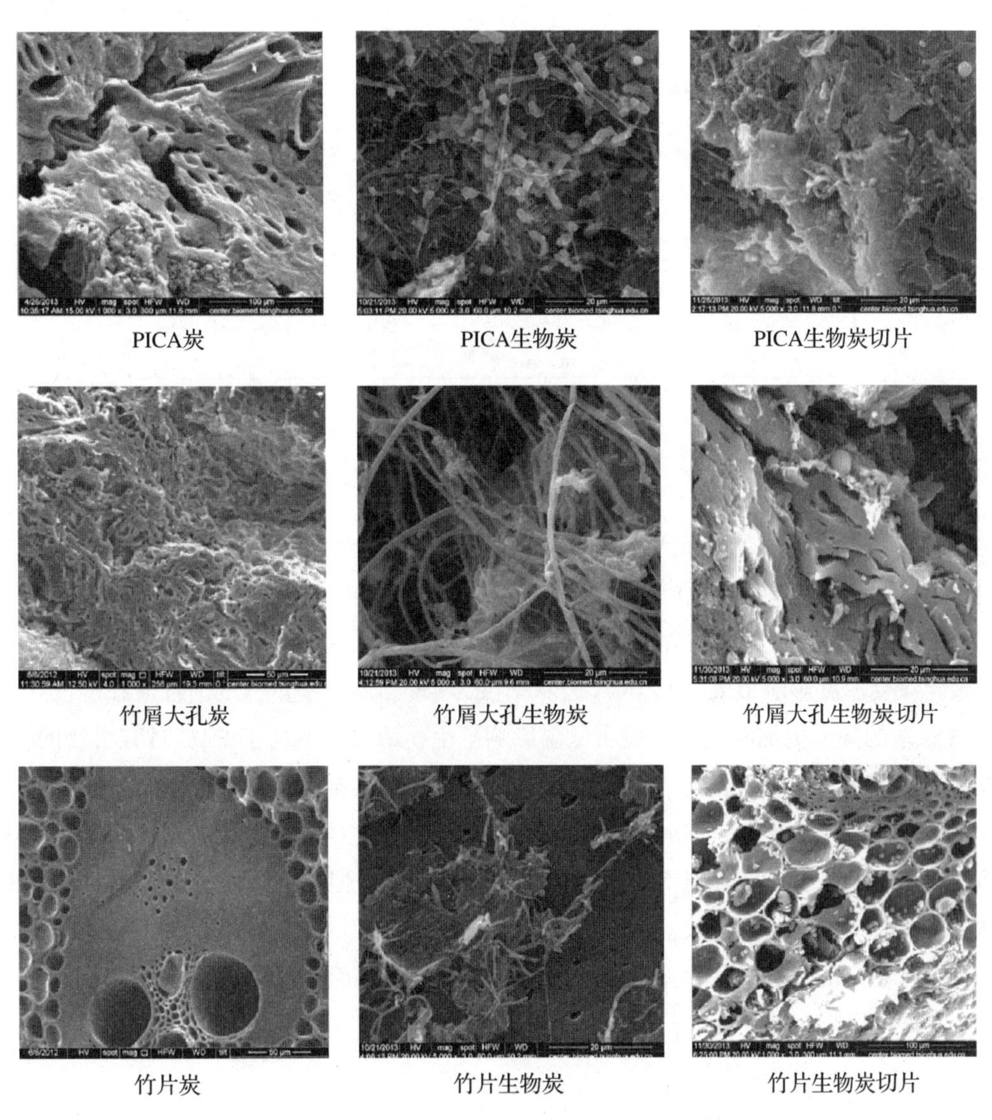

图6－24　PICA炭、竹屑大孔炭及竹片炭生长生物膜前后的电镜照片

6.7.2.7　不同活性炭常温和低温DOC去除效果及生物活性比较

试验进行到120 d后考察了低温对活性炭柱运行的影响。低温试验在温度不高于4 ℃的冷库中进行，保证了对温度的严格控制。活性炭柱在低温下运行20 d，之后恢复到常温条件。考察了常温和低温下活性炭柱对DOC的去除效果、生物量和生物活性的变化情况。图6－25给出了将稳定运行的活性炭柱移至低温冷库中及恢复到常温后DOC去除率的变化。

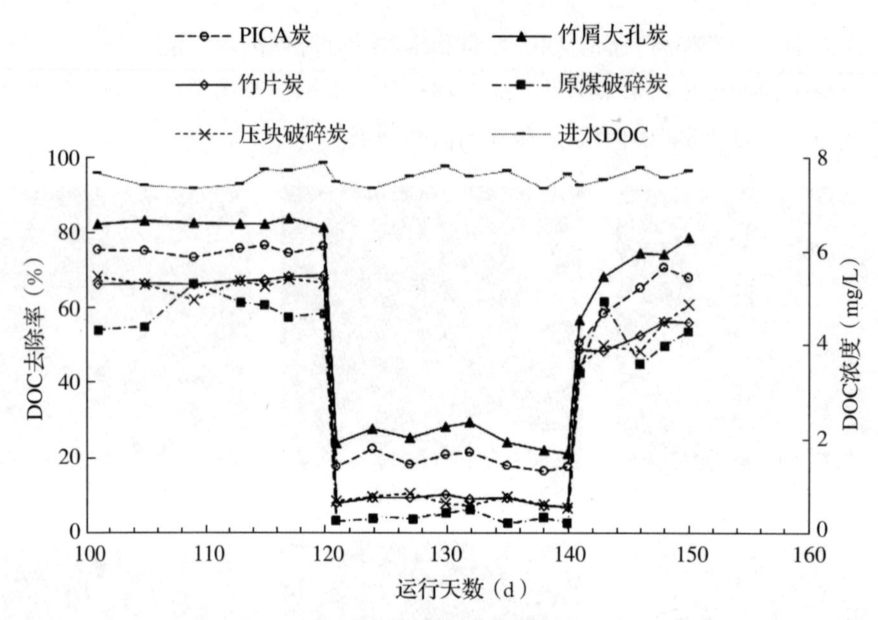

图6－25　不同活性炭常温和低温 DOC 去除效果

由图 6－25 可知，温度降低，DOC 去除效果明显变差，但生物量较高的竹屑大孔炭和 PICA 炭耐受低温能力较强，在较低温度下亦保持了较高的 DOC 去除率，分别为 25.17% 和 17.22%；竹片炭和压块破碎炭耐受低温能力较弱，其对有机物仅有约 8% 的去除率；原煤破碎炭受温度影响最大，其 DOC 去除率仅为 4%，即生物量低的活性炭在温度降低时 DOC 去除率的降低更加明显。这表明低温影响了生物活性，不利于 BAC 对有机物的去除。炭柱恢复常温运行后，各活性炭柱对 DOC 的去除效果逐渐恢复，即生物活性渐渐恢复。竹片炭虽然有较多的大孔，但其耐受低温能力较弱，这主要是因为其内部保留了竹子本身的输送通道结构，虽然能提供更多供微生物附着的表面，但这些孔隙是敞开式的，因此导致微生物受外界温度影响较大。

将运行稳定的活性炭柱移至低温冷库中及恢复到常温后 OUR 的变化如图 6－26 所示。

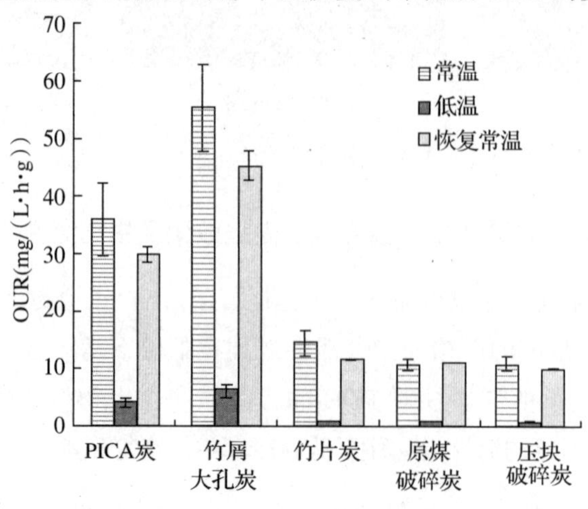

图6－26　不同活性炭常温和低温生物活性

由图6－26可知，温度降低，生物活性迅速降低，即微生物代谢反应速率常数减小，恢复常温后生物活性逐渐恢复。其中PICA炭和竹屑大孔炭的生物活性降低幅度较小，为常温时的1/20～1/10，但由于PICA炭和竹屑大孔炭在常温时生物量较高，故在低温时亦保持了较高的生物量，从而保证了低温时较高的DOC去除率。竹片炭、压块破碎炭和原煤破碎炭的生物活性仅为常温时的1/20左右，故导致了其在低温下DOC去除率大大降低（图6－25）。结合常温、低温时的生物量、生物活性及大孔分布结构特性可知，竹屑大孔炭和PICA炭所具有的可供细菌繁衍生息的内部孔隙结构为微生物提供了“宜居条件”，不仅增加了生物附着量，而且减小了低温对微生物的影响，最大限度地保持了生物活性，从而保持了较高的DOC去除率。这一结论为解决生物活性炭在低温下处理效率降低的技术难题提供了理论基础和技术保障。

6.8 适合生物处理用大孔活性炭的总结

针对低温下BAC处理效果变差这一技术瓶颈，我们研发出一种具有一定比例的微孔、中孔结构的大孔活性炭，并对其进行了应用研究，主要结论如下。

6.8.1 成功研发出大孔活性炭

（1）从原材料对活性炭孔隙结构的影响着手，并结合中国实际情况初步选定了竹子和褐煤作为大孔活性炭的原材料，成功研发出竹质大孔活性炭。

（2）对大孔活性炭的产业化生产成本进行了核算，发现其利润率很高。

6.8.2 应用效果较好

通过吸附试验、小柱子试验、中试及示范基地试验对大孔活性炭的应用进行了研究，结果表明大孔活性炭适合用作生物活性炭，其对有机物有很好的吸附效果。小试表明：大孔活性炭对DOC的去除率较市售原煤破碎炭和压块破碎炭分别高48.2%和25.8%；其生物量较原煤破碎炭和压块破碎炭分别高300%和795%，较PICA炭和竹片炭分别高39.5%和212%。而且大孔活性炭在低温时亦保持了较高的生物量。电镜照片显示确实有细菌颗粒进入活性炭颗粒的内部，可观察到球菌、短杆菌和丝状菌等。但并非所有的大孔均适合微生物附着、生长、繁殖。竹片炭的表面光滑处仅有部分生物膜覆盖，而竹质大孔活性炭的二次孔隙结构则为微生物提供了“宜居条件”，即适于微生物生长的活性炭不仅要有大孔结构，而且要适于微生物生存。

6.8.3 建议

6.8.3.1 生产过程

由于竹醋液用途广泛，可用于泡脚、治痱子等，而生产 1 t 活性炭可回收 510 kg 竹醋液，因此在大孔活性炭的实际生产中可增加回收竹醋液的装置。另，可考虑在竹屑大孔活性炭的制造过程中添加褐煤，制造竹屑和褐煤混合的大孔活性炭。

6.8.3.2 应用过程

(1) 继续进行中试及生产性试验，观察大孔活性炭在使用过程中的变化情况，并初步判定其使用寿命，为其后续推广和应用提供实践基础；

(2) 对不能满足水质要求的大孔活性炭进行再生，研究再生后活性炭的变化情况，为进一步提高产品质量提供应用基础；

(3) 研究低温（3 ℃）下大孔活性炭的水处理效果，为其在北方地区推广和应用奠定实践基础。

第 7 章 BAC 工艺生物活性炭的循环再利用

7.1 BAC 工艺生物活性炭失效

7.1.1 BAC 工艺生物活性炭失效的概念

BAC 工艺在我国给水深度处理中获得了广泛应用并取得了良好效果，据不完全统计，截至 2020 年底全国范围内已有超过 120 个水厂采用 BAC 工艺，总处理能力超过 4 000 万 m^3/d，占地表水厂处理能力的 30% 以上。随着上海、江苏、山东等地全面推行给水深度处理，其规模将呈继续扩大趋势。然而，当 BAC 工艺运行了一定时间后，其出水水质将不达标，此时生物活性炭成为失效生物活性炭（spent biological activated carbon，SBAC，简称失效活性炭）。活性炭失效（饱和）的概念，可以通过活性炭层高度与穿透时间的图示（图 4－7）来表示，当出水中控制指标物质到达穿透点时，活性炭吸附池内的活性炭失效，需要更换或再生。

给水处理厂在大规模使用 BAC 工艺的同时，必将面临失效活性炭更换或再生的问题。然而，目前对 BAC 工艺的研究主要包括对吸附、生物降解等的机理研究和对 BAC 的应用研究，而对 BAC 工艺中 SBAC 合理再应用的研究则很少见报道。目前，国内最早一批使用 BAC 工艺的给水深度处理厂正面临这一问题，而针对水厂用炭所提出的《生活饮用水净水厂用煤质活性炭》（CJ/T 345—2010）并未对此做出任何规定，因此迫切需要修订，即需要给 SBAC 指明一条出路：合理再应用或成为固体废物。

本书作者于 2017 年 11 月对江苏、上海、浙江等地几个有代表性的使用 BAC 工艺的水厂进行了调研，其中只有极少数水厂对活性炭进行了再生回用，其他水厂的失效活性炭均未得到合理的再利用。无疑，SBAC 的随意处置和使用必将引起严重的环境问题和产生二次污染风险，同时也造成了资源的巨大浪费。

7.1.2 BAC 工艺是否换炭的判定依据

生活饮用水净水厂的控制指标一般是 COD_{Mn}、三卤甲烷前驱物和臭味，三者之中有一项达不到标准，即认为活性炭失效。因此，各个净水厂应以控制指标为依据，并结合自身情况综合考虑。如出现下述情况，则应更换活性炭。

（1）COD_{Mn} 去除率低于 15%。

（2）三卤甲烷前驱物去除率低于 20%。

（3）二甲基异莰醇去除率低于 50%。

（4）翻新炭池。如以长江水（进水浓度约为 2.0 mg/L）为水源的水厂在使用活性炭 8 年后，以黄浦江水（进水浓度约为 4.0 mg/L）为水源的水厂在使用活性炭 5 ~6 年后，需要翻新炭池，同时更换至少 50% 的活性炭。

7.2 BAC 工艺 SBAC 直接再利用的理论和实践基础

7.2.1 SBAC 直接再利用的理论基础

活性炭的活化温度决定了其表面官能团的组成，在低温（200 ~400 ℃）下活化的炭通常会形成酸性表面位点，表现出负的 Zeta 电位，并主要从溶液中吸附碱，呈亲水性；在较高温度（800 ~1 000 ℃）下活化的炭将形成碱性表面位点，表现出正的 Zeta 电位。BAC 工艺要求活性炭对有机污染物具备优异的吸附性能，这决定了其对高温活化的要求，从而使活性炭呈现碱性表面位点，因此活性炭对通常以离子或含水离子络合物的形式存在于溶液中的金属没有或只有很弱的吸附能力。由于吸附效率取决于吸附质和吸附剂的化学性质、特定的表面积、孔径结构等，因此许多关于活性炭从水溶液中去除金属的研究旨在改变活性炭的表面性质，以增加其酸性表面官能团。理论上，对活性炭进行氧化处理非常有利于增强金属离子的吸收，也是迄今为止研究最多的技术。虽然特定的处理方法有利于提高金属离子的吸收量，但会增加成本，并显著降低活性炭对水溶液中的有机物的吸收能力。

在 BAC 工艺中，没有进行任何表面处理的活性炭缺乏酸性表面官能团，导致其去除重金属的能力很弱。由于在 BAC 工艺中有三个主要过程——氧化、吸附和生物降解，涉及复杂的化学、物理和生物效应，而活性炭是还原剂，其表面易与氧化剂发生反应。日本的获原茂示曾提出活性炭表面氧化和氢化后的模型，如图 7 -1 所示。

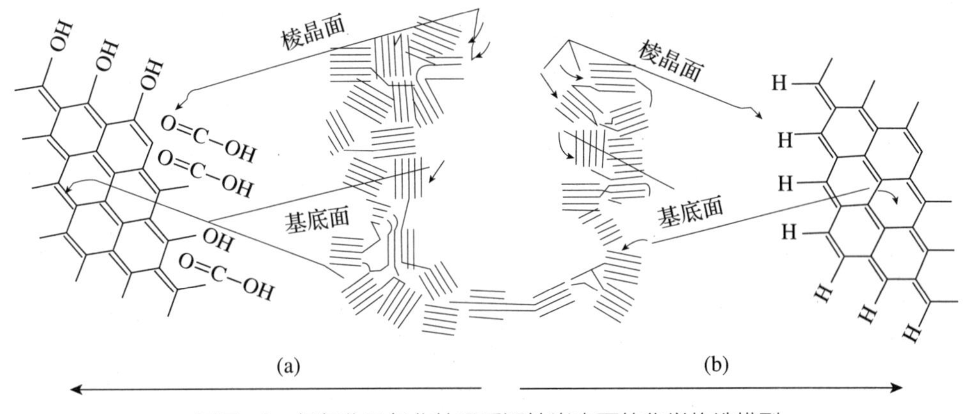

图 7-1　经氧化及氢化处理后活性炭表面的化学构造模型

（a）表面氧化　（b）表面氢化

由图 7-1 可见，活性炭表面氧化后羧基（—COOH）和酚羟基（—OH）有所增加，导致负电位增大，也就是活性炭表面的酸性增强。在 BAC 工艺中，通过 O_3为微生物提供的氧气以及水中的溶解氧都有可能造成活性炭表面氧化，进而增强活性炭表面的酸性，有利于活性炭对金属离子的吸附。

7.2.2　SBAC 直接再利用的实践基础

针对 SBAC 合理再利用这一迫切需要解决的问题，本书作者对南方某 BAC 工艺给水深度处理厂使用 5 年的活性炭样品进行了采样、表征和测试。通常 BAC 工艺中的细菌积累持续 2～3 个月后达到稳定状态，即完成从新 GAC 到 BAC 的过渡并且处于稳定状态，因此使用 5 年的 SBAC 能够反映 BAC 过程（氧化、吸附和生物降解）对活性炭的特征的影响。

初步分析结果表明，与新活性炭相比，SBAC 对重金属具有超强的吸附能力，即 BAC 工艺赋予了 SBAC 去除重金属的新特征（详见 7.3 节）。无疑，这为其合理再利用提供了实践基础，并将为 BAC 工艺的进一步发展提供理论和技术支撑。

7.3　BAC 工艺 SBAC 去除重金属的功能

7.3.1　研究方案及方法

7.3.1.1　水厂简介及样品采集

本研究所使用的活性炭样品采集自南方某采用“混凝＋沉淀＋BAC（O_3/GAC）”组合工艺的水厂。该水厂的处理能力为200 000 m^3/d，空床接触时间（EBCT）为 14 min，炭层高度为2.0 m，臭氧剂量为2.0～2.5 mg/L，接触时间为24 min。该水厂处理的水平均化学需氧量（COD_{Mn}）为6.0～7.5 mg/L。该水厂的出水水质优于《生活饮用水卫生标准》（GB 5749—2006），平均浊度<0.15 NTU，COD_{Mn}<1.50 mg/L，NH_3-N<0.02 mg/L。该水厂使用的新活性炭是采用水蒸气活化法制备的煤质活性炭（AC），其尺寸为8目×30目，均匀系数为1.5～2.0。

7.3.1.2 AC样品的表征

采用FEI Quanta 200显微镜对样品进行SEM分析；使用全自动比表面积和孔径分布仪（Autosorb-iQ2-MP）在77 K下测定N_2吸附－脱附等温线，并采用t方法、BJH法分别计算AC的微孔容积和中孔容积；采用ASTM标准测定方法D3838-05（2011）测定AC的pH值；使用纳米粒度与Zeta电位分析仪（Delsa Nano C，贝克曼库尔特商贸有限公司（Beckman Coulter Commercial Enterprise Co.，Ltd.））、FT-IR光谱仪（Fourier-870 FT-IR，美国）、X射线光电子能谱仪（XPS）（Thermo Scientific ESCALAB 250Xi）分别测定AC的Zeta电位、AC的表面官能团以及AC样品表面的元素组成和化学键合状态。

7.3.1.3 AC表面极性成分分析

在测定之前，首先使用二氯甲烷通过加速溶剂萃取器（ASE 350，Dionex）提取新AC和SBAC样品。然后使用硅胶柱（TR-5MS GC Column 15 m×0.25 mm，安捷伦科技有限公司（Agilent Technologies））将1 μL提取物直接注入气相色谱－质谱联用仪（GC-MS）进行提取物的分析。

7.3.1.4 续批式吸附试验

世界卫生组织（WHO）发布的《饮用水水质准则》（第4版）将饮用水中Pb（Ⅱ）和Cd（Ⅱ）的限值分别设置为10 μg/L和3 μg/L，我国的《生活饮用水卫生标准》（GB 5749—2006）中Pb（Ⅱ）和Cd（Ⅱ）的最大可接受浓度分别为10 μg/L和5 μg/L。综合考虑饮用水水质标准以及水源水质，本试验将Pb（Ⅱ）和Cd（Ⅱ）的初始浓度设定为小于或等于200 μg/L。通过用超纯水（Millipore Milli-Q超纯水仪）稀释重金属标准溶液（1 000 μg/mL），获得所需浓度的Pb（Ⅱ）、Cd（Ⅱ）和As（Ⅴ）试验溶液。

首先对SBAC样品进行自然干燥，新活性炭（Virgin AC）不需要进行任何预处理。然后根据ASTM标准对AC进行吸附试验。吸附试验在1 000 mL锥形烧瓶中进行，其工作体积为500 mL，转速为120 r/min，温度为25 ℃。按ASTM标准方法吸附2 h后，采用ICP-MS（X Series Ⅱ，热电公司（Thermo Electron Corporation））测定溶液中Pb（Ⅱ）、Cd（Ⅱ）和As（Ⅴ）的浓度。

7.3.1.5 吸附等温线和动力学模型分析

采用 Langmuir 和 Freundlich 吸附等温线模型进行数据分析（详见第3章），并分别采用准一级动力学模型、准二级动力学模型和颗粒内扩散模型分析其吸附动力学特性，方程式分别为

$$\ln\frac{q_e - q_t}{q_e} = -k_1 t \tag{7-1}$$

$$\frac{t}{q_t} = \left(\frac{1}{k_2 q_e}\right)^2 + \frac{t}{q_e} \tag{7-2}$$

$$q_t = k_i t^{\frac{1}{2}} + C \tag{7-3}$$

式中 k_1——准一级吸附的速率常数，1/min；

k_2——准二级吸附的速率常数，g/(mg · min)；

k_i——颗粒内扩散的速率常数，mg/(g · $min^{0.5}$)；

C——反映边界层效应的截距。

7.3.2 SBAC 去除重金属的功能

7.3.2.1 SBAC 对 Pb（Ⅱ）、Cd（Ⅱ）和共存离子的吸附能力

通过测定溶液中金属的初始浓度和平衡浓度来确定 SBAC 吸附 Pb（Ⅱ）、Cd（Ⅱ）和共存离子的能力，结果分别示于表 7-1（a）~（d）中。

表 7-1 SBAC 对 Pb（Ⅱ）、Cd（Ⅱ）和共存离子的吸附能力

（a）SBAC 对 Pb（Ⅱ）的吸附能力

序号	初始 Pb（Ⅱ）浓度（μg/L）	平衡 Pb（Ⅱ）浓度（μg/L）	SBAC 剂量（mg/L）	q_e（μg/mg）	R（%）
1	51.02 ±0.09	6.35 ±0.05	50.00	0.89	87.56
2	52.46 ±0.12	2.26 ±0.12	62.90	0.80	95.70
3	183.10 ±0.05	42.43 ±0.15	56.50	2.49	76.83
4	194.24 ±0.08	25.54 ±0.11	99.50	1.70	86.85
5	194.24 ±0.11	9.46 ±0.09	152.50	1.21	95.13

（b）SBAC 对 Cd（Ⅱ）的吸附能力

序号	初始 Cd（Ⅱ）浓度（μg/L）	平衡 Cd（Ⅱ）浓度（μg/L）	SBAC 剂量（mg/L）	q_e（μg/mg）	R（%）
1	54.70 ±0.13	10.70 ±0.09	45.00	0.98	80.44
2	60.41 ±0.07	8.39 ±0.14	103.20	0.50	86.12
3	220.85 ±0.20	41.26 ±0.21	151.50	1.19	81.32

(c) SBAC 对共存离子 Pb（Ⅱ）和 Cd（Ⅱ）的吸附能力

序号		初始浓度（μg/L）	平衡浓度（μg/L）	SBAC 剂量（mg/L）	R（%）
1	Pb（Ⅱ）	184.50 ±0.15	123.70 ±0.21	149.50	33.00
	Cd（Ⅱ）	199.60 ±0.09	182.45 ±0.18		8.60
2	Pb（Ⅱ）	184.50 ±0.13	58.13 ±0.13	202.50	68.56
	Cd（Ⅱ）	199.60 ±0.11	166.35 ±0.08		16.66

(d) SBAC 对共存离子 Pb（Ⅱ）、Cd（Ⅱ）和 As（Ⅴ）的吸附能力

序号		初始浓度（μg/L）	平衡浓度（μg/L）	SBAC 剂量（mg/L）	R（%）
1	Pb（Ⅱ）	208.70 ±0.08	126.50 ±0.16	154.10	44.88
	Cd（Ⅱ）	200.95 ±0.11	190.85 ±0.09		5.03
	As（Ⅴ）	208.60 ±0.13	209.45 ±0.21		0.00
2	Pb（Ⅱ）	208.70 ±0.08	116.50 ±0.08	205.20	56.44
	Cd（Ⅱ）	200.95 ±0.11	181.65 ±0.11		9.60
	As（Ⅴ）	208.60 ±0.13	216.85 ±0.09		0.00
3	Pb（Ⅱ）	208.70 ±0.08	67.15 ±0.16	250.50	70.64
	Cd（Ⅱ）	200.95 ±0.11	167.10 ±0.13		16.84
	As（Ⅴ）	208.60 ±0.13	205.70 ±0.13		1.40

如表 7－1(a)和(b) 所示，SBAC 对 Pb（Ⅱ）和 Cd（Ⅱ）表现出良好的吸附能力。当保持初始浓度恒定（约 200 μg/L 或更低）时，SBAC 可有效吸附 Pb（Ⅱ）和 Cd（Ⅱ），其最高去除率分别为 95.70% 和 86.12%，与新 AC 的 15% 和 10% 对比，这是一个令人惊讶的结果。此外，与其他吸附剂一样，SBAC 也选择性吸附不同的重金属，并且更容易吸附 Pb（Ⅱ），这在不同重金属离子共存的溶液中表现得更为明显（表 7－1(c)和(d)）。结果表明 SBAC 对 Pb（Ⅱ）具有最佳吸附能力，其次是 Cd（Ⅱ），而 As（Ⅴ）几乎没有去除。也就是说，当 SBAC 用于处理真实水体时，必须根据金属离子的含量和类型调整其投加量。

众所周知，当 BAC 不再生产出所需质量的水时，用过的 AC 将被视为需要再生或处理的固体废物（AWWA B605-2013）。无疑，上述发现将为重复使用或处置固体废物提供新思路，即在炭池内保留一些 SBAC，将使得 BAC 工艺除了具有传统的吸附和生物降解功能外，还具有去除重金属的功能。很显然，与人为改性的 AC 相比，该过程没有引入化学试剂，也不会造成二次污染。此外，如果 SBAC 可以直接重复使用而无须再生或处理，不仅可以延长 AC 的使用寿命，还可以节省资源。更重要的是，该过程不会增加系统的成本，也不会影响对水溶液中有机物的吸附。

7.3.2.2 SBAC 表面特性的变化

为了研究 SBAC 表面特性的变化，以新 AC 为参照，对与重金属吸附密切相关的特性指标进行了分析，包括 pH 值、零电荷点和表面极性组分等。

1. pH 值降低

由于在 BAC 工艺中存在臭氧氧化、吸附和生物降解功能的组合，当含有吸附质的水通过 AC 床时，AC 和水中所含的吸附质之间可能发生化学、物理和生物反应等。在这项研究中，新 AC 的 pH 值为 11.0，而 SBAC（使用 5 年）的 pH 值降低到 6.0，也就是说，SBAC 的表面化学基团从碱性变为酸性，这对去除重金属离子是有利的。

2. 零电荷点（PZC）下降

零电荷点（PZC）是表征活性炭表面酸碱性的一个参数，是活性炭表面电荷为零（即 Zeta 电位为0）时的 pH 值（pH_{PZC}）。当溶液的 pH 值高于 pH_{PZC}时，活性炭表面带负电荷，当溶液的 pH 值低于 pH_{PZC}时，活性炭表面带正电荷，因此 PZC 对活性炭吸附重金属有重要影响。图 7－2 显示了用 Zeta 电位分析仪（Delsa Nano C）测量的在不同 pH 值下新 AC 和 SBAC 样品的 Zeta 电位。

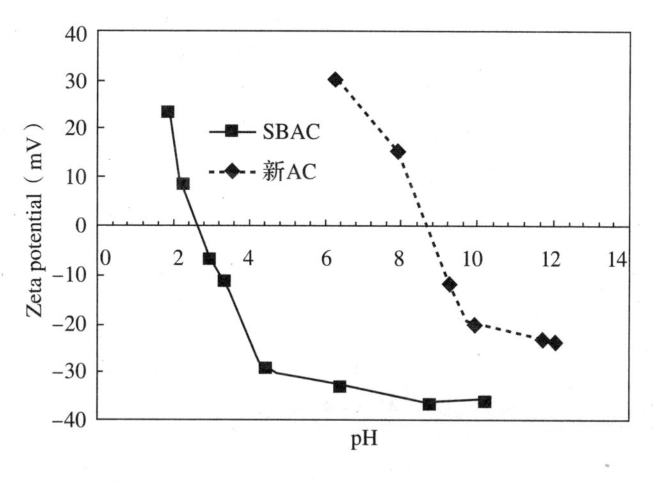

图 7－2　不同 pH 值下活性炭的 Zeta 电位

如图 7－2 所示，由于酸性表面官能团的电离，新 AC 和 SBAC 的 Zeta 电位在负方向上随着溶液 pH 值的升高而增大。新 AC 的 pH_{PZC}为 8.7，SBAC 的 pH_{PZC}为 2.6，这也表明，与新 AC 相比，SBAC 存在更多的酸性表面官能团。

3. 表面极性组分增加

为了研究从新 AC 到 SBAC 特定官能团的详细变化，通过 GC-MS 对新 AC 和 SBAC 的提取物进行了极性组分分析。新 AC 和 SBAC 中极性组分的相对丰度分别如图 7－3(a)和(b)所示。

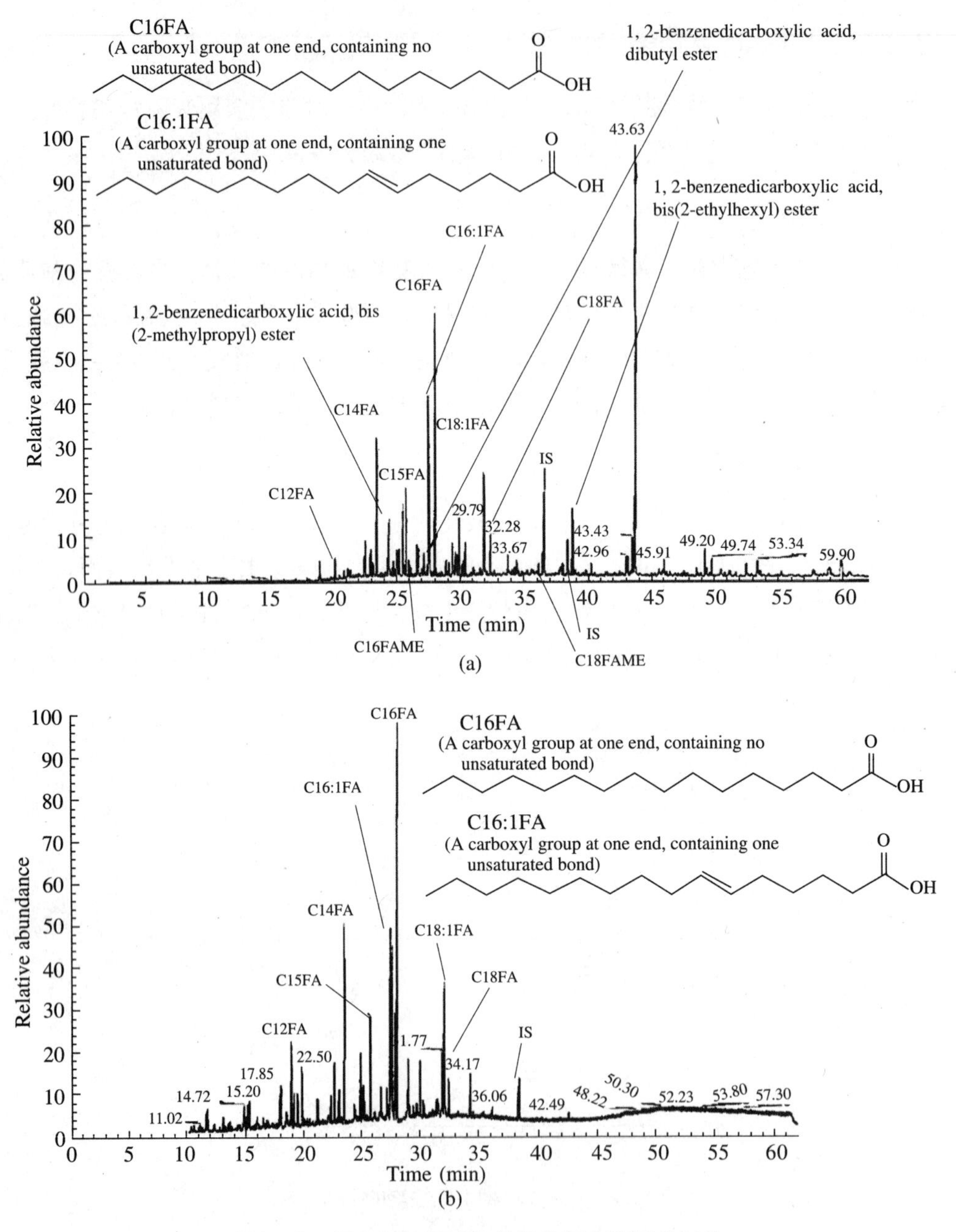

图7-3　新 AC 和 SBAC 的极性组分的相对丰度

（a）新 AC　（b）SBAC

比较图 7-3(a)和(b)，可以观察到极性组分的相对丰度从新 AC 到 SBAC 发生了显著的变化，特别是碳原子数为 12～18 的羧基。为了更清楚地说明这些变化，对图 7-3(a)和(b)的结果进行归纳总结并给出了相对丰度的具体值，如表 7-2 所示，该表清楚地显示了新 AC 和 SBAC 中表面羧基的变化。

表 7－2　新 AC 和 SBAC 的表面羧基的相对丰度

组分	C12FA	C14FA	C15FA	C16:1FA	C16FA	C18FA:1FA	C18FA	平均值
新 AC（%）	6	32	20	41	62	22	9	27
SBAC（%）	22	51	28	50	100	36	14	43
丰度增加值（%）	266.7	59.4	40.0	22.0	61.3	63.6	55.6	81.2

从表 7－2 中可以看出，与新 AC 相比，SBAC 的表面羧基的相对丰度显著增加，特别是 C12FA，其增加值最大为 267%，其次是 C18FA:1FA、C16FA、C14FA、C18FA、C15FA 和 C16:1FA。表面羧基相对丰度的平均值增加了 81.2%（从新 AC 的 27% 增加到 SBAC 的 43%），这应归因于 BAC 的复杂过程（氧化、吸附和生物降解），特别是氧化作用。众所周知，AC 的极性组分不利于有机污染物的吸附，因此增加的羧基官能团将导致 AC 吸附位点的减少，这应该也是 BAC 工艺过程 DOC 去除效率降低的重要原因。然而，这些特定的官能团对吸附重金属至关重要，因为这些基团的螯合作用可使金属阳离子与羧基官能团结合形成络合物，如下式所示：

$$M^{n+} + n(\text{—COOH}) \longrightarrow (\text{—COO})_n M + nH^+ \tag{7-4}$$

上述反应基于阳离子交换机制而发生，其中金属阳离子与先前连接整个羧基的氢离子交换位点，当然，由于这些基团的螯合特性，金属螯合或络合也可能同时发生。毫无疑问，上述发现对于进一步了解 BAC 机制和指导 SBAC 的再利用非常重要。

7.3.2.3　SBAC 吸附 Pb（Ⅱ）的机理分析

为探索其吸附机理，进行了吸附等温线研究和吸附动力学分析，并分析了其影响因素。鉴于饮用水中的 Pb（Ⅱ）含量较低，因此试验均在初始 Pb（Ⅱ）浓度约为 50 μg/L 的条件下进行。

1. 吸附等温线研究

根据吸附试验的结果，用两种广泛使用的吸附等温线（Freundlich 吸附等温线和 Langmuir 吸附等温线）模型对试验数据进行了拟合检验。结果表明，SBAC 对 Pb（Ⅱ）的吸附特性更符合 Freundlich 吸附等温线，$R^2 = 0.9356$，高于 Langmuir 吸附等温线（$R^2 = 0.9044$）。

2. SBAC 剂量的影响

吸附剂剂量对去除 Pb（Ⅱ）的影响在初始 Pb（Ⅱ）浓度为 54.26 μg/L 的条件下进行研究。结果表明，随着 SBAC 剂量从 0 增加到 10 mg/L，Pb（Ⅱ）的去除率急剧升高到 70%；随着吸附剂剂量的进一步增加（从 10 mg/L 增加到 68 mg/L），Pb（Ⅱ）的去除率逐渐升高到 95%，Pb（Ⅱ）的平衡浓度为 2.8 μg/L，远低于 WHO《饮用水水质准则》（第 4

版）和我国《生活饮用水卫生标准》（GB 5749—2006）中的指标（<10 μg/L）的限值。即在低投炭量（68.5 mg/L）下，SBAC 对低浓度的重金属 Pb（Ⅱ）（54.26 μg/L）具有良好的去除效果。

3. 吸附动力学分析

SBAC 对 Pb（Ⅱ）的吸附动力学试验也在初始 Pb（Ⅱ）浓度为 54.26 μg/L 的条件下进行，其结果如图 7－4(a) 所示。其中 SBAC 的剂量保持在 62.9 mg/L，根据表 7－1(a) 可知，SBAC 的剂量足以吸附溶液中的 Pb（Ⅱ）。

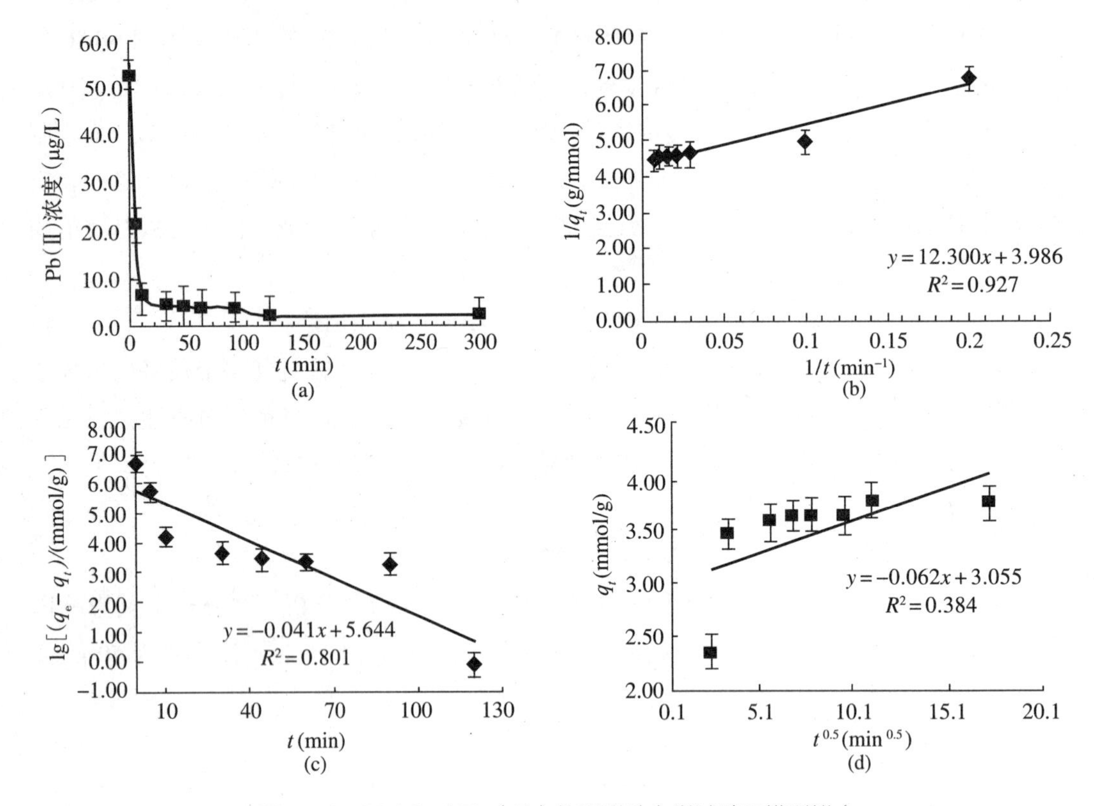

图 7－4　SBAC 对 Pb（Ⅱ）的吸附动力学试验和模型拟合

（c_0 = 54.26 μg/L，SBAC 剂量 = 62.9 mg/L，pH = 6.81，t = 2 h，T = 25 ℃，120 r/min）

（a）吸附动力学试验　（b）准二级动力学模型　（c）准一级动力学模型　（d）颗粒内扩散模型

从图 7－4(a) 可以看出，溶液中的 Pb（Ⅱ）浓度在吸附过程的最初几分钟内迅速下降，几乎在 10 min 内，Pb（Ⅱ）的浓度已达到 WTO《饮用水水质准则》的要求。

为了进一步确定吸附过程的机理，并为其实际应用提供有用的数据，采用三种动力学模型（准二级动力学模型、准一级动力学模型和颗粒内扩散模型）对 Pb（Ⅱ）的吸附过程进行了拟合，结果分别如图 7－4(b)～(d) 所示。由图可知，准二级动力学模型的 R^2 值为 0.927，大于本研究中其他动力学模型的 R^2 值。因此，Pb（Ⅱ）在 SBAC 上的吸附属于化学反应过程，这是由重金属与 SBAC 之间电子的共享或交换引起的，证明了表面羧基对金属阳离子的螯合特性。

4. pH 值的影响

为了考察 pH 值对 SBAC 去除 Pb（Ⅱ）的影响，制备浓度为 50 μg/L 的 Pb（Ⅱ）溶液，然后根据需要添加浓度为 1 mol/L 的 NaOH 溶液或 HNO_3 溶液来调节溶液的 pH 值。在测试期间，使用 pH 计（Orion，美国）监测 pH 值的变化。pH 值对 SBAC 去除 Pb（Ⅱ）的影响以及吸附前后 pH 值的变化如图 7－5 所示。

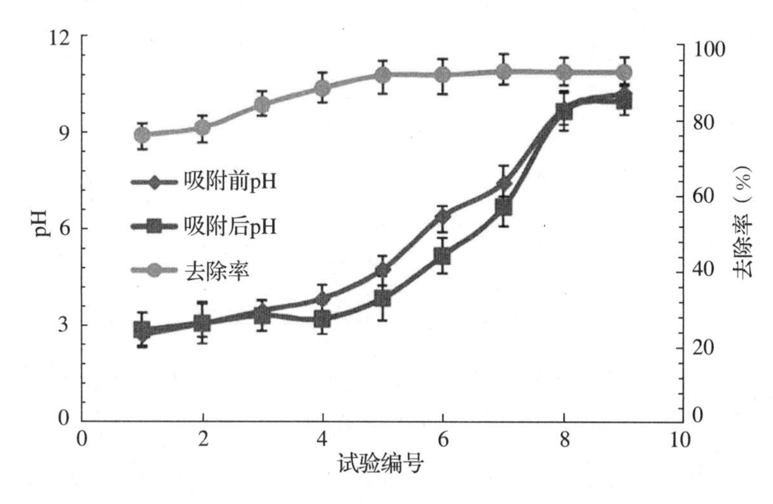

图7－5　pH 值对 SBAC 去除 Pb（Ⅱ）的影响

（c_0 = 54. 36 μg/L，SBAC 剂量 = 71. 5 mg/L，pH = 6. 81，t = 2 h，T = 25 ℃，120 r/min）

从图 7－5 可以看出，当 pH 值从 2. 7 逐渐增大到 10. 2 时，SBAC 对 Pb（Ⅱ）的去除率始终保持在 80% 以上，即溶液 pH 值的变化对 Pb（Ⅱ）的去除几乎没有影响。但是在吸附试验前后溶液的 pH 值有明显的不同。如图 7－5 所示，当溶液的 pH 值在 3. 0 和 9. 0 之间时，吸附 Pb（Ⅱ）后溶液的 pH 值会略微下降，而当 pH < 3. 0 或 pH > 9. 0 时，溶液的 pH 值几乎不变。这是由于 SBAC 的 pH_{PZC} 为 2. 6，当溶液的 pH 值在 3. 0 和 9. 0 之间（大于 pH_{PZC}）时，SBAC 的表面带负电荷，有利于对带正电荷的 Pb（Ⅱ）的吸附。此外，表面的负电荷还有助于 AC 样品中离子交换官能团（(H)O—C ═O 或—OH）的电离。上述过程均有利于式（7－4）的反应，也就是说，Pb（Ⅱ）与羧基上的氢离子交换位点，导致溶液的 pH 值略有下降。当溶液的 pH 值小于 2. 6 时，SBAC 的表面带正电荷，会对 Pb（Ⅱ）产生静电排斥，也不利于离子交换官能团（羧基）的电离，因此导致 Pb（Ⅱ）的去除略有减少。当溶液的 pH 值大于 9. 0 时，SBAC 表面的羧基会被碱中和，从而失去离子交换功能，此时 Pb（Ⅱ）主要以沉淀的形式去除。也就是说，当 pH 值处于较高或较低水平时，与表面羧基相比，溶液的 pH 值是决定性的，因此，当 pH < 3. 0 或 pH > 9. 0 时，没有观察到吸附 Pb（Ⅱ）前后溶液的 pH 值的明显变化。

5. 吸附 Pb（Ⅱ）前后 SBAC 的 FT-IR 分析

由于 AC 表面官能团的类型和数量会显著影响 AC 的吸附行为，因此，使用 Fourier-870 FT-IR 光谱仪对吸附 Pb（Ⅱ）前后的 SBAC 进行了 FT-IR 分析，结果如图 7－6 所示。

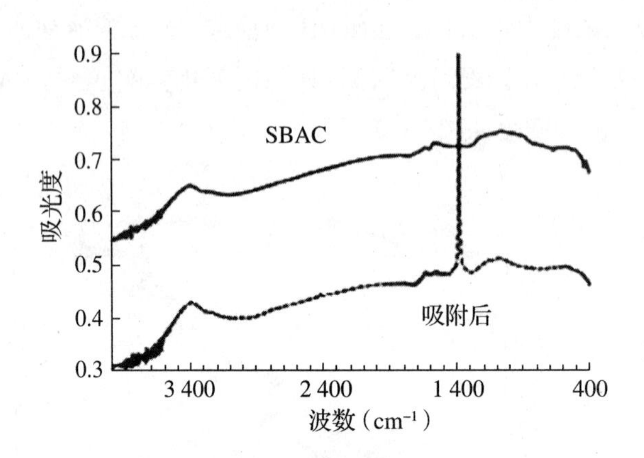

图 7－6　吸附 Pb（Ⅱ）前后 SBAC 的 FT-IR

如图 7－6 所示，最明显的差异是吸附 Pb（Ⅱ）后 SBAC 在 1 385 cm^{-1}处出现了特征峰，这应该是 Pb（Ⅱ）标准溶液引入的 NO_3^- 的吸附峰。此外，由于表面极性基团的含量较低，两种光谱之间没有观察到明显的差异。在 FT-IR 中，3 300 cm^{-1}和 3 700 cm^{-1}之间的宽带是由于 AC 表面吸附的水（峰值在 3 400 cm^{-1}处），另一个宽带在 1 100～1 030 cm^{-1}范围内，应归因于直链—OH 的拉伸振动。吸附 Pb（Ⅱ）后的 FT-IR 中1 665～1 565 cm^{-1}范围内的轻微可见吸收峰应归因于羧酸盐的不对称拉伸振动，这证实了 SBAC 在吸附 Pb（Ⅱ）后表面出现了羧酸盐。

6. 吸附 Pb（Ⅱ）前后 SBAC 的 XPS 分析

XPS 是一种基于光电效应的表面分析技术，可以分别利用结合能、化学位移和强度信息进行定性分析、价态分析和定量分析。因此该技术能对材料表面的化学元素组成进行定性和定量分析。

分别对吸附 Pb（Ⅱ）前后的 SBAC 进行了 XPS 分析，结果如表 7－3 所示。由表7－3可知，SBAC 吸附 Pb（Ⅱ）前后的元素组成基本相同，均主要由碳和氧组成，另有少量杂质（<10%）。最明显的差异是吸附 Pb（Ⅱ）后的 SBAC 氧含量增加了 3.2%，并且检测到了 Pb 4f。

表 7－3　吸附 Pb（Ⅱ）前后 SBAC 的元素组成

情形	C 1s 含量（%）	O 1s 含量（%）	Pb 4f 含量（%）	Ca、Si、N 等的含量（%）
吸附 Pb（Ⅱ）前	53.93	37.99	—	8.08
吸附 Pb（Ⅱ）后	53.76	40.23	0.28	5.73

为了便于理解吸附机理，将吸附 Pb（Ⅱ）前后的 O 1s 峰分解为不同表面含氧官能团的贡献，并给出了具体的吸收峰面积，结果如图 7－7(a)～(c) 所示。

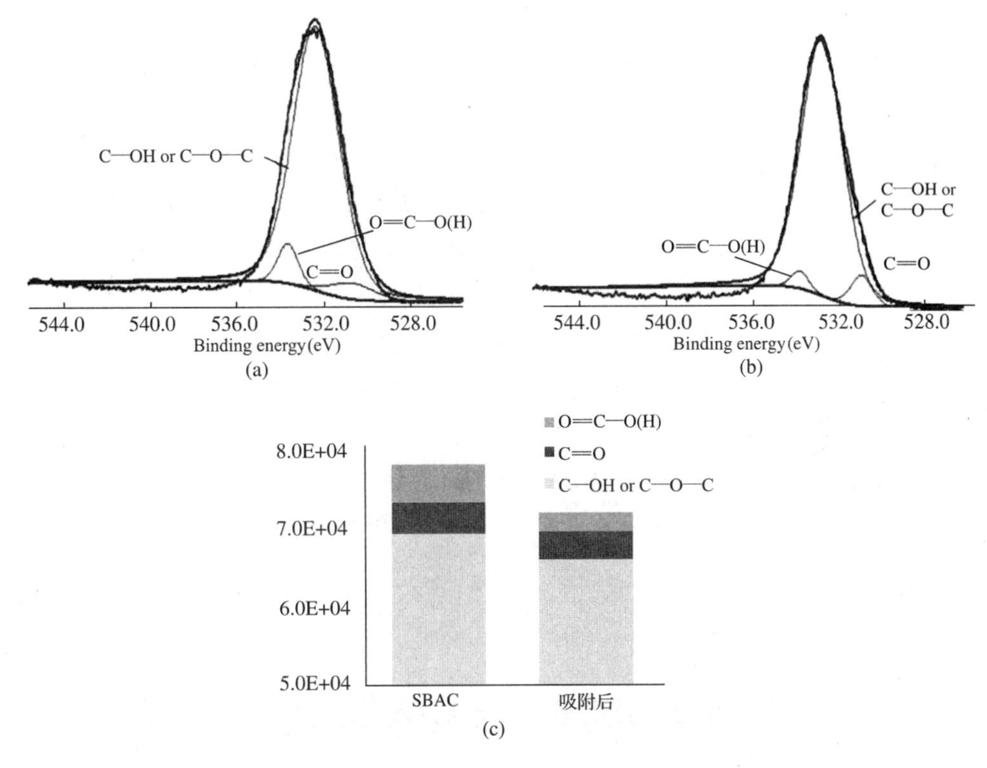

图 7－7　吸附 Pb（Ⅱ）前后 SBAC 的 O 1s 光谱的解析和拟合

（a）SBAC 的 O 1s 光谱　（b）吸附 Pb(Ⅱ)后 SBAC 的 O 1s 光谱　（c）吸收峰面积

从图 7－7(a) 和 (b) 的 O 1s 光谱的分峰图中可以观察到，位于 532.4 eV 处的主峰与C—OH或 C—O—C 基团有关，以 533.8 eV 和 530.8 eV 为中心的高能亚峰分别对应于羧基 (H)O—C ═O 和 C ═O 基团，这与 FT-IR 的结果一致。虽然吸附 Pb(Ⅱ)后，O 1s 光谱的分峰结果中也存在 C ═O、C—OH 或 C—O—C 和(H)O—C ═O 基团，但其峰面积发生了显著的变化（图 7－7(c)），尤其是(H)O—C ═O 基团减少了 60%（从 4 658 CPS. eV 降至 1 885 CPS. eV），其次是 C—OH 或 C—O—C 基团减少了 5%（从 69 248 CPS. eV 降至 65 809 CPS. eV），但 C ═O 基团几乎没有变化。因此，可以得出结论：(H)O—C ═O 和 C—OH 或 C—O—C 基团参与了 Pb(Ⅱ)的吸附，即 SBAC 表面的(H)O—C ═O 和 C—OH 或 C—O—C 基团可以在较宽的 pH 值范围内去质子化（$—COO^-$ 和 $—O^-$），形成 $—(COO)_2Pb$、$—COOPb^+$、$—O_2Pb$、$—OPb^+$ 以及 $—(RO)_2Pb$。这与文献数据一致，吸附剂表面的羧基(—COOH)、羟基(—OH)、苯酚(R—OH)基团通常被认为是有助于配位重金属离子（如 Cu(Ⅱ)、Zn(Ⅱ)、Cd(Ⅱ)和 Pb(Ⅱ)等）的吸附的。尽管金属离子的吸附过程非常复杂，但金属与离子化的含氧官能团的离子交换及络合作用可以被认为是 SBAC 对低浓度金属离子的主要吸附机理。

7.3.3 SBAC 去除重金属的功能总结

本研究发现并证实了 SBAC（使用 5 年）通过离子交换机理去除重金属的优越功能，这将为 BAC 工艺中 SBAC（固体废物）的处置或 SBAC 与新 AC 的组合再利用提供理论和实践依据。主要结论如下。

（1）SBAC 在低浓度和低 AC 剂量下能有效吸附 Pb（Ⅱ）和 Cd（Ⅱ），在试验溶液情况下，最高去除率分别超过 95% 和 86%，而新 AC 只有 15% 和 10%。

（2）与新 AC 相比，SBAC 的 pH 和 pH_{PZC} 分别从 11.0 降至 6.0，从 8.7 降至 2.6，表面羧基平均增加 80%，即 BAC 工艺赋予 SBAC 去除重金属的新特征。

（3）Freundlich 模型（$R^2=0.9356$）和准二级动力学模型（$R^2=0.927$）可以很好地描述 SBAC 对 Pb（Ⅱ）的吸附性能。

（4）溶液的 pH 值从 2.7 变化到 10.2 对 SBAC 去除 Pb（Ⅱ）几乎没有影响。

（5）影响因素分析以及吸附 Pb（Ⅱ）前后的 FT-IR 和 XPS 分析证实了 SBAC 去除重金属的离子交换及络合机理。

7.4 BAC 工艺不同使用时间 SBAC 去除重金属的功能

实验中所用活性炭样品、试验及表征方法同 7.3 节。下文中提到的 SBAC-5、SBAC-6 和 SBAC-7 分别为在某水厂 BAC 工艺中使用了 5 年、6 年、7 年的活性炭。

7.4.1 不同使用时间 SBAC 的表面表征

7.4.1.1 不同使用时间 SBAC 的 pH 值

本研究所采集的水厂新活性炭的 pH 值为 11，而 SBAC-5、SBAC-6 和 SBAC-7 的 pH 值分别降至 6.0、6.5 和 5.7。由于 BAC 工艺中复杂的化学、物理和生物过程（氧化、吸附和生物降解），SBAC 的 pH 值随着活性炭使用时间的增加而降低。其中 SBAC-6 的 pH 值略高，可能是由工艺不稳定、进水水质波动较大、补充新活性炭等原因引起的。

7.4.1.2 不同使用时间 SBAC 的表面官能团

Boehm 滴定法是最传统的测定碳材料表面含氧官能团的类型及含量的方法。为了量化酸性和碱性官能团的数量，采用 Boehm 滴定法分别对 SBAC-5、SBAC-6 和 SBAC-7 的表面官能团进行了测定，结果如表 7－4 所示。

表 7-4　SBAC 表面的酸性和碱性官能团含量　(mmol/g)

样品	羧基含量	内酯基含量	酚羟基含量	酸性基团含量	碱性基团含量
SBAC-5	0.03	0.20	0.07	0.30	0.20
SBAC-6	0.24	0.02	0.06	0.32	0.31
SBAC-7	0.15	0.04	0.19	0.38	0.24

从表 7-4 可以看出，在不同使用时间的 SBAC 样品中，酸性基团（羧基、内酯基和酚羟基）的含量均高于碱性基团，这与上述 pH 值测定的结果一致。测定结果表明 SBAC 有通过螯合性去除金属离子的潜力，其中 SBAC-6 具有最高的羧基含量，其次是 SBAC-7；SBAC-5 具有最高的内酯基含量；SBAC-7 具有最高的酚羟基含量。

7.4.1.3　不同使用时间 SBAC 的 FT-IR 表面官能团分析

以新活性炭为参照，采用傅里叶红外光谱仪对 SBAC-5、SBAC-6 和 SBAC-7 的表面官能团进行了分析，结果如图 7-8 所示。

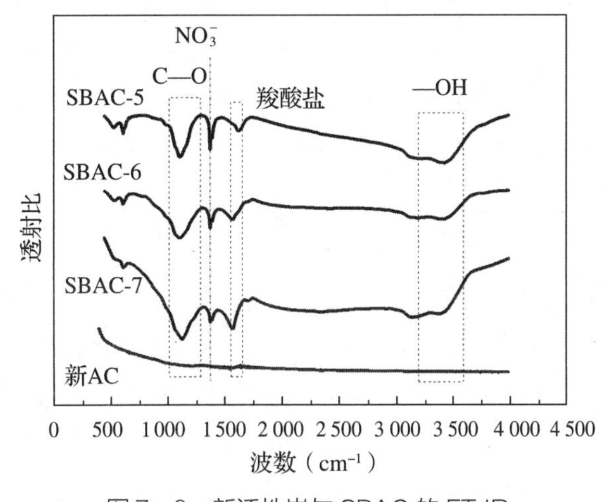

图 7-8　新活性炭与 SBAC 的 FT-IR

由图 7-8 可知，与新活性炭相比，最明显的差异是 SBAC-5、SBAC-6 和 SBAC-7 出现了几个特征峰，这应归因于 BAC 工艺水处理过程中复杂的物理、化学和生物反应。也就是说，BAC 过程确实显著改变了活性炭的表面性质，这与 pH 值和表面官能团分析的结果一致。与新活性炭相比，SBAC-5、SBAC-6 和 SBAC-7 出现了以下几个新峰：1 385 cm^{-1} 处 NO_3^- 的吸附峰；羧酸盐的不对称拉伸振动在 1 565 ~ 1 665 cm^{-1} 的范围内产生的可见吸附峰；由于 C—O 伸缩振动在 1 020 ~ 1 300 cm^{-1} 的范围内出现的较大吸收峰；由游离的和与氢键合的—OH 基团导致的 3 200 ~ 3 600 cm^{-1} 的范围内的吸收峰。此外，还可以看出 SBAC-5、SBAC-6 和 SBAC-7 表现出相同的特征峰，即随着使用时间的增加，SBAC 的表面官能团显示出稳定性。

7.4.1.4　不同使用时间 SBAC 的 XPS 表面元素分析

利用 XPS 测定活性炭表面 C、O、N 等元素的含量。以新活性炭作为对照，对 SBAC-5、SBAC-6 和 SBAC-7 进行元素分析，结果如表 7－5 所示。由表7－5可以看出，SBAC 主要由碳、氧元素和少量杂质（<7%）组成。

表 7－5　新活性炭和 SBAC 的元素组成　（%）

样品名称	C 1s 含量	O 1s 含量	N 1s 含量	Ca 2p 含量	Mg 1s 含量	Al 2p 含量	Na 1s 含量
SBAC-5	76.36	17.08	3.16	0.62	0.15	2.63	0.00
SBAC-6	80.06	14.59	1.94	0.70	0.21	2.50	0.00
SBAC-7	76.21	17.88	2.67	0.79	0.24	2.21	0.00
新活性炭	91.76	7.56	0.00	0.57	0.00	0.00	0.11

如表 7－5 所示，与新活性炭相比，SBAC 的 O 含量增加了 7.03%～10.32%，这表明在 BAC 工艺运行过程中，炭的表面含氧官能团显著增加。此外，Ca、Mg、Al 等含量也有显著增加，其中 SBAC-7 的 Ca、Mg 含量最高，其次是 SBAC-6、SBAC-5。随着使用时间的增加，吸附在颗粒活性炭上的金属含量也增加，Andersson 等的研究也发现了相似的结果。其中，Ca 和 Mg 含量的增加可能是由于水厂的原水通过静电作用与羧基和羟基形成络合物或沉淀附着在炭表面所致；Al 则可能由水处理所用的混凝剂引入。

7.4.1.5　不同使用时间 SBAC 的表面 Zeta 等电位点

三种不同使用时间 SBAC 的等电位点测定结果如图 7－9 所示。利用内差法计算可得三种活性炭的等电位点分别为 2.86、1.69、1.61。当溶液 pH 值小于各活性炭等电位点时，活性炭表面带正电荷；当溶液 pH 值大于活性炭等电位点时，活性炭表面带负电荷，此时有利于吸附带正电的金属离子，如 Pb^{2+}、Sr^{2+} 等。由此可知，除了强酸性环境外，SBAC 在水溶液中均带负电荷，这证明了 SBAC 吸附金属离子试验研究的可行性。

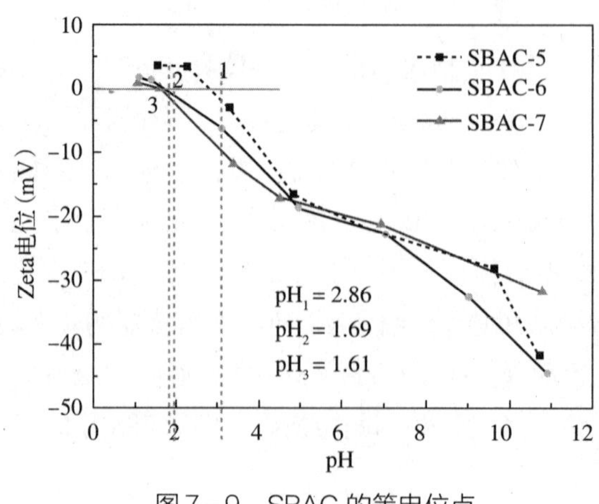

图 7－9　SBAC 的等电位点

7.4.2 不同使用时间 SBAC 对 Pb^{2+} 的吸附性能

7.4.2.1 不同使用时间 SBAC 的吸附等温线

基于平衡时的 Pb^{2+} 浓度 c_e(mg/L) 和 Pb^{2+} 平衡吸附量 q_e(mg/g) 数据，分别采用 Langmuir 吸附模型和 Freundlich 吸附模型对 SBAC 的吸附等温线进行拟合。SBAC-5、SBAC-6 和 SBAC-7 对 Pb^{2+} 的吸附等温线如图 7－10(a)和(b)所示，相应的吸附等温线常数如表 7－6 所示。

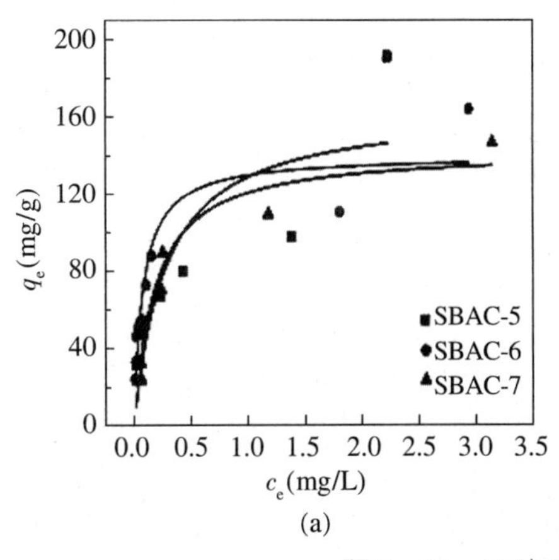

(a)

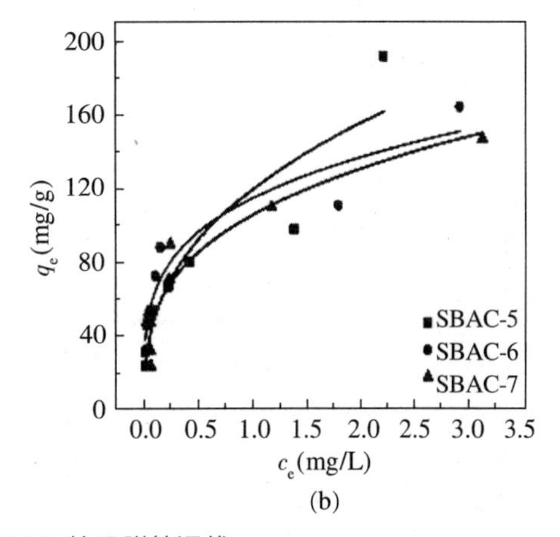

(b)

图 7－10 三种 SBAC 的吸附等温线

(c_0 = 4.898 mg/L，SBAC 剂量 = 0.01 ~ 0.20 g/L，T = 25 ℃，pH = 5.9，t = 120 min)

(a) Langmuir 吸附等温线 (b) Freundlich 吸附等温线

表 7－6 三种 SBAC 的吸附等温线拟合参数

样品名称	Langmuir 模型			Freundlich 模型		
	K_L(L/mg)	q_m(mg/g)	R^2	$K_F\left(mg^{\frac{n-1}{n}}/(g\cdot L^{\frac{1}{n}})\right)$	n	R^2
SBAC-5	3.635	164.43	0.657 3	119.20	2.647 3	0.843 9
SBAC-6	12.953	139.83	0.862 4	114.46	3.920 0	0.898 2
SBAC-7	5.511	142.60	0.903 8	105.28	3.240 2	0.890 6

表 7－6 给出了 Langmuir 吸附模型和 Freundlich 吸附模型的吸附等温线拟合结果。从表中 R^2 的数据可以看出，SBAC 对 Pb^{2+} 的吸附等温线特性随活性炭使用时间的增加而发生明显变化。SBAC-5 和 SBAC-6 对 Pb^{2+} 的吸附等温线更符合 Freundlich 方程，但对使用时间最长的 SBAC-7 而言，Langmuir 模型优于 Freundlich 模型。众所周知，Langmuir 模型描述了在均匀表面上的单分子层吸附，因此可推测，随着 BAC 工艺运行时间的增加，吸附位点逐渐均匀地分散在 SBAC 的表面上，Pb^{2+} 在 SBAC 表面上发生单分子层吸附。就吸附能力而言，SBAC-5 的最大饱和吸附量（q_m）最大，为 164 mg/g，SBAC-6 和 SBAC-7 的最大

饱和吸附量略有下降，这可能是由于在 BAC 工艺运行过程中，SBAC 表面的吸附位点随使用时间的延长而减少。

值得一提的是，在对达到吸附平衡的滤后液进行金属离子分析时，发现有 Ca^{2+} 和 Mg^{2+} 的释放。结合前文 XPS 分析结果中 SBAC 表面 Ca 和 Mg 增加的情况，推测其可能通过离子交换形式参与了吸附反应过程。

7.4.2.2 不同使用时间 SBAC 的吸附动力学

图7－11(a)给出了 Pb^{2+} 在SBAC-5、SBAC-6 和SBAC-7 上的吸附动力学曲线。由图可知，溶液的 Pb^{2+} 浓度在吸附过程的最初几分钟迅速下降，几乎在 5 min 内，Pb^{2+} 的去除率就达到98%，即 Pb^{2+} 与 SBAC 之间的反应几乎是瞬时的。由图 7－11(a)还可以看出，随着吸附时间的延长，去除率上升至 99% 以上，这说明随着吸附时间的增加，活性炭与 Pb^{2+} 之间的接触概率增大，使得 Pb^{2+} 分散更加均匀，同时增大了 Pb^{2+} 向活性炭表面以及向孔内扩散的概率，从而提高了 Pb^{2+} 的去除率。

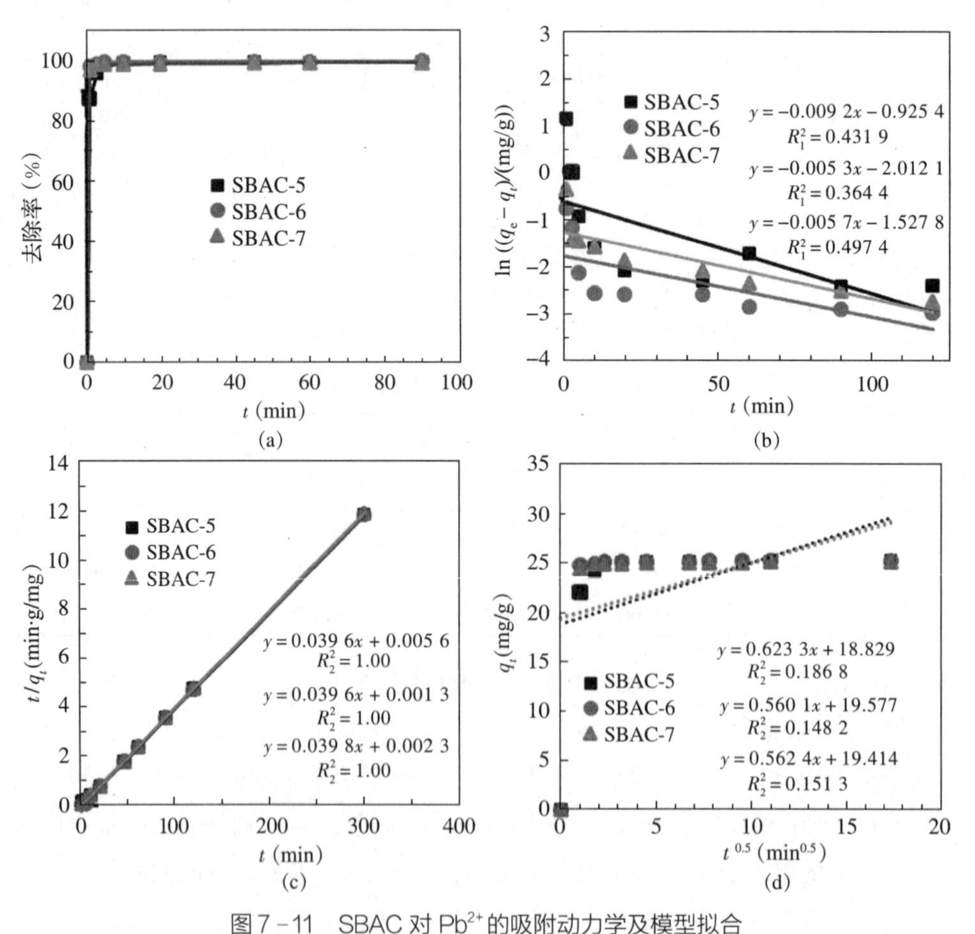

图7－11 SBAC 对 Pb^{2+} 的吸附动力学及模型拟合

(c_0＝5.058 mg/L，SBAC 剂量＝0.20 g/L，T＝25 ℃，pH＝6.1，t＝1～300 min)

(a) 吸附速率 (b) 准一级动力学模型 (c) 准二级动力学模型 (d) 颗粒内扩散模型

分别采用准一级动力学模型、准二级动力学模型和颗粒内扩散模型来拟合 SBAC 的吸附动力学，结果如图 7－11(b)～(d)所示，参数拟合结果如表 7－7 所示。由图 7－11 和表 7－7 可以看出，SBAC-5、SBAC-6 和 SBAC-7 对 Pb^{2+} 的吸附动力学完全符合准二级动力学模型，其线性拟合的 R^2 值均达到 1。就反应速率而言，SBAC-6 的速率常数 K_2 最大，表明其吸附最快，其次是 SBAC-7 和 SBAC-5，这归因于其表面丰富的酸性官能团（尤其是羧基，见表 7－4），说明在吸附过程中表面酸性官能团与重金属离子发生了相互作用。

表 7－7　SBAC 对 Pb^{2+} 的吸附动力学参数

样品名称	准一级动力学模型			准二级动力学模型			颗粒内扩散模型		
	K_1 (1/min)	$q_{e,c}$ (mg/g)	R_1^2	K_2 (g/(mg·min))	$q_{e,c}$ (mg/g)	R_2^2	C	K_p (mg/(g·min)$^{0.5}$)	R^2
SBAC-5	0.009 2	0.396 4	0.431 9	0.280 0	25.252 5	1.00	18.829	0.623 3	0.186 8
SBAC-6	0.005 3	0.133 7	0.364 4	1.206 3	25.252 5	1.00	19.577	0.560 1	0.148 2
SBAC-7	0.005 7	0.217 0	0.497 4	0.688 7	25.125 6	1.00	19.414	0.562 4	0.151 3

7.4.2.3　不同使用时间 SBAC 的吸附热力学

热力学是研究吸附性能机制不可或缺的组成部分，热力学参数吉布斯自由能变（ΔG）、焓变（ΔH）与熵变（ΔS）可以根据热力学定律用以下公式计算：

$$\Delta G^{\ominus} = -RT\ln K_c \tag{7-5}$$

$$\Delta G^{\ominus} = \Delta H^{\ominus} - T\Delta S^{\ominus} \tag{7-6}$$

范特霍夫方程可由式（7－5）和式（7－6）变形得出：

$$\ln K_c = -\frac{\Delta H^{\ominus}}{RT} + \frac{\Delta S^{\ominus}}{R} \tag{7-7}$$

式中　K_c——平衡常数；

R——摩尔气体常数，8.314 J/(mol·K)；

T——溶液的温度，K。

相关热力学参数 $\Delta H^{\ominus}$ 和 $\Delta S^{\ominus}$ 可由 $\ln K_c$ 与 $1/T$ 作图得出，$\Delta G^{\ominus}$ 可由式（7－5）得出。

为了探究 SBAC 对 Pb^{2+} 的吸附热力学特性，以 SBAC-7 为例，通过改变铅溶液的初始浓度（范围为 5～60 mg/L），在三个温度（283.15 K、298.15 K 和 313.15 K）下考察了 SBAC 对 Pb^{2+} 的去除，得出了 SBAC 在不同温度下的吸附等温线。由 7.4.2.1 节可知，SBAC-7 对 Pb^{2+} 的吸附更符合 Langmuir 模型，因此通过 Langmuir 模型对吸附热力学实验数据进行拟合，结果如图 7－12 所示。

由图 7－12 可以看出，温度对 SBAC 吸附 Pb^{2+} 的影响缺乏规律性，Langmuir 系数 K_L 与 $1/T$ 没有线性关系，基于式（7－5）～式（7－7）无法得出热力学参数。

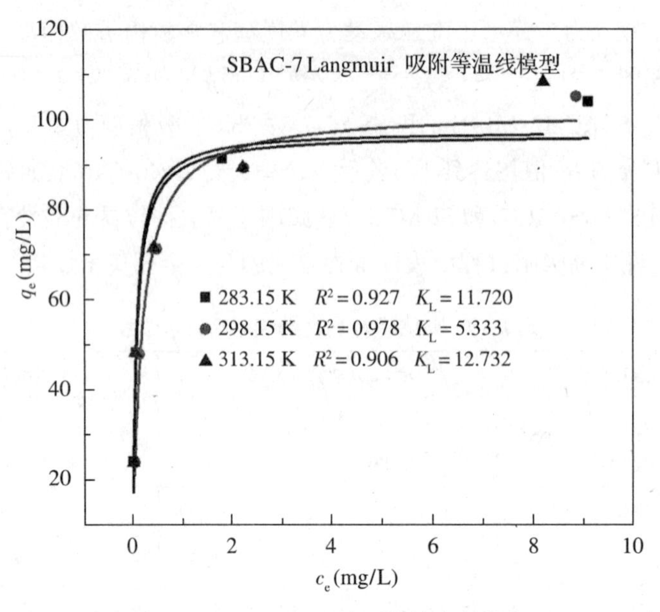

图 7-12　SBAC-7 的吸附热力学拟合

（$c_0=5\sim60$ mg/L，SBAC 剂量 =0.20 g/L，$T=10$ ℃、25 ℃、40 ℃，pH =6.1，$t=120$ min）

7.4.2.4　不同使用时间 SBAC 吸附 Pb^{2+} 的影响因素

1. 吸附剂投加量

图 7-13 给出了 SBAC 投加量对去除 Pb^{2+} 的影响。由图可知，随着 SBAC 用量从 0 增加到 0.05 g/L，不同使用时间的 SBAC 对 Pb^{2+} 的去除率急剧上升至 90% 以上；随着吸附剂用量进一步增加到 0.10 g/L，Pb^{2+} 的去除率逐渐上升到 99%，基本达到吸附平衡状态。在初始 Pb^{2+} 浓度约为 5 mg/L 的条件下，90% 的去除率只需要 0.05 g/L 的投加量，这在吸附

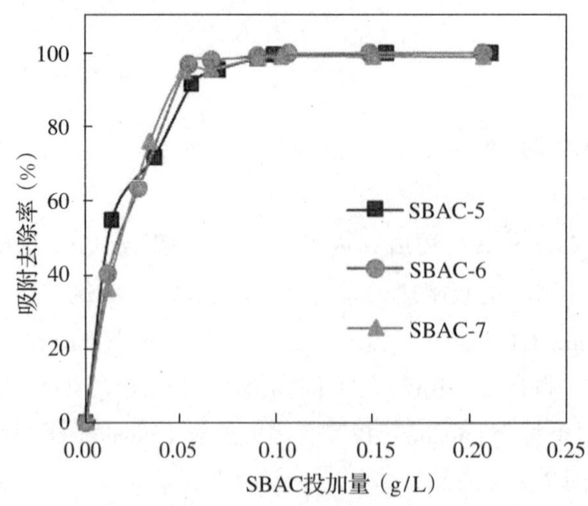

图 7-13　吸附剂投加量对 SBAC 吸附 Pb^{2+} 的影响

（$c_0=4.898$ mg/L，SBAC 剂量 =0～0.20 g/L，$T=25$ ℃，pH =6.1，$t=120$ min）

剂用量方面具有较大的优势。在后续的实验中，为了充分探究 SBAC 吸附 Pb^{2+} 的其他影响因素，将 SBAC 投加量确定为 0.20 g/L，此时三种不同使用时间的 SBAC 吸附去除率均能达到 99.6%，其中 SBAC-6 去除率能达到 99.8%。

2. 初始 Pb^{2+} 浓度

本实验考察了初始 Pb^{2+} 浓度对 SBAC 去除 Pb^{2+} 效果的影响，结果如图 7－14 所示。当实验所取浓度为 2.4～8.1 mg/L 时，吸附 Pb^{2+} 后的平衡浓度如图 7－14(a) 所示，其中 SBAC-6 表现出最佳吸附性能，在保持投加量为 0.20 g/L 不变的条件下，初始浓度从 2.4 mg/L增加到 8.0 mg/L，Pb^{2+} 的平衡浓度始终低于 0.01 mg/L，达到了 WHO 对饮用水质量指标的要求。由此可知，SBAC 对低浓度（2.0～8.0 mg/L）的重金属离子 Pb^{2+} 具有极好的去除效果。

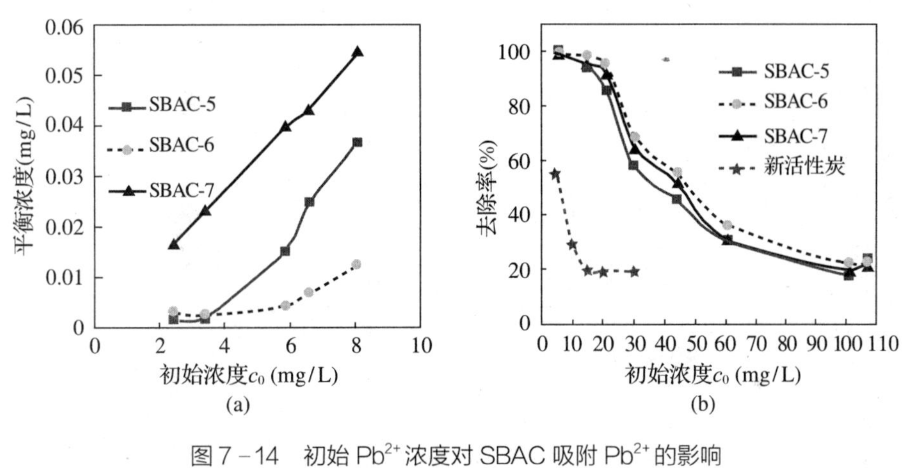

图 7－14　初始 Pb^{2+} 浓度对 SBAC 吸附 Pb^{2+} 的影响

（SBAC 剂量＝0.20 g/L，T＝25 ℃，pH＝6.1，t＝120 min）

（a）c_0＝2.4～8.1 mg/L　（b）c_0＝5～110 mg/L

为了探究 SBAC 去除高浓度重金属离子的潜力，本实验同时研究了较大初始 Pb^{2+} 浓度范围（5～110 mg/L）内 SBAC-5、SBAC-6 和 SBAC-7 吸附 Pb^{2+} 的能力，结果用去除率来表示，如图 7－14(b) 所示。由图 7－14(b) 可以看出，当初始浓度为5 mg/L时，三种不同使用时间的 SBAC 样品均可有效吸附 Pb^{2+}，去除率高达 99% 以上，与新活性炭 55% 的去除率相比，是一个非常理想的结果。随着初始浓度的增大，投加量保持0.20 g/L 不变，去除率虽然逐渐降低，但仍然比新活性炭有较大的优势。也就是说，BAC 工艺确实改变了新活性炭的表面特性，使其具有了去除重金属的功能。与人为改性的活性炭相比，这种变化没有引入化学试剂，不会造成二次污染。更重要的是，它不会增加系统的成本，也不会影响水溶液中有机物的吸附，而是在处理有机物后继续吸附金属离子。无疑，上述发现将为 SBAC 的直接再利用或增加 BAC 工艺的功能提供新思路。

3. 温度

考虑到水处理中可能的温度范围，分别在 10 ℃、20 ℃、25 ℃、30 ℃和 40 ℃下研究了 SBAC-5、SBAC-6 和 SBAC-7 对 Pb^{2+} 的去除效果，结果如图 7－15 所示。由图可知，在保持 SBAC 投加量为 0. 20 g/L 的条件下，当初始 Pb^{2+} 浓度为 5 mg/L 时，随着温度的升高，SBAC-5、SBAC-6 和 SBAC-7 对 Pb^{2+} 的去除率几乎没有变化，即温度的变化对较低浓度的 Pb^{2+} 去除率影响不大。当初始 Pb^{2+} 浓度增加到 30 mg/L，吸附剂投加量仍为 0. 20 g/L 时，随着温度的升高，SBAC-5、SBAC-6 和 SBAC-7 对 Pb^{2+} 的去除率也无明显变化；但与初始浓度为 5 mg/L 时相比，去除率明显降低，这是由于初始浓度为 5 mg/L 时，吸附剂用量足够（0. 20 g/L）；而初始浓度为 30 mg/L 时，0. 20 g/L 的吸附剂不足以使吸附实验达到平衡。

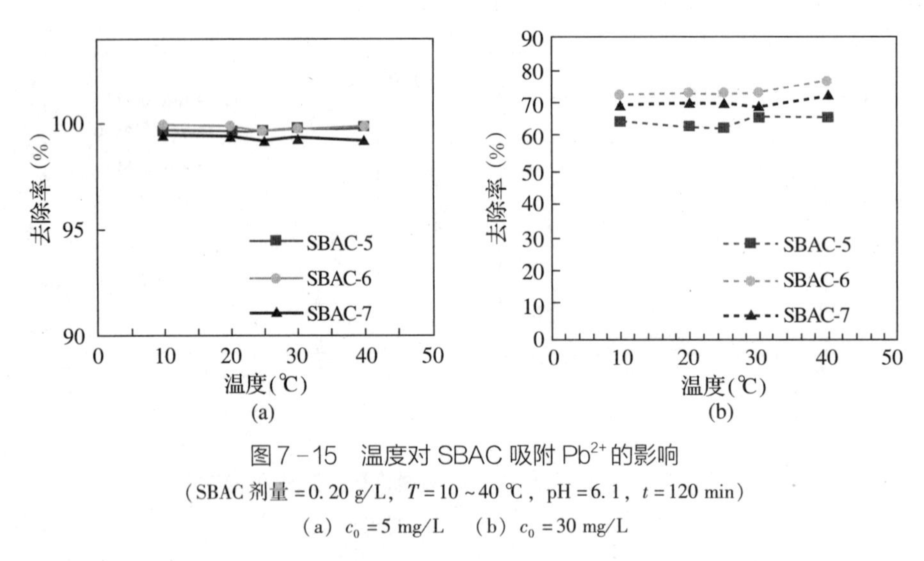

图 7－15　温度对 SBAC 吸附 Pb^{2+} 的影响

（SBAC 剂量 = 0. 20 g/L，$T = 10 \sim 40$ ℃，pH = 6. 1，$t = 120$ min）

（a）$c_0 = 5$ mg/L　（b）$c_0 = 30$ mg/L

本实验中，在某一温度下，三种不同使用时间的 SBAC 的 Pb^{2+} 去除率有细微差别，SBAC-6 略高于 SBAC-7，SBAC-5 的去除率在三者中最低，这应归因于 SBAC-6 和 SBAC-7 表面发达的酸性官能团，尤其是羧基。

4. pH 值

溶液的 pH 值是决定吸附剂的吸附性能的重要因素之一，吸附剂所带电荷会受到 pH 值的影响，因此 pH 值控制着活性炭与吸附质之间的静电作用，并对吸附剂的电离产生影响。

为了研究 pH 对 SBAC 去除 Pb^{2+} 的影响，首先制备约 5. 0 mg/L Pb^{2+} 溶液，然后通过加入 1 mol/L NaOH 溶液或 HCl 溶液调节溶液 pH 值来配制不同 pH 梯度的待测液（pH 值为 3 ~9. 3）。基于前述实验结果，pH 值影响吸附的实验仍在 SBAC 投加量为 0. 20 g/L 的条件下进行，其结果如图 7－16 所示。

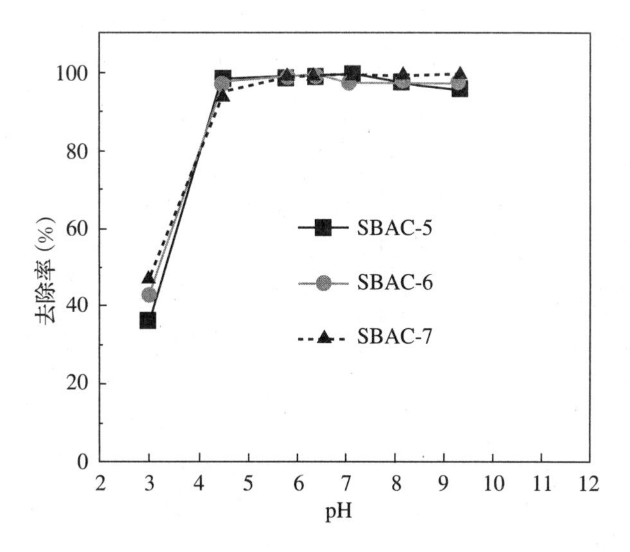

图 7－16　pH 值对 SBAC 吸附 Pb^{2+} 的影响

（c_0＝5 mg/L，SBAC 剂量＝0.20 g/L，T＝25 ℃，pH＝3～9.3，t＝120 min）

由图 7－16 可知，当溶液的 pH 值约为 3 时，所有 SBAC 对 Pb^{2+} 的去除率都较低；当 pH 值从 4.5 增大到 9.0 或以上时，去除率保持在 97% 以上，且没有明显变化。由此可知，较低的溶液 pH 值会影响 Pb^{2+} 的吸附，这由 SBAC 的表面特性所致。由图 7－9 可知，SBAC-5、SBAC-6、SBAC-7 的等电位点分别为 2.86、1.69、1.61，当铅溶液初始的 pH 值小于 3 时，SBAC 的表面仅有少许负电荷或带正电荷，因此对 Pb^{2+} 几乎没有静电引力或者直接产生静电排斥，同时也不利于 SBAC 表面的可离子交换官能团（如羧基等）的电离，从而导致了对 Pb^{2+} 较低的吸附去除率。随着溶液的 pH 值增大（≤8），SBAC 表面的负电荷数量随着羟基和羧基等官能团的去质子化而增加，因此有更多的吸附位用于吸附 Pb^{2+}。这与相关文献的研究结果一致，如格里姆（Grim）等研究了 Cu^{2+} 与有机官能团的结合，其结果也表明在低 pH 值（如 2.5）时，大多数结合位点被质子占据，而在较高 pH 值（如 4.5）时，由于质子竞争减小，大多数结合位点被 Cu^{2+} 占据。当铅溶液的 pH 值为 8～9 时，部分 Pb^{2+} 以 $Pb(OH)_2$ 沉淀的形式存在，Pb^{2+} 浓度的减小归因于 SBAC 吸附和 $Pb(OH)_2$ 沉淀两个方面。当铅溶液的 pH 值达到 10 时，Pb^{2+} 几乎全部以 $Pb(OH)_2$ 沉淀的形式存在。

此外，在实验过程中也观察到了 SBAC 吸附 Pb^{2+} 前后溶液 pH 值的明显变化，结果如图 7－17 所示。当溶液初始 pH＜7.0 时，吸附后 pH 值略有增大，当初始 pH＞7.0 时，吸附后 pH 值略有降低。上述的 pH 值变化归因于溶液中的离子交换相互作用。在本研究中，Pb^{2+} 的去除涉及羧基或羟基的离子交换反应以及 Ca^{2+}、Mg^{2+} 等的释放（详见 7.4.3.3 节）。当溶液 pH＜7.0 时，尽管 SBAC 表面释放出 H^+ 和金属离子，但由于 SBAC 同时释放出羟基，因此仍比初始 pH 值稍高。当溶液 pH＞7.0 时，吸附后溶液的 pH 值略有下降，这是由 SBAC 表面的酸度中和了溶液中的碱度所致。

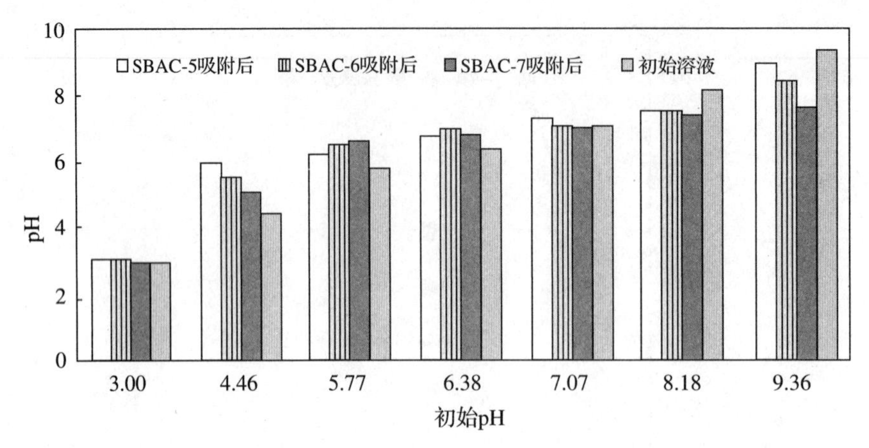

图7-17　不同初始 pH 值的溶液在 SBAC 吸附 Pb^{2+} 后的 pH 值变化

5. 水中常见阳离子

实际水体的成分复杂，一般都含有大量的无机阳离子，如 Ca^{2+}、Mg^{2+} 等。上述无机阳离子与 Pb^{2+} 共存时，可能会对 SBAC 吸附 Pb^{2+} 的性能产生影响。因此，对水中常见阳离子 Ca^{2+}、Mg^{2+} 的影响进行了研究。

用 $CaCl_2 \cdot 2H_2O$、$MgCl_2 \cdot 2H_2O$ 药品和去离子水配制阳离子共存溶液。在一系列 5.0 mg/L的 Pb^{2+} 溶液中，分别加入 Ca^{2+} 和 Mg^{2+} 各 25 mg/L、50 mg/L、75 mg/L 和 100 mg/L，制得实验所需阳离子共存溶液。为了便于比较，在相同条件下也准备了无共存离子的空白样品。用三种不同使用时间的活性炭 SBAC-5、SBAC-6 和 SBAC-7 对离子共存溶液进行吸附实验，结果如图 7-18 所示。

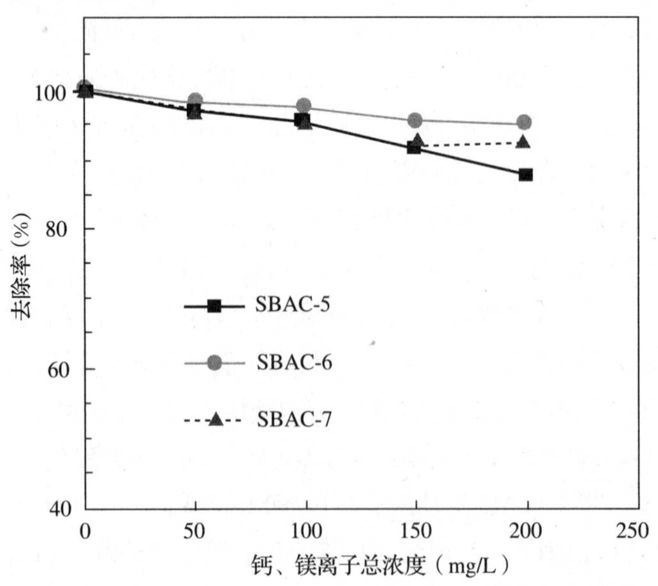

图7-18　Ca^{2+}、Mg^{2+} 共存离子对 SBAC 吸附 Pb^{2+} 的影响

（c_0 = 5 mg/L，SBAC 剂量 = 0.20 g/L，T = 25 ℃，pH = 6.1，t = 120 min）

由图7－18 可知，SBAC-5、SBAC-6 和SBAC-7 对 Pb^{2+} 的去除率随共存离子浓度的增大而降低，降幅为8%～12%。这是由于溶液中存在的大量 Ca^{2+} 和 Mg^{2+} 抑制了 SBAC 表面 Ca^{2+} 和 Mg^{2+} 的释放（详见7.4.3.3 节），进而导致活性吸附位点的减少，引起 Pb^{2+}、Ca^{2+} 和 Mg^{2+} 对相同活性位点的竞争吸附，但影响并不大。与温度的影响效应一样，由于发达的表面羧基，SBAC-6 比 SBAC-5 和 SBAC-7 具有更强的竞争吸附能力。

7.4.3 不同使用时间 SBAC 吸附 Pb^{2+} 的机理探究

在 Pb^{2+} 吸附过程中，对 SBAC 吸附 Pb^{2+} 后的上清液进行了金属分析。结果表明，在吸附 Pb^{2+} 的过程中会发生 Ca^{2+} 的大量释放，Mg^{2+} 和 Al^{3+} 的释放量甚微，这可能是由表面配合物的静电阳离子交换或金属交换反应引起的。由此可知，SBAC 从溶液中吸附去除 Pb^{2+}，除了与表面官能团（如羟基和羧基等）配位有关外，还可能与 Ca^{2+}、Mg^{2+} 进行的金属交换反应有关。为了研究不同使用时间的 SBAC 吸附 Pb^{2+} 的机理，对 SBAC 吸附 Pb^{2+} 前后的样品进行了 FT-IR 和 XPS 分析以及相关的离子释放实验。

7.4.3.1 不同使用时间 SBAC 吸附 Pb^{2+} 前后的 FT-IR 分析

SBAC-5、SBAC-6 和 SBAC-7 在吸附 Pb^{2+} 前后表面官能团的 FT-IR 分析结果如图7－19 所示。由图可见，SBAC 吸附 Pb^{2+} 前后的所有样品在1 385 cm^{-1} 处都有特征峰，且在吸附 Pb^{2+} 前后无明显变化，说明 NO_3^- 在吸附过程中不起作用，可能是 BAC 工艺运行过程中引入的。在吸附 Pb^{2+} 后观察到吸收峰的偏移，尤其是 O—H 键伸缩振动的吸收峰和羧酸盐不对称拉伸振动的吸收峰，都有较为明显的右偏现象，这表明它们参与了 SBAC 对 Pb^{2+} 的吸附。

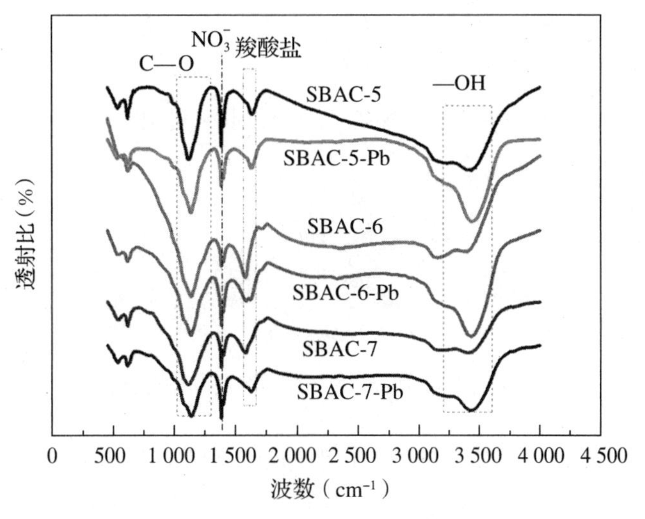

图7－19　SBAC 吸附 Pb^{2+} 前后的 FT-IR

7.4.3.2 不同使用时间 SBAC 吸附 Pb^{2+} 前后的 XPS 分析

对 SBAC-5、SBAC-6 和 SBAC-7 吸附 Pb^{2+} 前后的样品进行 XPS 分析，结果如表 7－8 所示。

表 7－8 SBAC 吸附 Pb^{2+} 前后的元素组成 （%）

情形	C 1s 含量	O 1s 含量	N 1s 含量	Ca 2p 含量	Mg 1s 含量	Al 2p 含量	Pb 4f 含量
SBAC-5 吸附 Pb^{2+} 前	76.36	17.08	3.16	0.62	0.15	2.63	—
SBAC-5 吸附 Pb^{2+} 后	74.06	19.17	3.04	0.56	0.24	2.78	0.15
SBAC-6 吸附 Pb^{2+} 前	80.06	14.59	1.94	0.70	0.21	2.50	—
SBAC-6 吸附 Pb^{2+} 后	78.18	17.05	2.35	0.39	0.21	1.60	0.22
SBAC-7 吸附 Pb^{2+} 前	76.21	17.88	2.67	0.79	0.24	2.21	—
SBAC-7 吸附 Pb^{2+} 后	73.43	20.30	3.17	0.57	0.18	2.12	0.23

由表 7－8 可以看出，吸附 Pb^{2+} 后 SBAC 的 O 1s 和 Pb 4f 含量分别增加了 2.09%～2.46% 和 0.15%～0.23%，同时 Ca 2p 含量降低了 0.06%～0.31%，Mg 和 Al 的含量未呈现出规律的变化。因此可以推测，SBAC 上的表面官能团和部分金属参与了吸附 Pb^{2+} 的过程。相关文献研究表明，—R—O—、—COO—和—O—等官能团中的复杂碱土金属离子（例如 Ca^{2+}、Mg^{2+}）可以通过离子交换释放到溶液中。

为了研究 SBAC 吸附过程中不同表面含氧官能团的贡献，采用 XPSpeak41 软件对 SBAC 吸附 Pb^{2+} 前后的 O 1s 光谱进行了分峰分析，结果如图 7－20 所示。

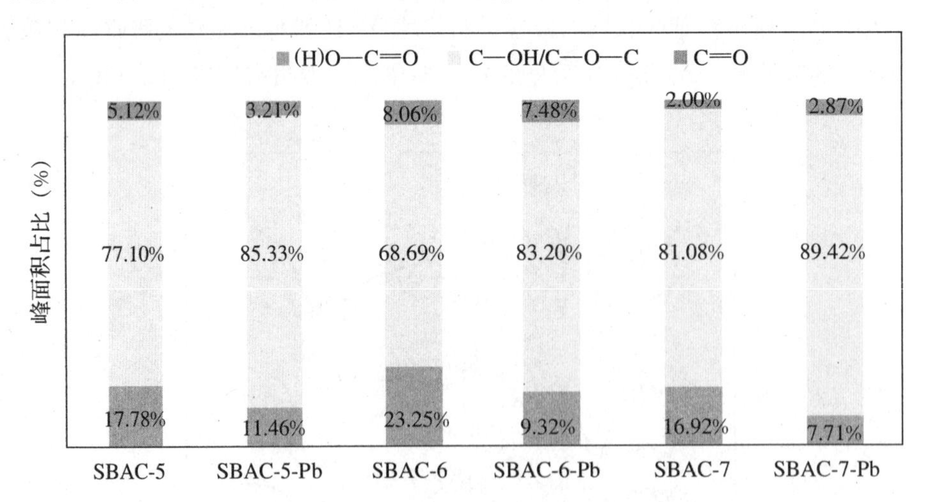

图 7－20 SBAC 吸附 Pb^{2+} 前后的 O 1s 光谱的分峰

由图 7－20 可以看出，SBAC-5、SBAC-6 和 SBAC-7 的 O 1s 光谱主要包含三种表面含氧官能团，位于 532.4 eV 处的 C—OH 或 C—O—C 基团，位于 533.8 eV 处的(H)O—C ═O 基

团和位于 530.8 eV 处的 C ═O 基团。其中 SBAC-6 的(H)O—C ═O 基团含量最高，SBAC-7 的 C—OH 或 C—O—C 基团含量最高，这与 Boehm 滴定实验的结果一致。

吸附 Pb^{2+} 后 SBAC-5、SBAC-6 和 SBAC-7 的 O 1s 光谱也包含上述三个表面含氧官能团，但是相应的峰面积占比发生了变化。尤其是(H)O—C ═O 的峰面积占比，SBAC-5、SBAC-6 和 SBAC-7 分别减小 6.32%、13.93% 和 9.22%，而 C—OH/C—O—C 和 C ═O 基团的峰面积占比因(H)O—C ═O 的峰面积占比减小而增大，证明了羧基是吸附 Pb^{2+} 的主要基团。上述结果可以解释 SBAC-6 在前述吸附 Pb^{2+} 实验中表现出的最高去除效率和最快反应速率的原因。

7.4.3.3 不同使用时间 SBAC 吸附 Pb^{2+} 过程中其他金属的释放分析

由于在 SBAC 吸附 Pb^{2+} 后检测到 Ca^{2+}、Mg^{2+} 等的释放，因此推测在 SBAC 吸附过程中有其他金属离子通过交换释放到溶液中，基于前文对 SBAC 的 XPS 分析，主要考虑 Ca^{2+}、Mg^{2+} 和 Al^{3+} 的释放。离子交换在等摩尔浓度下发生，即 Pb^{2+} 的吸附量应与 Ca^{2+}、Mg^{2+} 和 Al^{3+} 的释放量呈线性关系。为了验证可能的金属离子交换反应，制备了不同初始浓度（5 ~ 100 mg/L）的 Pb^{2+} 溶液，在保持 SBAC 投加量为 0.2 g/L 的条件下进行了吸附实验，并对吸附后的滤液进行了金属浓度分析，结果如图 7 - 21 所示。

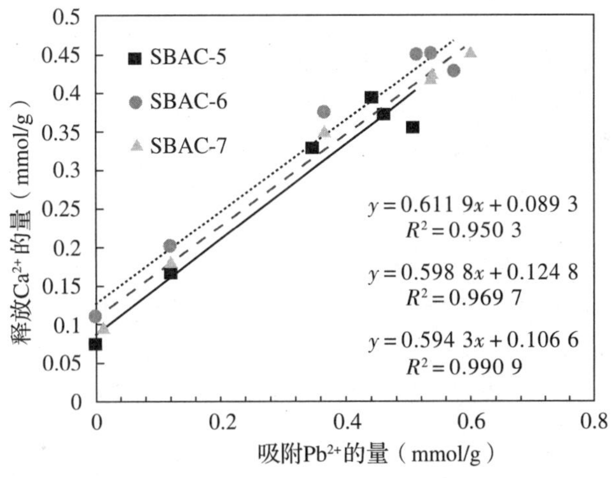

图 7 - 21　SBAC 吸附的 Pb^{2+} 的量与释放的 Ca^{2+} 的量的线性关系

（c_0 = 5 ~ 100 mg/L，SBAC 剂量 = 0.20 g/L，T = 25 ℃，pH = 6.1，t = 120 min）

图 7 - 21 表明，吸附的 Pb^{2+} 的量和释放的 Ca^{2+} 的量在三种不同使用时间 SBAC 上均表现出良好的线性关系，R^2 均大于 0.95，而在实验过程中没有发现吸附的 Pb^{2+} 的量和释放的 Mg^{2+} 的量之间明显的比例关系。释放的 Ca^{2+} 应该来源于 SBAC 表面复杂的络合官能团，如 R—O—Me 或 R—COO—Me（其中 Me 代表中心金属原子）。在 Pb^{2+} 被吸附的过程中，由于形成了更稳定的含 Pb^{2+} 的复合物，因此原先吸附的 Ca^{2+} 被释放。町田（Machida）等研究了矿物质在炭质吸附剂从水溶液中去除 Pb^{2+} 的过程中的作用，也报道

了类似的结果。

另外还可以看出，三种不同使用时间 SBAC 吸附的 Pb^{2+} 的量和释放的 Ca^{2+} 的量之间的线性斜率分别为 0.611 9、0.598 8 和 0.594 3，这表明约有 60% 的 Pb^{2+} 是通过与 SBAC 表面的 Ca^{2+} 交换而被吸附的。

7.4.4 不同使用时间 SBAC 去除 Pb^{2+} 的总结

本节研究了不同使用时间 SBAC 对 Pb^{2+} 的吸附性能、SBAC 吸附 Pb^{2+} 的影响因素以及 SBAC 对 Pb^{2+} 的吸附机理，可以得出以下结论。

（1）SBAC 吸附 Pb^{2+} 的实验表明，SBAC 对 Pb^{2+} 的吸附等温线随 AC 使用时间的增加而变化。SBAC-5 和 SBAC-6 的吸附等温线更符合 Freundlich 方程，R^2 分别为 0.843 9 和 0.898 2；但对 SBAC-7 而言，Langmuir 模型（R^2 为 0.903 8）优于 Freundlich 模型（R^2 为 0.890 6）。这说明随着活性炭在 BAC 工艺中运行时间的增加，吸附位点逐渐均匀地分散在 SBAC 的表面上，因此 Pb^{2+} 被单层吸附在 SBAC 表面。

（2）SBAC 对 Pb^{2+} 的吸附动力学拟合结果表明，SBAC-5、SBAC-6 和 SBAC-7 对 Pb^{2+} 的吸附表现出相同的动力学性质，与使用时间无关，均可用准二级动力学模型进行描述（R^2 均为 1）。

（3）在初始 Pb^{2+} 浓度为 5 mg/L、吸附剂投加量为 0.2 g/L 的条件下，新活性炭对 Pb^{2+} 的去除率为 55%，而三种不同使用时间的 SBAC 样品可高效吸附 Pb^{2+}，去除率均高达 99% 以上，吸附能力较新活性炭有很大的提高。

（4）影响因素实验表明：当初始 Pb^{2+} 浓度一定时，Pb^{2+} 的去除率随着吸附剂投加量增加而增大；投炭量一定，Pb^{2+} 的去除率随着初始浓度的增加而减小；温度对 Pb^{2+} 吸附的影响很小，但总体趋势还是较高的温度有利于吸附；当 pH 值在 4.0 ~ 9.0 的范围内时，Pb^{2+} 的去除率均保持在 97% 左右，在偏酸性环境下仍有良好的吸附能力；溶液中的共存阳离子（Ca^{2+}、Mg^{2+}）通过竞争活性吸附位点而导致 SBAC 对 Pb^{2+} 的吸附量略有降低（8% ~ 12%）。

（5）通过对 SBAC 吸附 Pb^{2+} 前后的 FT-IR、XPS 及其他金属离子的释放的分析，得出 Pb^{2+} 的去除机理主要有 Pb^{2+} 与 Ca^{2+} 等的交换，以及 Pb^{2+} 与表面官能团羟基和羧基的络合。

7.5 BAC 工艺不同使用时间 SBAC 去除放射性核素锶(Sr)的潜能

由 7.4 节的研究可知，SBAC 对 Pb^{2+} 表现出良好的吸附性能。为探究其对放射性核素的去除潜力，本节将以 Sr^{2+} 为例，验证 SBAC 对放射性核素同样有好的吸附性能，试验方法同 7.4 节。这样做，一方面可以为 SBAC 的再利用提供新思路，另一方面也可以为放射性核素 Sr^{2+} 的去除找寻经济、有效的吸附剂。

在参考国内外关于水体中放射性锶污染的特征和去除方法的研究文献的基础上，基于载带机制和出于安全性考虑，用非放射性锶元素（^{88}Sr）代替放射性锶元素（^{90}Sr）来进行试验研究。配制锶溶液所用试剂为六水合氯化锶（$SrCl_2 \cdot 6H_2O$），由天津市光复精细化工研究所提供。

7.5.1 不同使用时间 SBAC 对 Sr^{2+} 的吸附等温线和热力学

基于平衡时的 Sr^{2+} 浓度 c_e(mg/L) 和 Sr^{2+} 平衡吸附量 q_e（mg/g）数据，在 298 K 的温度条件下，分别采用 Langmuir 吸附模型和 Freundlich 吸附模型对 SBAC 的吸附等温线进行拟合。拟合结果表明，SBAC-5、SBAC-6 和 SBAC-7 的吸附等温线均与 Langmuir 模型更符

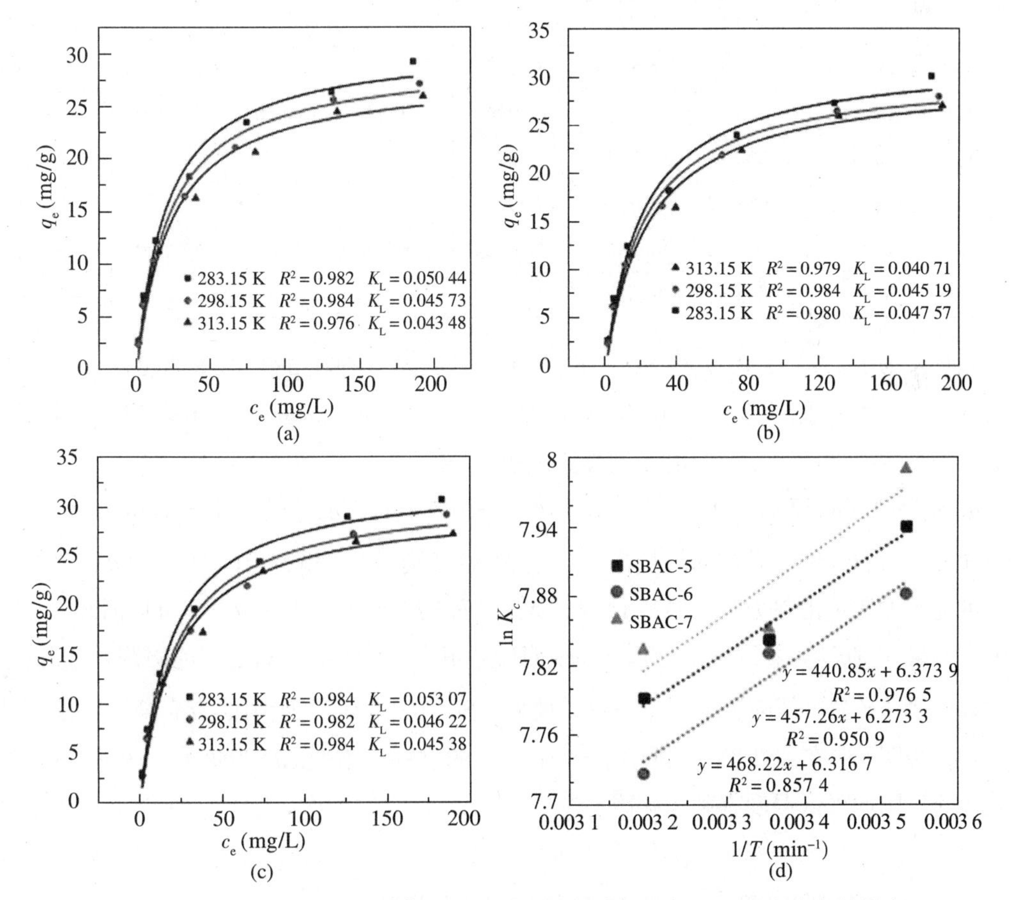

图 7-22 三种 SBAC 对 Sr^{2+} 的 Langmuir 吸附等温线及吸附热力学参数拟合

（$c_0=5\sim250$ mg/L，SBAC 剂量 = 2 g/L，$T=25$℃，pH = 6.0，$t=120$ min）

（a）SBAC-5 吸附等温线 （b）SBAC-6 吸附等温线 （c）SBAC-7 吸附等温线 （d）吸附热力学参数拟合

合，如图7－22（a）～(c)所示，其相关系数 R^2 均大于0.976，说明 Sr^{2+} 在SBAC表面发生了单分子层吸附。就吸附能力而言，SBAC-5、SBAC-6 和 SBAC-7 相差不大，由表7－9可知，在室温25 ℃（298.15 K）条件下，SBAC-7 的最大饱和吸附量最大，为30.984 3 mg/g，SBAC-6 次之，为30.415 1 mg/g，SBAC-5 最小，为29.329 5 mg/g；SBAC 对 Sr^{2+} 的吸附容量整体小于对 Pb^{2+} 的吸附容量（139.83～164.43 mg/g）。以上数据说明 SBAC 对 Sr^{2+} 的吸附能力远小于 Pb^{2+}，原因见7.5.3节机理部分的内容。

表7－9　Sr^{2+} 在 SBAC 上的吸附等温线、热力学参数

模型		Langmuir 模型			热力学			
样品	T(K)	K_L (L/mg)	q_m (mg/g)	R^2	R^2	ΔH (kJ/mol)	ΔS (J/mol)	ΔG (kJ/mol)
SBAC-5	283.15	0.050 44	30.663 3	0.982	0.976 5	－3.665	52.995	－18.686
	298.15	0.045 73	29.329 5	0.984				－19.433
	313.15	0.043 48	27.948 7	0.976				－20.279
SBAC-6	283.15	0.047 57	31.809 0	0.980	0.950 9	－3.802	52.159	－18.548
	298.15	0.045 19	30.415 1	0.984				－19.403
	313.15	0.040 71	29.945 5	0.979				－20.108
SBAC-7	283.15	0.053 07	32.276 4	0.984	0.857 4	－3.893	52.520	－18.806
	298.15	0.046 22	30.984 3	0.982				－19.459
	313.15	0.045 38	29.811 3	0.984				－20.390

同时，为了探究 SBAC 吸附 Sr^{2+} 的热力学特性，又分别在283.15 K和313.15 K的温度条件下进行了吸附实验，并拟合了 SBAC 吸附 Sr^{2+} 的 Langmuir 吸附等温线，结果如图7－22(a)～(c)所示，相应的模型参数见表7－9。

由图7－22(d)可知，SBAC-5、SBAC-6 和 SBAC-7 对应的范特霍夫方程的 ln K_c 对 $1/T$ 的曲线是具有较大回归系数的线性方程，其 R^2 值分别为0.976 5、0.950 9 和0.857 4。因此，可由此方程得出热力学参数，计算结果列于表7－9中。由表7－9可以看出，SBAC 的吸附容量 q_m 随着温度的升高而减小，说明低温更有利于 SBAC 对 Sr^{2+} 的吸附，这与热力学参数焓变 ΔH 为负值的逻辑关系一致。此外，Sr^{2+} 在 SBAC 上吸附的吉布斯自由能变 ΔG 为负值，表明 Sr^{2+} 在活性炭上的吸附是一个自发的过程。焓变 ΔH 为负值，表明吸附过程是放热的，因此降低温度有利于吸附。

7.5.2　不同使用时间 SBAC 对 Sr^{2+} 的吸附动力学

图7－23(a) 给出了 Sr^{2+} 在 SBAC-5、SBAC-6 和 SBAC-7 上的吸附动力学曲线。由图可

知，溶液的 Sr^{2+} 浓度在吸附过程的最初几分钟迅速下降，几乎在 3 min 内，Sr^{2+} 的去除率就达到 85% 。随着吸附时间的延长，Sr^{2+} 的去除率变化不大，只提高到 86. 6% 左右。这说明 Sr^{2+} 与 SBAC 之间的反应是瞬时的。

分别采用准一级动力学模型、准二级动力学模型和颗粒内扩散模型来拟合 SBAC 的吸附动力学，结果见图 7－23(b)～(d)，参数拟合结果如表 7－10 所示。由图 7－23和表 7－10 可知，动力学结果与 Pb^{2+} 相同，SBAC-5、SBAC-6 和 SBAC-7 对 Sr^{2+} 的吸附动力学完全符合准二级动力学模型，其线性拟合的 R^2 值均达到 1。相应的反应速率结果也与 Pb^{2+} 相似，SBAC-6 的速率常数 K_2 最大，吸附最快，其次是 SBAC-7 和 SBAC-5，并且三种活性炭由准二级动力学模型得出的 $q_{e,c}$ 值均与实验中检测所得的 q_t 值（分别为 2. 51 mg/g、2. 50 mg/g、2. 50 mg/g）一致。

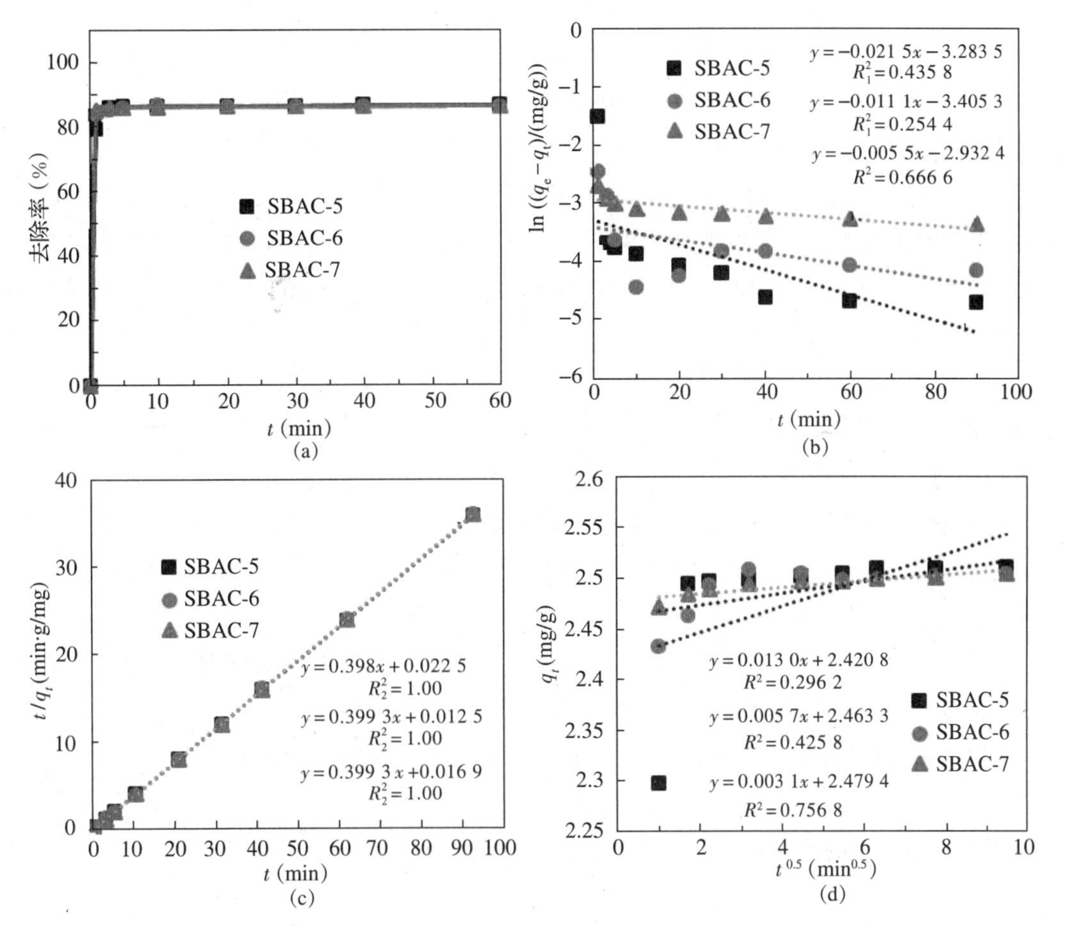

图 7－23　SBAC 对 Sr^{2+} 的吸附动力学及模型拟合

(c_0 = 5. 78 mg/L，SBAC 剂量 = 2. 0 g/L，T = 25 ℃，pH = 6. 1，t = 1～90 min)

(a) 吸附速率　(b) 准一级动力学模型　(c) 准二级动力学模型　(d) 颗粒内扩散模型

表 7-10　Sr^{2+} 在 SBAC 上的动力学参数

样品	准一级动力学模型			准二级动力学模型			颗粒内扩散模型		
	K_1 (1/min)	$q_{e,c}$ (mg/g)	R_1^2	K_2 (g/(mg·min))	$q_{e,c}$ (mg/g)	R_2^2	C	K_p (mg/(g·min$^{0.5}$))	R^2
SBAC-5	0.021 5	0.037 5	0.435 8	7.040 2	2.512 6	1.00	2.420 8	0.013 0	0.296 2
SBAC-6	0.011 1	0.033 2	0.254 4	12.755 2	2.504 4	1.00	2.463 3	0.005 7	0.425 8
SBAC-7	0.005 5	0.053 3	0.666 6	9.434 3	2.504 4	1.00	2.479 4	0.003 1	0.756 8

7.5.3　不同使用时间 SBAC 吸附 Sr^{2+} 的机理探究

在 Sr^{2+} 吸附过程中，对 SBAC 吸附 Sr^{2+} 后的上清液进行了金属分析。结果表明，与 SBAC 吸附 Pb^{2+} 结果一致，在吸附 Sr^{2+} 的过程中发现有 Ca^{2+} 的大量释放，Mg^{2+} 和 Al^{3+} 的释放甚少，因此对 SBAC 吸附 Sr^{2+} 前后的样品进行了 FT-IR 和 XPS 分析以及相关的离子释放实验。结论如下。

（1）SBAC 吸附 Sr^{2+} 的实验表明，其吸附等温线更符合 Langmuir 模型，说明 Sr^{2+} 在 SBAC 上的吸附为单分子层吸附。由在不同温度条件下拟合的吸附等温线得出的热力学参数显示，焓变值为负，熵变值为正，吉布斯自由能变为负值，这说明 Sr^{2+} 在 SBAC 上的吸附实验是一个自发的放热过程。

（2）运用准一级动力学模型、准二级动力学模型和颗粒内扩散模型对 Sr^{2+} 的吸附动力学进行拟合，表明准二级动力学模型能更好地描述 Sr^{2+} 的吸附动力学。SBAC-5、SBAC-6 和 SBAC-7 对 Sr^{2+} 的吸附表现出相同的动力学性质，与使用时间无关。

（3）在相同条件下，与新活性炭 16% 的去除率相比，三种不同使用时间的 SBAC 样品均可有效吸附 Sr^{2+}，去除率达 85% 以上，相比于当前用于去除 Sr^{2+} 的其他活性炭吸附剂，吸附能力较强。

（4）SBAC 吸附 Sr^{2+} 的机理探究结果与 Pb^{2+} 实验基本相同，主要机理包括 Sr^{2+} 与 Ca^{2+} 等的交换，以及 Sr^{2+} 与表面官能团羟基的络合。

SBAC 对 Sr^{2+} 和 Pb^{2+} 之所以表现出不同的吸附性能，可能是因为 Ca^{2+} 和 Sr^{2+} 在同一主族中，离子半径相近，水合离子半径相同，Sr^{2+} 的存在使得 Ca^{2+} 的释放受到抑制，影响活性炭表面吸附位点的数量，由此导致 SBAC 对 Sr^{2+} 的吸附结果不如 Pb^{2+} 理想。

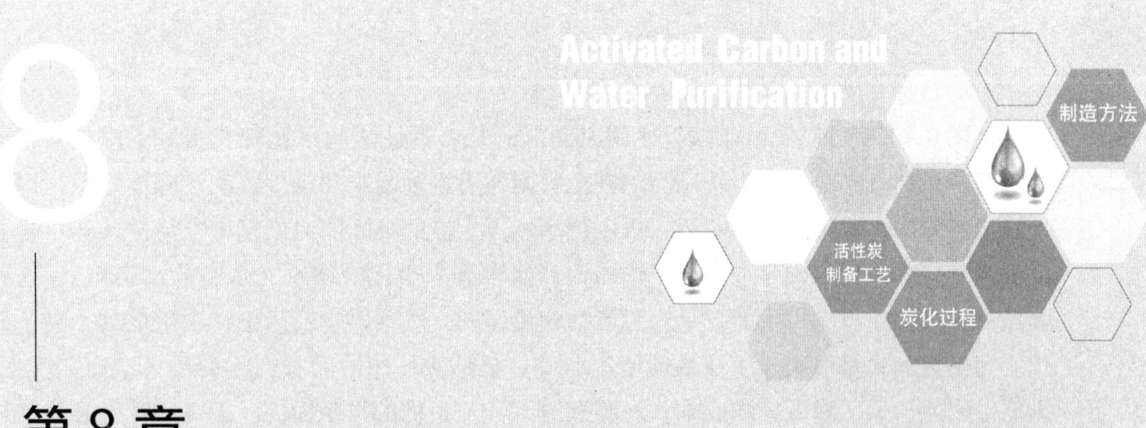

第8章 活性炭的再生

活性炭再生是循环经济的一部分，它可以减少二氧化碳的排放。美国的活性炭市场应用数据分析表明，60%～65%的活性炭用于水处理；截至2020年底我国已有超过120个水厂采用BAC工艺，总处理能力超过4 000万 m^3/d，占地表水厂处理能力的30%以上。因此需要大量的新活性炭，同时也将产生大量的失效活性炭（即饱和活性炭）。由于生产活性炭的资源减少以及污染物质脱附可能引起二次污染，活性炭的再生问题必须提上日程。

8.1 活性炭再生的技术经济分析及方法

8.1.1 活性炭再生的技术经济分析

失效的活性炭再生与否要经过再生试验，通过技术经济比较确定（图8－1）。活性炭的最佳再生成本取决于两个因素，即再生费用和水处理费用，两者都是时间的函数。

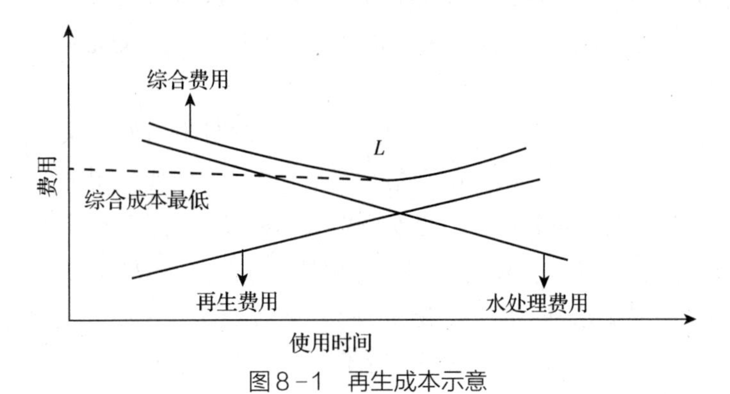

图8－1　再生成本示意

从图 8-1 中可以看出，随着使用时间的延长，活性炭的水处理费用呈下降趋势，而再生费用呈上升趋势。再生费用的上升由吸附能力恢复困难和再生得率下降而导致，即活性炭的再生周期取决于再生费用、再生得率和再生炭的吸附能力恢复率。活性炭热再生和活性炭制造的最大区别是进入再生炉的饱和炭含有未炭化的物质（水中的污染物），这种物质的含量直接影响再生的效果：污染物含量高的，较难再生；污染物含量低的，易于再生。污染物的含量取决于活性炭的使用时间：活性炭使用时间长，污染物含量高；反之，则低。因此，为了降低净水成本，需要探讨综合（最低的再生损耗、最高的吸附容量、最低的再生成本）最佳的参数（见图中 *L* 点）。

8.1.2 活性炭再生的方法

所谓活性炭的再生（regeneration），是指运用物理、化学或生物化学等方法，在不破坏活性炭原有结构的前提下，使饱和吸附各种污染物的活性炭恢复吸附性能，达到能够再次使用状态的操作。活性炭是一种耐热、耐酸、耐碱的物质，在选定再生条件时，除了不损害活性炭上述这些性质和所具有的吸附能力外，还必须考虑处理过程的经济性。

目前所用的再生方法主要分为脱附（desorption）和分解（decomposition）两大类，即通过使吸附在活性炭上的吸附质脱附或分解进行再生。

脱附再生是指通过改变活性炭的环境（如降低压力或浓度、提高温度、使用化学药品等）使吸附质脱附的操作。如在气相吸附时，经常通过降低压力或浓度使吸附质脱附；提高温度脱附亦称为加热脱附（thermal desorption），如使用高温的惰性气体或水蒸气进行脱附等；化学药品脱附主要用于液相吸附，是指通过化学药品使 pH 值发生变化，或者使用溶剂降低吸附质与吸附剂的亲和性而使吸附质脱附。

在不能通过脱附进行再生的场合，如水处理过程中，需采用分解再生的方法对失效活性炭进行再生，主要包括采用氧化性气体进行高温分解的方法、高温液相氧化分解法、氧化剂液相氧化分解法、微生物分解法、电化学分解法等。其中，采用氧化性气体进行高温分解的方法又称作热再生（thermal regeneration）法，是目前水处理过程中失效活性炭最主要的再生方法；高温液相氧化分解法又称作湿式氧化（wet oxidation）法，已有用于粉末活性炭再生的报道。

微生物分解法指通过在活性炭上繁殖的微生物分解吸附质的方法，又称作生物再生（biological regeneration）法，可用配制好的经过驯化的培养液使吸附能力衰竭的失效活性炭再生，或直接利用水处理过程中在活性炭颗粒表面形成的生物膜使活性炭表面所吸附的有机物不断降解，这已经成为 BAC 工艺固有功能的一部分。1973 年罗德曼等研究了不同工艺处理生化出水的深度处理工作（三级处理），其结果（图 8-2）已经证明了这一点。由图可以看出，与活性炭、活性污泥相比，活性污泥与活性炭组合的效果最好，这表明活性炭上的微生物起到了生物再生的作用。

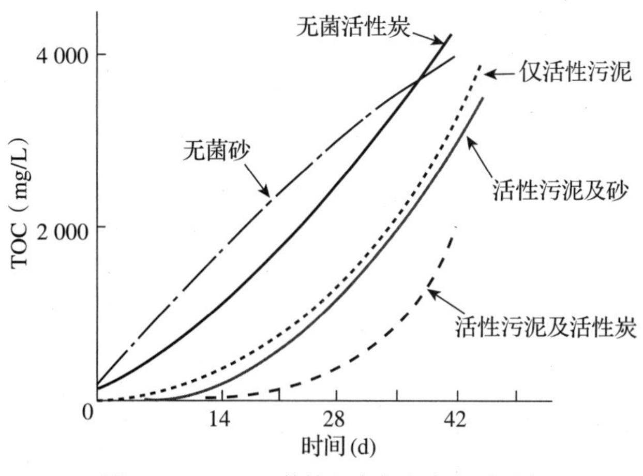

图8－2　不同工艺处理生化出水水质对比

与其他再生法相比较，热再生法因能够分解多种多样的吸附质而具有通用性，是目前水处理过程中失效活性炭最主要的再生方法。药品再生法虽然也有应用，但由于再生过程中有大量的酸、碱废水与洗涤废水排放，必须配备中和装置、生物处理装置等。而高温加热再生法，使被吸附在活性炭上的有机物质加热分解，因此不会带来排水问题，虽有废气排放，但可以通过使用二次燃烧室等予以有效的解决。综上可知，考虑到水质安全及二次污染问题，尽管热再生法有某些缺点，但它仍然是饮用水处理领域应用最广泛的方法之一。因此，下面将对水处理过程中失效活性炭的主流再生方法——热再生法的原理进行详细的说明。

8.2　活性炭热再生的理论基础及原理

8.2.1　活性炭热再生的理论基础

活性炭热再生的理论基础示意如图 8－3 所示。

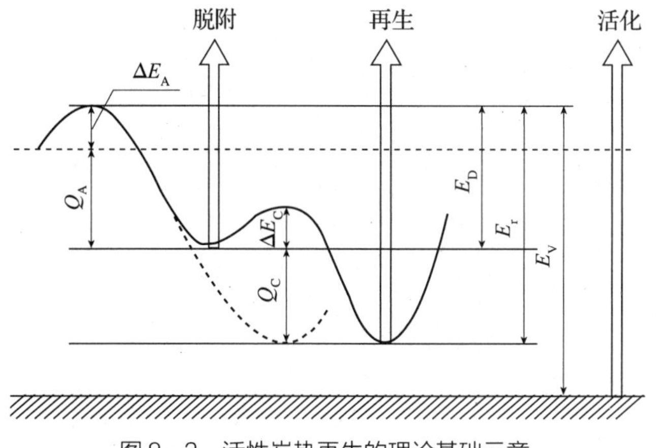

图8－3　活性炭热再生的理论基础示意

图 8－3 给出了脱附和再生所需能量，其计算分别见式（8－1）和式（8－2）：

$$E_D = Q_A + \Delta E_A \tag{8-1}$$

$$E_r = E_D + Q_C \tag{8-2}$$

式中 E_D——脱附所需能量；

Q_A——物理吸附热；

ΔE_A——活化能；

E_r——再生所需能量；

Q_C——化学吸附热。

再生所需能量必须大于脱附所需能量，但小于活化所需能量，因此采用一般活化炉都可以进行再生。

8.2.2 活性炭热再生的原理

苏联的学者在活性炭再生方面做了大量的研究，给出了活性炭热再生时反应过程的示意图和原理图，详见表 8－1 和图 8－4。

表 8－1 活性炭热再生时反应过程的示意图

状态	示意图	所需能量及温度
原始状态	AC所含水分 AC所吸附的有机物 AC孔隙	见图 8－4
干燥过程	水分(H_2O)	

（续）

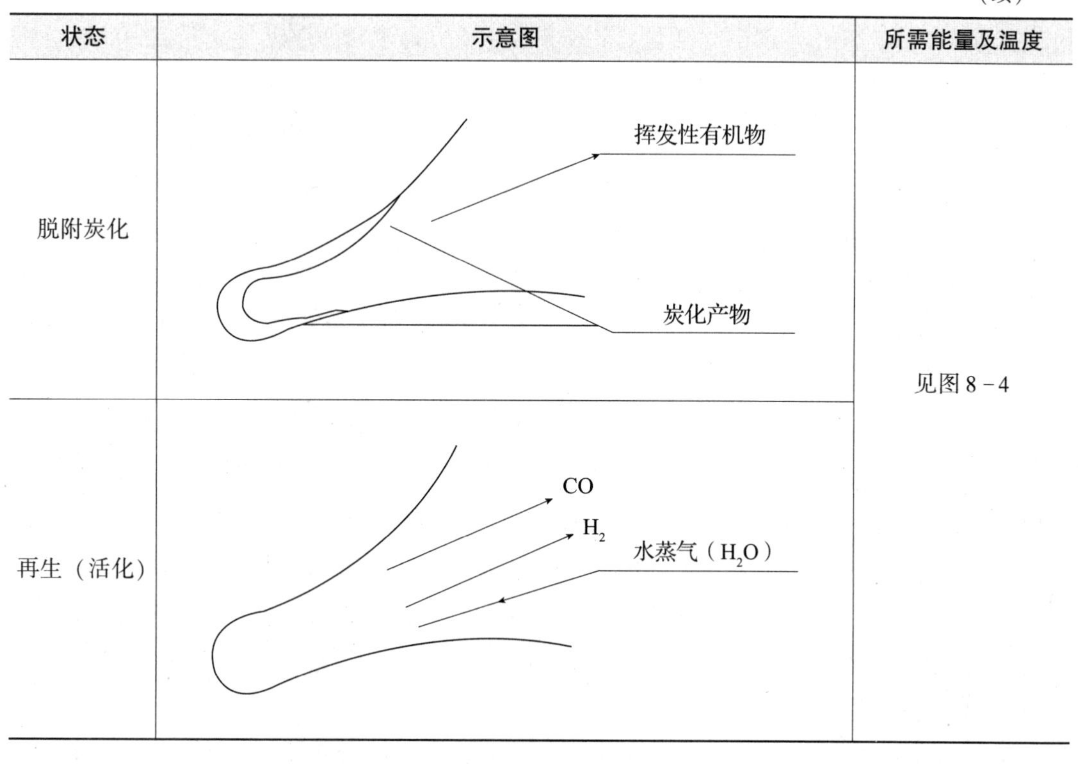

状态	示意图	所需能量及温度
脱附炭化	挥发性有机物 炭化产物	见图 8－4
再生（活化）	CO H_2 水蒸气（H_2O）	

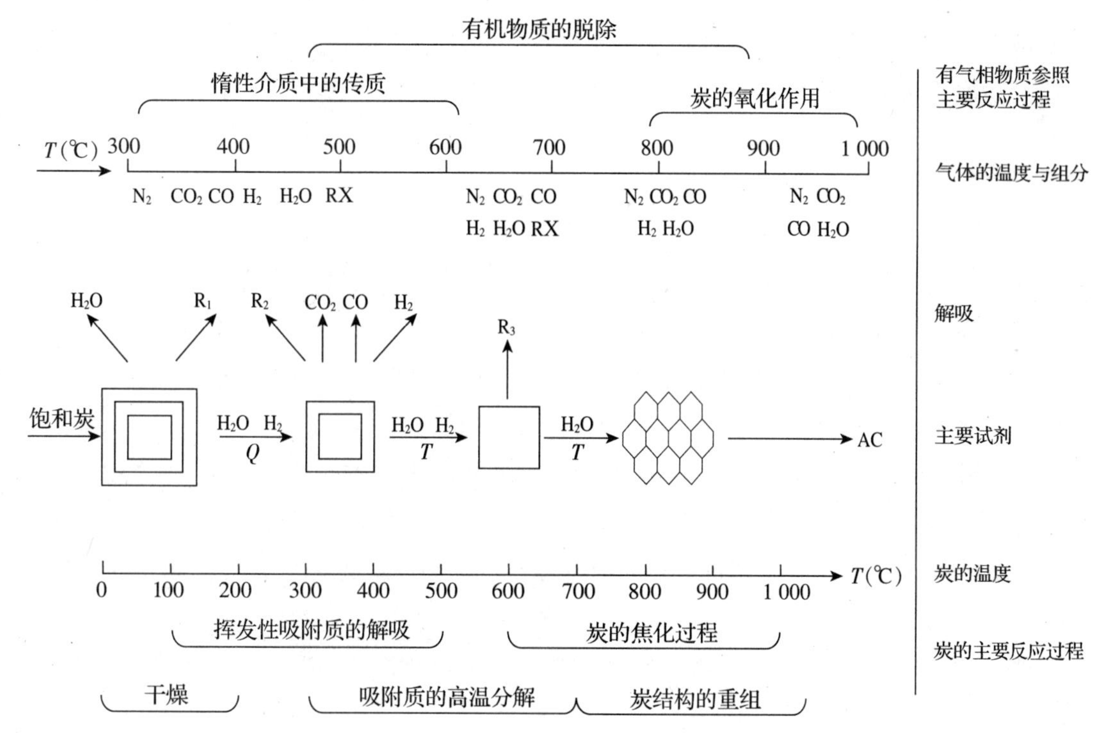

图 8－4　活性炭热再生时反应过程的原理图

（注：RX 指有机化合物）

由表 8－1 和图 8－4 可以看出，与活性炭的制备过程一样，随着温度的升高，热再生过程也分为干燥、炭化、再生（活化）三个阶段。在 100 ℃以下，活性炭孔隙中的水分将蒸发，一部分有机物在该过程中脱附。由于失效活性炭含水率较高（约为 50%），因此需要大量的蒸发潜热。当温度升高到大约 350 ℃时，低沸点有机物脱附，进一步加热到大约 800 ℃时，高沸点有机物在吸附状态下被热分解，一部分转化为小分子物质而脱附，其余部分则通过炭化（缩聚合）以固定碳的形式残留下来。活化过程则是在 800～1 000 ℃下，通过氧化（利用水蒸气、二氧化碳、氧气等氧化性气体）炭化过程中被分解了的吸附物生成的炭化残渣来完成，即利用炭化过程中残留下来的固定碳与活性炭本身的气化反应速度的差异，有选择性地将固定碳气化掉。因此，炭化过程中残留碳的形态直接影响活化过程，高温下的炭化过程一旦持续很长时间，非晶质的固定碳便石墨化，使活化变得困难。在实际操作中，可以通过饱和活性炭的热重量分析曲线，初步确定吸附质的类型，进而定性地确定炭化条件。

实践表明，水处理用活性炭总的再生过程大约需要 30 min，前 15 min 为干燥时间，在这段时间内，活性炭中的水分被蒸发掉，在紧接着的 5 min 内被吸附物质发生热解（即高温分解），挥发性物质在这段时间内被排出，最后 10 min 用于被吸附物质的氧化和粒状炭的活性恢复。

热再生法具有通用性好、再生率高、再生时间短、没有再生废液等优点，但也有一些缺点，如活性炭再生炉需要在接近 1 000 ℃的高温下进行操作，因此对再生炉的材质及防腐性能有较高的要求；另外，再生损耗较大（每次达 5%～10%）。

8.2.3 活性炭热再生的要素

与活性炭活化的三要素一样，决定活性炭再生质量的要素仍然是活化时间、活化温度和水蒸气用量。图 8－5 给出了实验室条件下几种再生气体与活性炭再生效果的关系。由于实际再生的气体氛围是上述四种的综合，即活化气体中既有 H_2O，也有 N_2、CO_2 及 O_2，因此再生效果也必然是四种效果的综合。

无论哪一种再生氛围，再生效果的好坏受温度的影响均很大。图 8－6 给出了在保持相同再生损耗（2.4%）的条件下再生温度与活性炭吸附容量恢复的关系。

由图 8－6 可以看出，要使再生炭的吸附容量恢复到原炭的 95% 以上，活化（再生）温度需高于 850 ℃。需要注意的是，该温度是物料（即活性炭）的温度，而不是再生气体的温度，因为再生气体的温度通常高于物料的温度，这是因为再生的主反应都是吸热反应（$H_2O + C \longrightarrow CO + H_2$ 和 $CO_2 + C \longrightarrow 2CO$）。

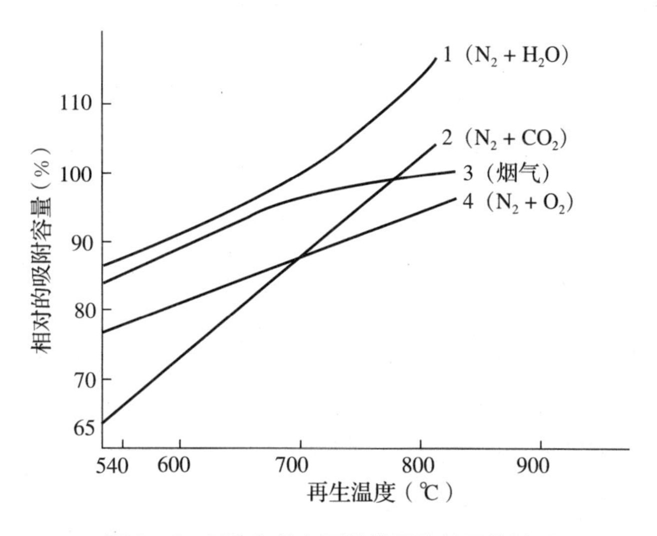

图8-5　再生气体与活性炭再生效果的关系

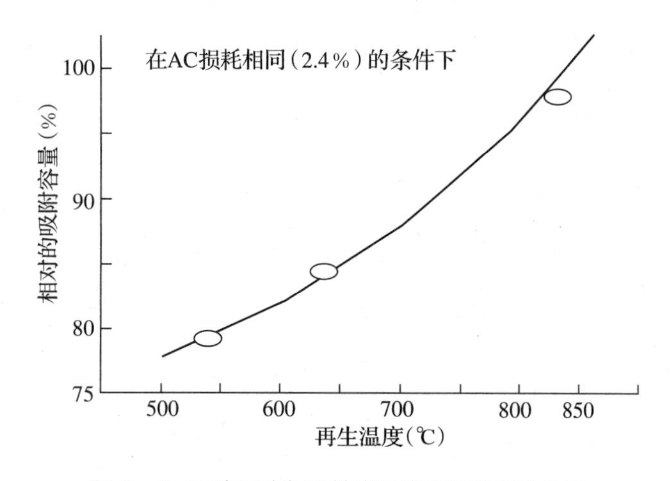

图8-6　再生温度与活性炭吸附容量恢复的关系

8.2.4　活性炭再生后吸附指标的恢复率

失效活性炭经再生并检测合格后，可重复使用。若回用于原净水厂，应按内控指标进行测试，达到要求后方可使用。

活性炭采购时应同时确定再生服务条款，即在签订活性炭采购合同时，就与供应商绑定再生服务条款。实际上，目前欧美等西方发达国家都采用这种专业化分工合作模式，提高效率，在保证出水质量的同时，尽可能降低成本。

原则上活性炭再生后，吸附指标的恢复率不能低于原指标的90%。以亚甲基蓝吸附值为例，如果原指标为180 mg/g，再生后该指标不应低于162 mg/g。活性炭的再生损耗涉及诸多方面，例如取炭过程中磨损、再生炉中的烧蚀以及再生炭装填磨损等。根据北京田村山水厂饱和炭再生的生产性试验数据，再生炉中的损耗为15%左右。

8.2.5 活性炭热再生的设备

活性炭热再生也就是再活化（reactivation）。该过程与活化的不同之处在于物料的挥发分含量较低。一般难以靠自身产生的热量来维持炉温，而要借助于外加燃料来实现。目前，再生的设备主要有耙式炉、转炉和斯利普炉，国内均已有生产实践。

8.2.6 活性炭微波再生的原理及技术特点

微波再生是在热再生的基础上发展而来的。活性炭的这两种再生方法都通过加热来改变活性炭的吸附性能，从而实现吸附质解吸、活性炭活化和再生。微波再生作为一种新兴的再生方法，具备再生时间短、加热均匀、再生后孔隙结构发达等优点，已得到深入研究，有望成为解决废旧活性炭回收问题的有效途径。

8.2.6.1 活性炭微波再生的原理

微波是一种电磁波，属于无线电波中的一个有限频带，频率为300 MHz～3 000 GHz，波长在0.1 mm～1 m范围内，其频率比一般的无线电波频率高。1864年，麦克斯韦提出了电磁场的基本方程组（后称麦克斯韦方程组），并预测了电磁波的存在，后由海因里希·赫兹（Heinrich Hertz）在1888年证明了其存在。微波可再生包括活性炭、活性焦等在内的碳材料，其中对活性炭再生技术的研究可以追溯到20世纪90年代，如微波再生负载乙醇和丙酮的废粉末活性炭。微波再生与热再生最大的区别在于微波与介电材料之间的升温方式。微波对于物质的基本性质通常呈现为反射、穿透、吸收三个特性，据此可将材料分为导体（金属、合金等）、绝缘体（熔融石英、玻璃、陶瓷等）、介电材料（水溶液、极性溶液等）三类，如图8－7所示。

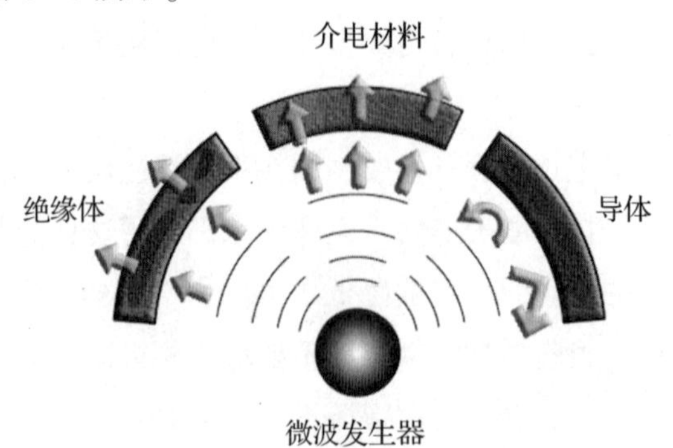

图8－7 导体、介电材料和绝缘体对微波的作用

导体反射微波且不吸收微波，绝缘体不受微波影响（直接穿过），而介电材料吸收微波，储存能量并将其转化为热能，活性炭即属于介电材料。随着介电材料理论体系的建立，活性炭作为介电材料吸收微波的理论逐步得到完善，微波再生活性炭的研究得以进行。活性炭作为一种高介电损耗材料，微波加热可使其快速升温，几分钟即可达到上千摄氏度的高温，从而实现活性炭的快速再生。

活性炭微波再生技术的研究，主要集中在探究不同种类的废旧活性炭吸附不同污染物后的微波再生效果、微波再生与常规再生的对比、微波再生实验参数优化、微波与其他技术（或溶剂）的结合等方面。

8.2.6.2 活性炭微波再生的技术特点

1. 非接触性加热

微波加热使得热源和加热材料可以隔绝开来实现非接触性加热，因此能减小外界环境对加热材料的影响和扰动，使得加热环境更加稳定。微波的非接触性加热还可以应用在微波谐振传感器上。非接触式测量无须进行样品预处理即可实现对连续操作系统的现场测量和实时监视。

2. 分子升温特性

活性炭的再生主要以脱附作用和降解效果为主，前者由加热升温过程实现，后者以高温分解为主。脱附和降解的炭残留物沉积在活性炭表面会堵塞孔道，将导致活性炭吸附效率下降，这是传统热再生法存在的主要问题，但微波再生表现出良好的效果。这是由于常规加热是将热量从材料的外部传递到内部，而微波加热是从分子层面直接将电磁能转化为热能，材料分子层升温之后将热量扩散到材料外部，从而产生均匀升温的效果，并且存在分子—颗粒—材料的温度梯度，利于吸附质从活性炭表面脱附并被带出。法亚兹（Fayaz）等使用微波对吸附正十二烷的活性炭进行再生所需的最低能量为传统加热再生法所需的最低能量的6%，此结果归因于微波加热快速的升温速率和低热损失，其实质是介电材料分子吸收热量完全的特性表现。

3. 选择性加热及电弧现象

微波加热会导致选择性加热（热点）现象，即由于吸波材料本身介电性质的差异，不同部分的热量转换效率不同，从而产生的某些区域结构的温度远高于材料整体温度的现象，这也是微波具备选择性加热特性的原因。电弧现象是指在微波加热过程中，碳材料中获得动能的电子逸出，导致周围大气电离，在宏观层面上表现为电弧的形成，在微观层面上表现为等离子体的形成。聚集的等离子体可直接作用于物质使其分解，理论上电弧作用能促进活性炭再生过程中的降解，但目前对其开展的研究较少。

8.2.6.3 活性炭微波再生的前景

在微波再生活性炭技术的研究过程中，研究者发现该技术具备快速加热、均匀升温、选择性加热等特点，能大幅提高活性炭的再生效果，且在多次循环再生后仍能使活性炭保持较好的吸附效果。微波再生技术有很好的发展前景，但同时也存在着需要突破的关键问题，主要包括以下三个方面。

（1）吸附质高温分解后的产物滞留在活性炭内部造成孔隙堵塞是影响再生效果的主要因素。氧化氛围条件下的再生能提高再生炭的活化程度，但同时促进吸附质和碳材料的分解。探究适宜的再生条件以及微波、载气和碳材料之间的相互作用是重要的解决途径。

（2）微波技术和活性炭改性技术的结合是颇具潜力的研究方向。合成高介电损耗的新型材料以提高其吸收微波的能力，或者调控活性炭的孔隙结构和表面性质等都是重要的研究方向，重点是找到兼顾活性炭吸附和再生的平衡点。考虑到微波的穿透深度，在再生过程中需要调整微波功率和吸附剂质量，以确保微波能完全穿透，从而保证活性炭的升温均匀性。

（3）目前关于微波技术对活性炭再生效果的原因分析主要集中在活性炭的孔隙结构和表面特性的变化上，对活性炭作为介电材料吸收微波的介电特性机理的研究还不够深入，这可能是提高废活性炭再生效果的突破口。

8.3 BAC 工艺的最佳再生周期

8.3.1 BAC 工艺常用的再生周期判据及其存在的问题

生物活性炭再生的判据，目前国际上通用的主要有出水水质判据、时间判据和取样检测判据。所有的判据都必须以保证出水水质合格为前提。

8.3.1.1 出水水质判据

当活性炭不能保证出水水质合格时，就需要进行再生。目前我国有部分净水厂采用此法判断活性炭是否需要再生，这不失为一种可靠的判据。在没有更好的方法取代它之前，建议采用此种方法。

8.3.1.2 时间判据

时间判据也称为定期定量再生判据，就是根据活性炭的使用时间，每年定期定量再生活性炭吸附池中1/4～1/3的活性炭。目前，欧美、日、韩等发达国家和地区常采用此方法。如日本的净水厂，每隔3～4年再生一次的情况比较多。其优点是可以保证活性炭的净水效果，活性炭单次再生损失较小，再生活性炭的吸附性能恢复较好，从而使活性炭的使用寿命得以延长；缺点是对活性炭供应商的要求较高，装炭、出炭和再生回供频繁。与我国的实践一样，在日本，也有不进行活性炭更换的例子，使用6年后，仍能够稳定地去除三卤甲烷。

8.3.1.3 取样检测判据

取样检测判据即通过取样测定活性炭吸附池内活性炭样品的碘吸附值或亚甲基蓝吸附值来判断是否需要对其进行再生。该方法反映的不是活性炭的真实情况（详见8.3.3节）。这是由于活性炭从水中吸附的污染物中有相当一部分是具有挥发性的，例如上海黄浦江水源中含有的四氯化碳，这种物质很易被活性炭吸附，但在温度升高时，又极易脱附。而测定活性炭的碘吸附值和亚甲基蓝吸附值时，样品的制备必须经过加热（在105～110 ℃下干燥2 h）环节，此时测出的碘吸附值和亚甲基蓝吸附值是这些物质脱附后的数值，即测试结果偏高。由此可见，以此来判断活性炭的再生与否，是不科学的。

8.3.2 失效活性炭碘吸附值和亚甲基蓝吸附值的测定

如上所述，目前测定失效活性炭的碘吸附值和亚甲基蓝吸附值的方法需要将活性炭样品在105～110 ℃下干燥2 h以去除活性炭中的水分。然而，由于失效活性炭中已经吸附了很多低沸点的挥发性有机物（VOC），如三氯甲烷（氯仿）的沸点为61.2 ℃，三氯苯酚的沸点为67.2 ℃，苯的沸点为80.1 ℃，四氯化碳的沸点为76.8 ℃，这些物质在加热干燥过程中将发生脱附。无疑，这些容易脱附的物质所占据的孔隙会被碘及亚甲基蓝所利用，从而出现所测出的碘及亚甲基蓝的吸附值增加的虚假现象。

为了证明这一点，我们收集了七个水厂的饱和活性炭样品。为了避免VOC挥发所带来的误差，实验采用在80 ℃下低温真空干燥2 h的方法对失效活性炭进行干燥。测试结果的对比见图8－8。

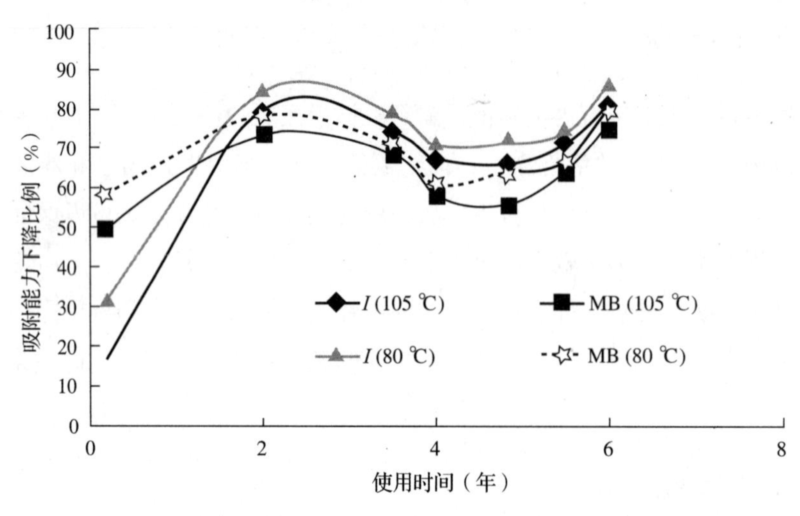

图 8－8　低温真空与 105 ℃干燥测试方法的测试结果对比

由图 8－8 可以看出，在低温（80 ℃）真空条件下，失效活性炭样品的碘值和 MB 值均低于标准方法（105 ℃）的结果，其中碘值平均下降了 17%，MB 值平均下降了 12.2%。与 MB 值相比，碘值的误差更大，这是由于以碘值为特征的小分子在干燥过程中更易于解吸，从而释放出更多的孔容积。因此，取样测试的标准高估了活性炭的吸附能力，作为判定再生的标准不准确，存在水质不合格的风险。

为了减小误差并保护饮用水安全，下文中在低温（80 ℃）真空条件下测定碘值和 MB 值。

8.3.3　BAC 工艺最佳再生周期的研究

选取了某市有代表性的六个采用 BAC 工艺的水厂，并按 BAC 工艺运行年限编号为 WTP1、WTP2、WTP3、WTP4、WTP5、WTP6，进行了生物活性炭采样测试，并对 WTP1 进行了跟踪测试。各个水厂所采用的新活性炭的碘值和 MB 值分别为 950 mg/g 和180 mg/g。

8.3.3.1　BAC 的使用时间对再生 AC 吸附能力恢复率的影响

为了探讨 BAC 的使用时间对再生 AC 的吸附能力恢复率的影响，分别在不同温度下对不同使用时间（运行 1 年、2 年、3 年、4 年、5 年和 6 年）的饱和活性炭进行了再生研究。在 850 ℃下再生 1 h 后，其碘值和 MB 值的结果如图 8－9 所示。

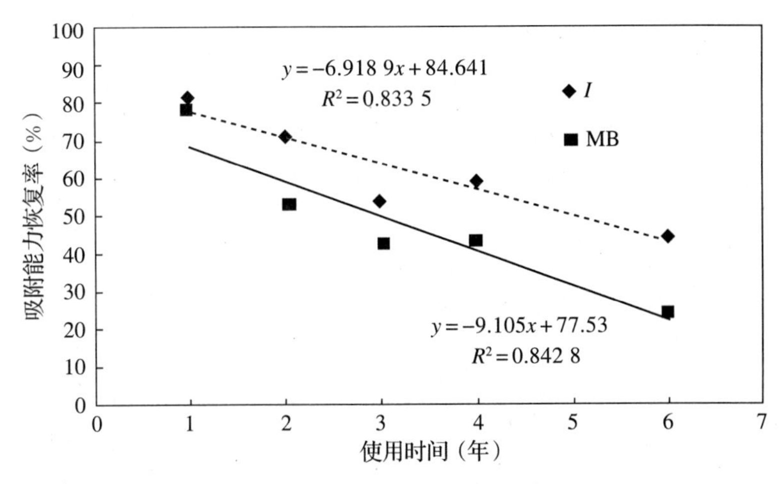

图 8－9　BAC 的使用时间对再生 AC 吸附能力恢复率的影响（850 ℃下再生 1 h）

由图 8－9 可以看出，活性炭再生的难易程度与活性炭的使用时间基本上呈直线关系，即使用时间越长，越难再生。其中，碘值的恢复能力以每年约 7% 的比例递减，MB 值则以每年约 9.2% 的比例递减。在该再生条件（850 ℃下再生 1 h）下，碘值和 MB 值吸附容量的最大恢复率均约为 80%，该结果是不理想的。

本实验同时考虑了所采集样品实际运行负荷的影响。样品中标注已经使用了 5 年的活性炭，其水厂实际情况是设计水量 2.5 万 t/d，实际运行 1 万 t/d，即其实际运行负荷仅为 2 年。因此，在图 8－9 中，将其置于使用 2 年的位置，结果证明这种处理是恰当的。这说明使用时间固然重要，使用负荷更重要。

8.3.3.2　再生时间对再生 AC 吸附能力恢复率的影响

为了解再生时间对再生 AC 的吸附指标的影响，在水蒸气量、温度不变的条件下，延长再生时间至 2 h（这也是活性炭生产中常用的方法）。其结果如图 8－10 所示。

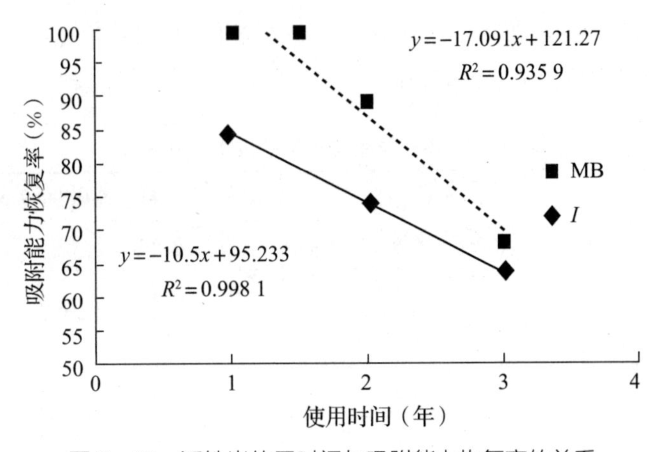

图 8－10　活性炭使用时间与吸附能力恢复率的关系

由图 8－10 可以看出，在使用时间较短（1 年）的情况下，MB 值可以恢复到 100%（180 mg/g），而碘值只能恢复到 800 mg/g（85%）。然后随着使用时间的延长恢复率直线下降，当使用时间为 3 年时，碘值的恢复率为 64%，MB 值的恢复率为 68%，同时活性炭的再生得率为 50%。综合考虑吸附能力的恢复情况和再生得率，1 年再生为最佳，2 年再生也可以考虑，3 年再生将得不偿失。

8.3.3.3　BAC 使用时间对再生得率的影响

为了了解 BAC 使用时间对再生得率的影响，对 WTP1 水厂使用的活性炭进行了跟踪取样以及再生实验，实验结果列于表 8－2 中。

表 8－2　BAC 使用时间对再生得率的影响

使用时间（年）	再生得率（%）	备注
1	73	850 ℃下再生 2 h，4 kg 水蒸气/kg AC
1.5	67	
2	53	
3	50	

由表 8－2 可知，随着使用时间的延长，再生得率逐渐降低，当使用时间延长至 3 年时，AC 的再生得率仅为 50%，同时碘值和 MB 值的恢复率分别为 64% 和 68%（图 8－10）。考虑到上述因素，BAC 的再生周期不应超过 3 年。

8.3.3.4　不同再生费用下的技术经济分析

活性炭的再生周期取决于以下几个因素：①再生费用；②再生得率；③再生炭的吸附能力恢复率（程度）。目前，国内并无再生费用标准，通常取新炭最低价格的 50% 或 40%，最高为新炭最低价格的 70%。现分别取新炭最低价格的 50% 或 40% 作为再生费用进行计算，并将计算结果列于表 8－3 中。

表 8－3　不同再生费用下的技术经济分析

使用时间（年）	再生得率（%）	MB 值的恢复率（%）	再生费用/新炭最低价格	
			0.40	**0.50**
1	73	100	0.55	0.68
1.5	67	100	0.60	0.75
2	53	89	0.85	1.06
3	50	68	1.18	1.47

由表 8 - 3 可见，当使用时间为 2 年，再生费用取最低炭价的 50% 时，再生 1 t 的费用已等于买 1 t 新炭的价格了；取最低炭价的 40% 时尚有 15% 的盈余。当使用时间为 3 年时，由于炭的吸附能力恢复率以及再生得率均较低（碘值的恢复率为 64%，MB 值的恢复率为 68%，同时炭再生的得率为 50%），已经得不偿失。

对于不准备在 2 年内再生的活性炭，即“超期”使用的活性炭，亦需要合理利用。如可以将饱和炭卖给再生厂，若其再生后的亚甲基蓝吸附值达到 150 mg/g，可供污水处理厂使用或磨成粉炭供自来水厂应急使用。

8.4 BAC 工艺失效活性炭的热再生及再生活性炭的特性研究

前已述及，热再生法尽管有某些缺点，但仍然是饮用水处理领域应用最广泛的方法之一。因此，本节将对热再生活性炭的物理、化学以及孔隙特性进行研究，以期为生物活性炭工艺过程中产生的失效炭的再利用提供理论支持。

8.4.1 失效活性炭的热再生

选择南方某采用 BAC 工艺的给水深度处理厂作为研究对象（同 7.3.1 节），定期从该水厂取失效活性炭样品（使用 1 年、2 年、3 年），并采用水蒸气活化法，在 850 ℃下对其进行再生（2 h）。正式生产时的再生温度应达 900 ℃，由于实验条件限制，小试中再生炭的吸附能力恢复率可能偏低。

8.4.2 BAC 工艺再生活性炭的特性

8.4.2.1 BAC 使用时间对再生活性炭吸附能力的影响

前已述及，碘值表征活性炭真微孔（$R \leqslant 0.6 \sim 0.7$ nm）的发达程度，而 MB 值则表征活性炭次微孔（$0.6 \sim 0.7$ nm $< R \leqslant 1.5 \sim 1.6$ nm）的发达程度。因此，实验中用碘值和 MB 值来表征再生活性炭的吸附能力，结果如图 8 - 11 所示。

由图 8 - 11 可以看出，BAC 使用 1 年后，对亚甲基蓝的吸附能力能够完全恢复，对碘的吸附能力能够恢复到 85%。也就是说，再生活性炭的次微孔在使用 1 年后能够完全恢复，这对于水处理来说是非常重要的。而随着使用时间的延长，再生活性炭的吸附能力恢复率呈线性下降趋势。当 BAC 的使用时间达到 3 年时，碘值和 MB 值的恢复率分别为 64% 和 68%，即真微孔和次微孔分别以平均每年约 10.5% 和 16% 的速率被堵塞。上述结果表明要使生物活性炭有效再生，必须使其承受有限的使用周期。基于以上实验结果，再生活性炭的特性分析针对使用 2 年的活性炭进行。

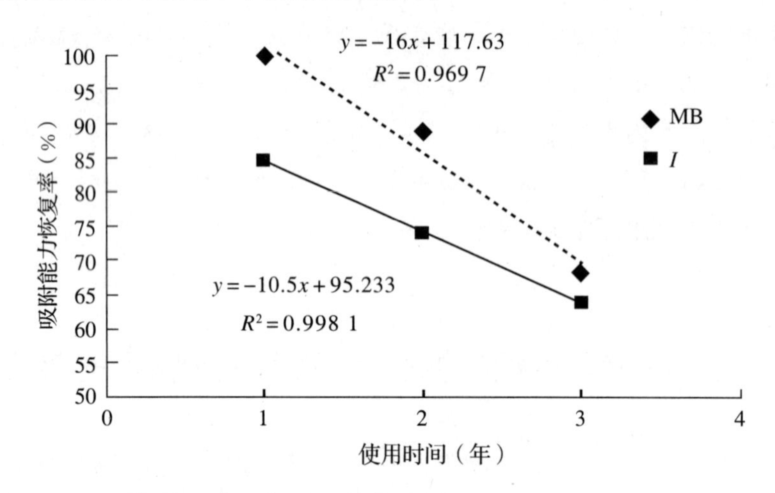

图 8-11　BAC 使用时间对再生活性炭吸附能力的影响（850 ℃下再生 2 h）

8.4.2.2　再生活性炭总孔容积的变化

如 2.2.1.6 节所述，活性炭的水容量在一定程度上代表着活性炭总孔容积的大小。新活性炭的水容量是 70%，而使用 2 年后再生活性炭的水容量是 85%，其值要比新活性炭高 21.4%。也就是说，再生活性炭的孔容积增大了。这一结论与真微孔和次微孔的变化是相反的，即再生活性炭的总孔容积增大应该出现在中孔和大孔部分。

8.4.2.3　再生活性炭 pH 值、堆积密度和强度的变化

测试结果表明，新活性炭的 pH 值为 11，使用 2 年的活性炭，其 pH 值下降到 6，而再生后其 pH 值又上升到 9。与使用 2 年后的活性炭相比，再生活性炭的 pH 值有所上升；与新活性炭（pH > 10）相比，又有所下降。这主要是活化（再生过程）造成的，再生过程也是脱水过程（除蒸发掉活性炭孔隙中的游离水外，还将脱去活性炭的结合水），即生物活性炭的羧基在一定温度下发生脱水反应，羧基转变成内酯基，从而使再生活性炭的 pH 值上升。

堆积密度代表单位床层体积中活性炭的质量。实验结果表明，使用 2 年后再生活性炭的堆积密度从新活性炭的 0.50 g/mL 下降到 0.44 g/mL，即平均下降 12%。

强度测试结果表明，再生活性炭的强度略低于 90%。

8.4.2.4　再生活性炭元素组成和表面官能团的变化

1. 元素组成的变化

XPS 分析结果充分反映了新活性炭和再生活性炭元素组成的差异。XPS 分析表明新活

性炭和再生活性炭均主要由 C、O 组成，还含有少量 Ca，不同之处是再生活性炭中出现了新元素 Al 和 Si，且再生活性炭中 Ca 含量明显增加，如图 8－12 所示。

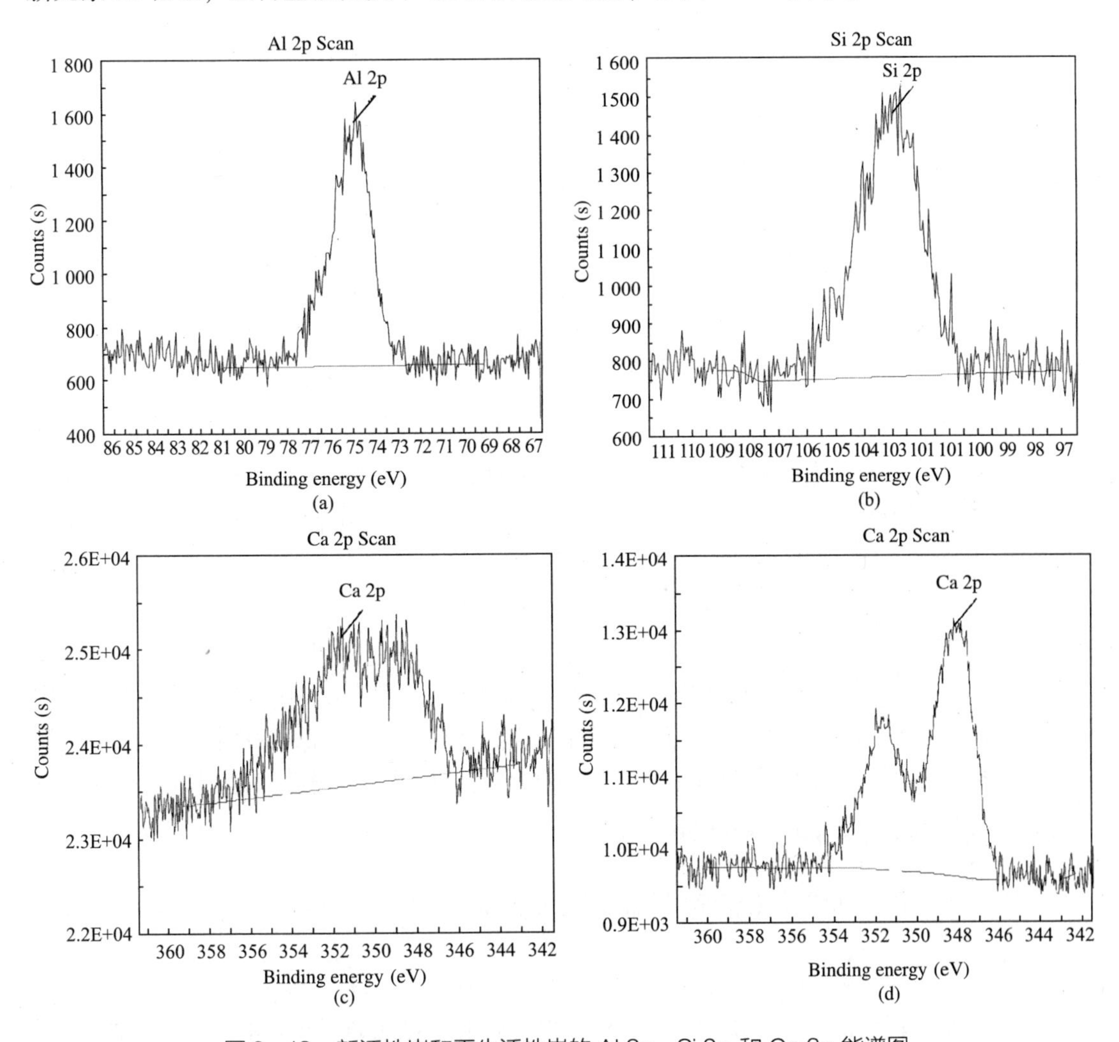

图 8－12　新活性炭和再生活性炭的 Al 2p、Si 2p 和 Ca 2p 能谱图

（a）再生活性炭中的 Al　（b）再生活性炭中的 Si　（c）新活性炭中的 Ca　（d）再生活性炭中的 Ca

2. 灰分分析

新活性炭和再生活性炭的元素组成如图 8－13 所示，再生活性炭中 O、Ca、Al、Si 的含量分别增加了 2.85%、0.83%、2.03% 和 1.22%，而 C 的含量下降了 6.82%，这表明再生活性炭表面形成或引入了含氧化合物。通过元素质量百分比拟合，可知再生活性炭中的 Si 和 Al 以硅铝酸盐（$Al_2O_3 \cdot SiO_2$）的形式存在，两者分别使再生活性炭的含氧基团增加了 3.83% 和 2.62%。另外，CaO 亦增加了 1.8%，即再生活性炭的灰分大大增加了。

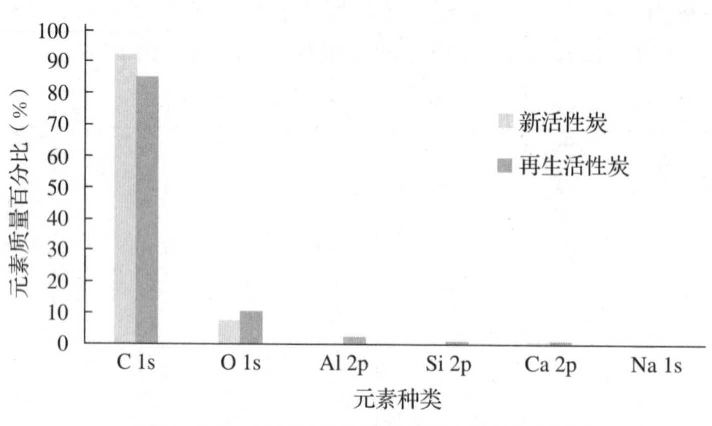

图 8－13　新活性炭和再生活性炭的元素组成

众所周知，灰分会降低活性炭的吸附能力，因此减少再生活性炭的灰分是很必要的。结合水处理过程可知，再生活性炭中的新成分 Al 和 Si 来自活性炭吸附池前面的混凝和沉淀过程。因此，为减少再生活性炭的灰分，应强化常规处理，这能延长再生活性炭的使用寿命，且有利于 BAC 工艺再生活性炭的利用。

3. 表面官能团的变化

表面官能团的类型和数量能够显著影响活性炭的行为。以 KBr 粉末为背景，采用 Fourier-870 FT-IR 光谱仪对新活性炭样品和再生活性炭样品的表面官能团进行了测试。测试结果表明，再生活性炭的表面官能团与新活性炭比并无明显差异，即热再生过程并没有显著改变活性炭表面官能团的数量和类型。

8.4.2.5　再生活性炭比表面积和孔隙分布的变化

1. N_2吸附－脱附等温线

新活性炭和再生活性炭在 77 K 下的 N_2吸附－脱附等温线如图 8－14 所示。由图可知，两者的等温线有明显差异，新活性炭的等温线属于Ⅰ型，有一个微小的滞后圈，即其孔隙结构以微孔为主。再生活性炭的等温线属于Ⅰ和Ⅱ混合型，有明显的滞后圈，这表明再生活性炭内含有微孔、中孔和大孔结构。由此可知，活性炭的热再生过程改变了活性炭的孔隙结构。

2. 孔隙结构参数和孔隙尺寸分布

新活性炭的孔隙特性表明其大部分孔隙为微孔（34.49%）和大孔（62.42%），其中微孔起主要的吸附作用。再生活性炭的孔隙分布与新活性炭完全不同，再生活性炭含有相对较少的微孔（15.93%）、较多的中孔（15.63%）和大孔（68.44%）。由此可知，再生活性炭中微孔的比例大大降低，而中孔和大孔的比例显著增加，其中大孔可以用来担载细

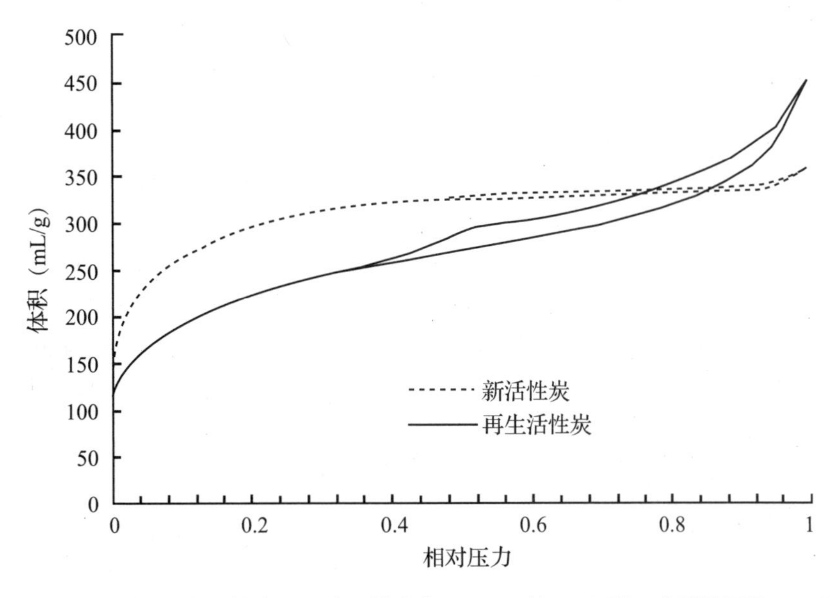

图 8－14　新活性炭和再生活性炭在 77 K 下的 N_2 吸附－脱附等温线

菌、微生物，中孔可以吸附部分大分子有机物。这表明再生活性炭孔隙的变化是有利于其在水处理用生物活性炭领域再应用的。

在新活性炭和再生活性炭的孔隙分布中，微孔和中孔均呈现明显的单峰分布，而大孔则有所不同，不仅呈现多峰分布，而且与新活性炭相比，再生活性炭的部分大孔容积增大，部分大孔容积减小。为充分了解再生活性炭中大孔容积的变化，对新活性炭和再生活性炭的大孔容积进行了分布分析，如表 8－4 所示。

表 8－4　新活性炭和再生活性炭的大孔特性分析

孔径（μm）		<0.1	0.1～0.5	0.5～1	1～5	5～10	10～50	50～100	>100
V（mL/g）	新活性炭	0.827	0.036 3	0.053 5	0.311 2	0.011 2	0.037 6	0.044 5	0.335 3
	再生活性炭	1.134	0.165 8	0.116 1	0.421 1	0.107 7	0.033 6	0.031 5	0.258 2
增大值（%）		37.12	365.75	117.01	35.31	861.61	－10.64	－29.21	－22.99

由表 8－4 可见，与新活性炭相比，再生活性炭的大孔容积增大了 37.12%，但并非所有的大孔容积都增大了，其中孔径介于 0.1 μm 和 10 μm 之间的大孔容积增大，而孔径大于10 μm的大孔容积减小了；其中孔径介于 5 μm 和 10 μm 之间的大孔容积增大值最大（861.61%），其次是孔径处于 0.1～0.5 μm、0.5～1 μm 和 1～5 μm 范围的大孔容积，大孔容积增大将有利于担载细菌等微生物。

上述结果将为以更科学和对环境更友好的方式利用再生活性炭提供新的思路。众所周知，不同水源的原水中有机物的分布是不同的，因此我们可以用再生活性炭来处理包含大分子有机物的水，担载细菌等微生物，也可以将其与新活性炭混合使用，取得更好的吸附和生物降解效果，这不仅降低了成本，实现了资源循环利用，而且提高了水处理效率。

8.4.3 新活性炭和再生活性炭的区分方法

本节通过对给水深度处理用活性炭进行再生，充分研究了再生活性炭的特性，得出如下结论。

(1) 在物理、化学特性方面，与新活性炭相比，再生活性炭的真微孔和次微孔减少了，pH 值、堆积密度和强度降低了，但水容量和灰分增加了；再生活性炭的表面官能团并无明显变化；再生活性炭的灰分明显增加，为减少再生炭的灰分，应强化常规处理。

(2) 孔隙特性分析表明，再生活性炭的孔隙变化对水处理中的生物作用而言是有利的。因此，考虑到生物活性炭使用时间的长短对再生活性炭质量的影响，在选择再生周期时应结合当地原水水质予以综合考虑。

(3) 基于以上实验结论，可以通过以下方式区分新活性炭和再生活性炭。

① 测量活性炭的 pH 值：新活性炭的 pH 值较高，一般大于 11，再生活性炭的 pH 值一般小于 11。

② 测量活性炭的堆积密度：新活性炭具有相当高的堆积密度，再生活性炭则要下降 10% 左右。

③ 测量活性炭的灰分：再生活性炭的灰分要升高几个百分点，尤其 Al、Si 含量明显上升。

④ 测量活性炭的强度：再生活性炭的强度下降明显。

⑤ 测量活性炭的水容量：再生活性炭的水容量要增加约 20%。

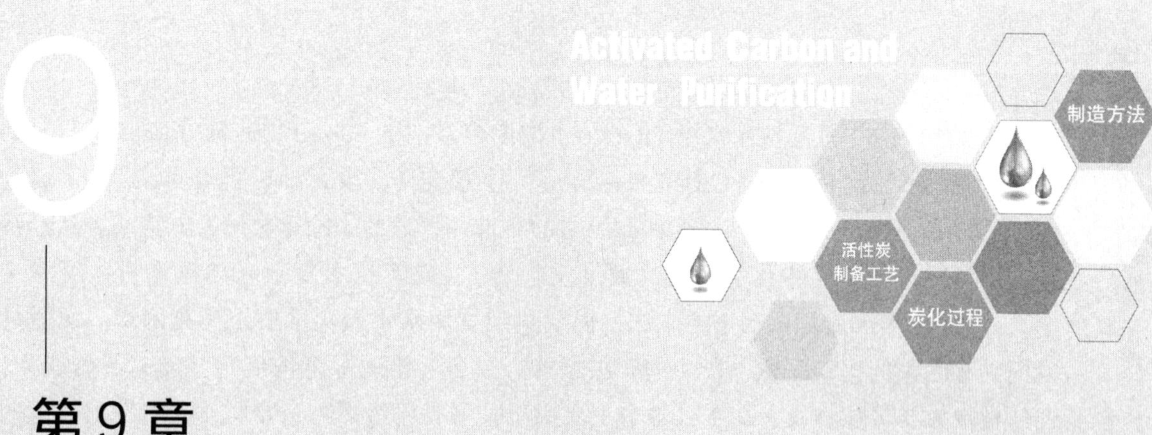

第 9 章
特种活性炭与净水

9.1 去除低浓度重金属用活性炭

9.1.1 去除饮用水中重金属的意义

饮用水水源作为一类用途最为重要的水资源，其水质状况直接关系到广大人民群众的身体健康和社会稳定。据 1998 年世界卫生组织的调查，80% 的人类疾病与水质污染有关。近年来，饮用水水源中重金属超标事件频发，严重威胁着我国饮用水水源的安全。如 2012 年 1 月，广西龙江发生镉污染，污染水体进入下游柳江系统，使柳江上游河段镉浓度超标达 5 倍，对下游人口达 300 余万的柳州市的饮水安全造成了威胁。重金属污染具有持久性、隐蔽性、毒性大等特点；重金属不能被微生物降解，并可通过生物富集作用破坏生态系统平衡，甚至可通过化学和生物作用与有机物结合，形成毒性更强的有机金属。因此，找到去除饮用水中重金属的方法、减轻饮用水中重金属对人体健康造成的危害显得尤为迫切与重要。

有关重金属污染治理的研究很多，涉及的治理方法主要包括氧化、还原、沉淀、膜过滤、离子交换和吸附等，在所有这些方法中，吸附法简单、方便，吸附剂可再生，因此是高效和经济的方法。目前研究较多的用于去除重金属的吸附剂有活性炭、多壁碳纳米管、粉煤灰、泥炭、沸石、高岭土、树脂等。但这些研究主要针对浓度较高的重金属，尤其是废水处理中的重金属，针对饮用水中重金属的研究较少，尤其是针对低浓度重金属的去除的研究则更少。

饮用水处理与废水处理的主要区别是进水浓度和出水浓度。前者进水浓度和出水浓度都比较低，如饮用水卫生标准中很多指标的出水浓度都要求为 μg/L 级。欧盟和 WHO

规定从 2013 年 12 月起饮用水中 Pb 的出水浓度由以前的 50 μg/L 改为10 μg/L；我国的《生活饮用水卫生标准》（GB 5749—2006）中规定 Pb、Cd、Hg 的出水浓度分别为 10 μg/L、5 μg/L、1 μg/L。对于如此严格的要求，普通的去除重金属的方法或者从经济角度不可行（如传统的化学沉淀、离子交换等），或者技术复杂（如电渗析、反渗透等）。其中化学沉淀是很有效的方法，但要达到饮用水水质标准要求尚有困难。而活性炭因具有巨大的比表面积、发达的孔隙结构，具备吸附去除低浓度重金属离子的能力，但活性炭为非极性物质，在水处理中主要用于吸附有机污染物，要使其吸附带正电荷的重金属离子，则必须对其进行改性处理，使其在吸附有机物的同时，兼具吸附重金属离子的功能。无疑，若向给水深度处理厂的活性炭吸附池内投加部分具有吸附重金属离子性能的活性炭，则可以使其兼顾吸附有机物、去除重金属的功能，从而保障发生事故或超标时的饮用水安全（7.3 节）。

9.1.2 活性炭去除重金属的机理

9.1.2.1 螯合机理简介

螯合物由金属离子与分子中含有两个或两个以上供电子基团的物质（螯合剂）结合而成，性质稳定。它可以是中性分子（称内络盐），例如二氨基乙酸合铜（图 9-1），虚线内原为两个羧基（—COOH），H^+ 被 Cu^{2+} 所取代，即成为目前的状态；也可以是带电荷的离子，例如二乙二胺合铜离子（图 9-2）。能够形成螯合物的有机基团很多，一般都是周期表中第Ⅴ、Ⅵ族的非金属原子。配位原子以 O 和 N 最为常见，其次是 S，此外还有 P、As 等。可以螯合的基团有—OH、—NH_2、—COOH、—SH 等。

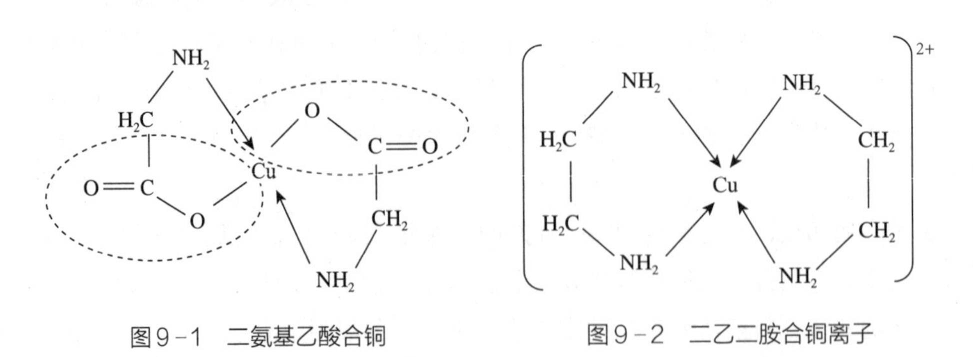

图9-1 二氨基乙酸合铜　　图9-2 二乙二胺合铜离子

9.1.2.2 螯合剂的类型

1. 氨羧络合剂

螯合剂主要指氨羧络合剂（aminocarboxyl chelating agent）。它是由两个或多个羧基接于氨基氮上，符合如下通式的络合剂：

$$
R-N\begin{array}{l} \diagup (CH_2)_n-COOH \\ \diagdown (CH_2)_n-COOH \end{array}
$$

氨羧络合剂与金属的络合形式为

$$
R-N\begin{array}{l} \diagup CH_2-COOH \\ \diagdown CH_2-COOH \end{array} + M^{2+} \longrightarrow R-N\begin{array}{l} \diagup CH_2-\overset{\displaystyle O}{\overset{\|}{C}}-O \\ \qquad\qquad\quad M^{2+} \swarrow\nwarrow \\ \diagdown CH_2-\underset{\displaystyle O}{\underset{\|}{C}}-O \end{array}
$$

式中　R——高分子化合物；

M^{2+}——金属离子。

这种络合剂具有广泛而强大的络合力，能与多种金属离子形成很稳定的络合物。最常用的有以下三种。

（1）氨基三乙酸（NTA），也称作氨羧络合剂“Ⅰ”，其结构式为

$$
N\begin{array}{l} \diagup CH_2COOH \\ -CH_2COOH \\ \diagdown CH_2COOH \end{array}
$$

（2）乙二胺四乙酸（EDTA），也称作氨羧络合剂“Ⅱ”，其结构式为

$$
(HOOCCH_2)_2NCH_2CH_2N(CH_2COOH)_2
$$

（3）乙二胺四乙酸二钠，也称作氨羧络合剂“Ⅲ”，其结构式为

$$
(NaOOCCH_2)_2NCH_2CH_2N(CH_2COOH)_2 \cdot 2H_2O
$$

2. 双硫腙

螯合剂除氨羧络合剂外，还有双硫腙（dithizone），其结构式为

$$
S{=}C\begin{array}{l} \diagup NH-NH-C_6H_5 \\ \diagdown N{=}N-C_6H_5 \end{array}
$$

它和金属的反应如下：

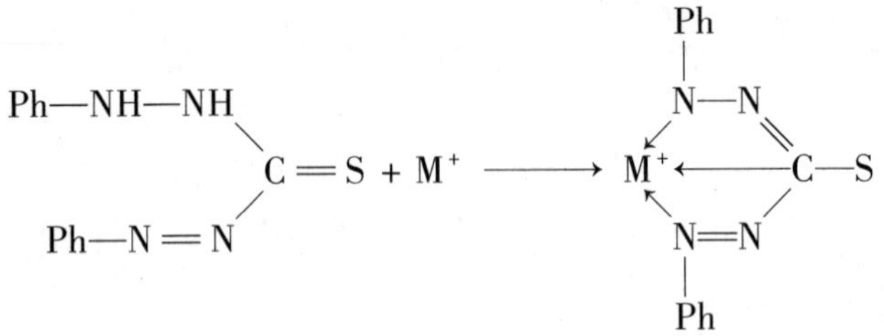

```
Ph—NH—NH                          Ph
         \                         |
          C=S + M⁺  ——→           N—N
         /                       ↙    ⟍
Ph—N=N                         M⁺ ←——— C—S
                                 ↖    /
                                  N=N
                                   |
                                  Ph
```

日本用于脱除水银的螯合剂，即为双硫腙。

综上可知，螯合剂一般由具有环状结构的络合物组成，它具有和金属螯合的官能团，因此能和金属产生强有力的选择性结合，是一类能吸附重金属的特殊物质。基于活性炭在水处理中的广泛应用，以活性炭为基体，采用螯合剂对其进行改性，使其在吸附有机物的同时，兼具吸附水中重金属离子的作用，这对于保障饮用水安全具有重要意义。

9.2 抗菌活性炭

9.2.1 抗菌活性炭的由来

活性炭是优良的吸附剂，它能除去水中的许多有害、有毒物质，为人们提供安全的饮用水。而银的抗菌作用早已被人熟知，如在中国银餐具的使用，在国外人们在鲜牛奶中放入银币以延长牛奶的保存时间等，都是最早应用银抗菌的实例。

在青霉素被发现以前，银是古老的抗生素，国外医生的结论是纯银对人体有百益而无一害，许多不同种类的耐抗生素病菌都能被胶质银杀灭。因此，美国食品药品监督管理局（FDA）允许胶质银开架销售。随着科学的进步，人们发现：胶质银（粒径介于10 nm和100 nm之间的微细颗粒）能有效地对抗650种以上不同的传染疾病，只有8种病菌能对抗胶质银。银离子不仅具有抗菌广谱、杀菌效率高、不易产生抗药性等优点，还可以用来杀死或者抑制细菌、病毒、藻类和真菌。

银既能抗菌又对人体具有保健作用，因此若能将活性炭的吸附能力与银的抗菌性结合，所得产品将不仅具有吸附的功能，而且具有抗菌的功能。基于银的抗菌功能，在活性炭上负载银后，生产出载银活性炭，这就是抗菌活性炭——载银炭的由来。将该产品用于净水，不仅对水中的有机污染物有吸附作用，而且具有杀菌作用。因而在活性炭内不会滋生细菌，可避免活性炭过滤器出水亚硝酸盐含量增加的问题。

9.2.2 抗菌活性炭的抑菌机理

抗菌活性炭抑菌主要依靠银的作用。

目前关于银的抗菌机理主要有两种理论：接触反应机理和基于银催化理论。

1. 接触反应机理

该理论认为，银离子（Ag^+）接触微生物后，破坏微生物的蛋白质，造成微生物死亡或使其产生功能障碍。其接触原理基于电吸附。因为细胞膜带有负电荷，而 Ag^+ 带有正电荷，两者发生电吸附并牢固结合，即所谓的微动力效应（oligodynamic effect）。其结果是 Ag^+ 穿透细胞膜进入微生物体内，与微生物体内蛋白质上的巯基（—SH）发生化学反应：

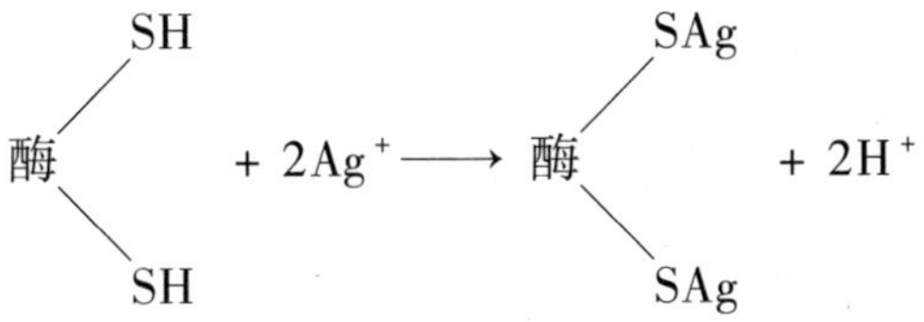

$$\text{酶}\begin{cases}\text{SH}\\ \text{SH}\end{cases} + 2Ag^+ \longrightarrow \text{酶}\begin{cases}\text{SAg}\\ \text{SAg}\end{cases} + 2H^+$$

此反应造成蛋白质凝固，使微生物合成酶的活性遭到破坏，干扰微生物 DNA 的合成，使微生物丧失分裂增殖能力而死亡。

2. 基于银催化理论

该理论认为，银表面能吸附氢原子和氧原子。开始时催化剂表面被急速离解的氧原子所覆盖，但一个银原子只能吸附一个氧原子，用模型表示如下：

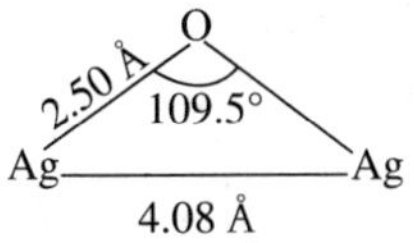

O, Ag—Ag；2.50 Å，109.5°，4.08 Å

$$4Ag(\text{表面}) + O_2 \longrightarrow 2Ag_2O(\text{络合物})$$

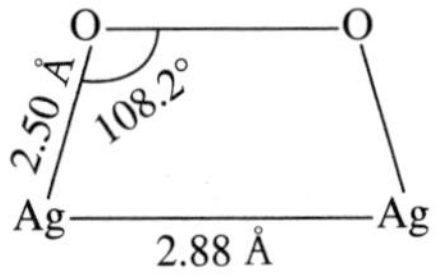

O—O, Ag—Ag；2.50 Å，108.2°，2.88 Å

$$2Ag_2O(\text{络合物}) + O_2(\text{气}) \longrightarrow 2Ag_2O_2(\text{络合物})$$

由此可知，Ag_2O 在反应中充当吸附氧的媒介。与此同时，Ag^+ 是均匀分布在活性炭的内外表面上的，在使用过程中逐渐释放。按照此理论，我们可以得出结论：载银活性炭的寿命终止于银原子或氧原子饱和之时。

特拉普内尔（Trapnell）的研究表明：清洁的银蒸发膜在室温下并不对氢产生化学吸附，而氧化后的银膜则对氢产生缓慢的吸附，而且是吸附原子态的氢。这样我们便可推出

其催化水的反应过程为

$$H_2O \xrightarrow{\text{Ag 催化}} \cdot H + \cdot OH$$

$$4 \cdot OH \longrightarrow 2H_2O + [O_2]$$

这个过程之所以缓慢，是因为它是一个吸热过程。尽管这个过程是缓慢的，但实验证明，该过程仍能造成水中溶解氧增加 1 ~2 mg/L。此外，Ag^+ 由于具有较高的氧化还原电位（±0.798 eV，25 ℃），所以反应性强（随着价态的升高，还原势也升高），能使周围空间内的氧分子（O_2）转变成还原态的氧。

基于上述理论，可以得出载银活性炭的催化杀菌机理：活性炭载上银后，在其表面上分布着微量的银元素；银起到催化活性中心的作用，能吸收环境的能量，激活吸附在活性炭表面的空气和水中的氧，产生羟自由基(·OH)和活性氧分子([O_2])，这些物质具有很强的氧化能力，能破坏细菌细胞的增殖能力，达到抑菌或杀灭细菌的目的。

载银活性炭是一种新型的水处理材料，其以特有的抑菌和杀菌功能在饮用水的净化处理上有独特的优势，尤其适用于家庭用的小型饮用水处理装置，为保证我国城镇居民生活饮用水的水质安全提供了一条可靠的途径。

9.3 脱氯活性炭

9.3.1 活性炭脱氯的机理

众所周知，氯作为氧化剂、消毒剂在国内外水处理行业中被广泛采用，如《生活饮用水卫生标准》(GB 5749—2006) 明确规定，管网末梢水中必须含有一定量的余氯，出厂水中余氯含量不低于0.3 mg/L，用户水中余氯含量不低于 0.05 mg/L。然而，水中过多余氯的存在，会影响水的品质、口感；在某些对水质要求高的行业中，也会对设备造成破坏等。因此，在保证安全的情况下，除了降低投氯量以外，还必须采取一定的措施对余氯进行控制。

与添加脱氯化学物质、使用 UV 脱氯不同，活性炭过滤因其良好的处理效果、简便的操作方式、较低的应用成本，在家用净水器中得到了最广泛的应用。

目前，公认的活性炭脱氯的反应机理如下：

$$Cl_2 + H_2O \longrightarrow HClO + HCl$$

$$C^* + 2HClO \longrightarrow CO_2 + 2H^+ + 2Cl^-$$

由于活性炭品种繁多，性能不一，在实际应用中不同品牌的活性炭脱氯性能差异较大，这是由于不同的活性炭具有不同的表面化学官能团。活性炭与自由氯接触后，其表面官能团将首先被氧化，生成含氯的化合物，一段时间后，生成的氯化物的数量在化学计量上与水中自由氯的减少量一致，这从更深一层意义上体现出活性炭脱氯性能差异的原因。

在应用活性炭脱氯处理水的场合，由于在比较短的时间内就会发生目标污染物的穿透，因此活性炭每年再生 1 ~4 次。

9.3.2 半脱氯值的测定

对于脱氯用活性炭，经常采用半脱氯值（h）来衡量。半脱氯值的测定方法是在给定条件下，让含氯水通过活性炭柱，测定出水中余氯浓度恰好等于进水中余氯浓度的一半时所需要的炭层高度。

当采用活性炭脱氯时，在给定的流速下，氯的浓度随着炭层的高度（l）而变化，用下式表示：

$$\lg \frac{c_0}{c} = kl \tag{9-1}$$

式中 c_0——氯的初始浓度，mg/L；

c——在高度 l 处氯的浓度，mg/L；

l——活性炭层的高度，cm；

k——反应速率常数。

在氯的初始浓度 c_0 一定（(5.0 ±0.5) mg/L）、流速恒定（(756 ±5) mL/min）的情况下，通过一定粒度（1.0 ~2.5 mm）、已知高度（(100 ±1) mm）的炭层时，氯的浓度减小率是不变的，将氯的浓度降到给定浓度的一半时的炭层高度定义为半脱氯值，即

$$h = (1/k)\lg(2/1) = 0.301/k$$

将式（9 -1）代入，即可得到半脱氯值的计算公式：

$$h = 0.301l/\lg(c_0/c) \tag{9-2}$$

根据式（9 -2），依据《颗粒活性炭半脱氯值的测定方法》(MT/T 1155—2011)，使一定浓度的含氯水溶液以规定的流速通过规定体积的活性炭层，取 29 ~30 min 流过活性炭的水样，测水中氯的含量，即可计算出活性炭的半脱氯值。

综上可以看出，半脱氯值取决于活性炭的特性，即粒度、孔隙结构、表面化学特性，可以用来定量评价脱氯用活性炭的性能。而在粒度一定的情况下，半脱氯值则主要取决于活性炭本身的特性，这也就是为什么不同的活性炭半脱氯值存在明显差异的原因。

9.4 活性炭电吸附

活性炭作为极化性电极的电偶层电容器，由于具有充放电时不发生化学反应、使用时间久、不污染环境及能在广泛的温度范围内使用等特征，已经获得广泛应用。

对于净水而言，当用活性炭作电极时，在界面上就形成了两层正负电荷，被称作电偶层（亦称双电层）。电偶层具有正极和负极，它们通过溶液中的电解质离子连接。由于用活性炭作电极时，正极与负极使用的是同一种材料，且无极性，因此可以反复地进行充电、放电的周期性操作。在实际应用中，可以利用该原理从液相中去除离子，如利用静电力脱盐等。

9.5 多功能净水用活性炭的开发

基于活性炭的光谱特性及其在水处理中的广泛应用，已经研发了集吸附有机污染物、去除重金属、脱氯、杀菌于一体的多功能净水用活性炭。

因此，可以基于当地水质有针对性地提供具有不同功能的活性炭，为人们的健康保驾护航。

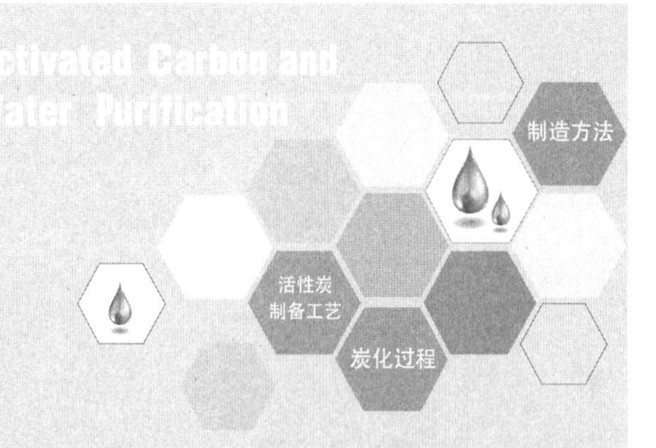

第 10 章 结论与展望

10.1 结论

活性炭净水工艺作为水处理的把关技术，受到世界各国的重视。本书对活性炭与净水的相关理论、机理及活性炭的生产制备进行了论述，可为水厂选炭、活性炭制备提供理论基础和技术支撑。

10.2 未来研究方向展望

回顾历史，成绩来之不易。我国的臭氧生物活性炭净水工艺是在王占生教授和蒋仁甫先生的大力倡导和推动之下，汇集各方面力量，最终在北京、上海、江苏、山东等地的大型水厂得到推广的，成为当前给水深度处理的主流和大趋势。王占生教授为人坦荡，鞠躬治水，被誉为“水业泰斗”，88 岁高龄仍忘我工作，奔波在水处理一线。蒋仁甫先生矢志不渝，鞠躬制炭，被称为中国活性炭研发及产业化的奠基人，89 岁高龄仍坚持亲自制炭，毕其一生专注于活性炭的研发及其产业化。两位老人还联合制定了中国净水用活性炭行业标准《生活饮用水净水厂用煤质活性炭》，该标准自 2011 年 5 月 1 日起正式实施。

展望未来，治水责任重大。随着生活水平的提高，人们对水质标准的要求越来越严格，同时水污染的风险和挑战还在加大，这必然要求我们不断推动活性炭净水工艺的完善和升级，不断加快活性炭净水材料的升级换代。面对水污染的困境，我们只有勇往直前、鞠躬治水的责任，没有后退和抱怨的权利。希望通过我们这一代人的不懈努力，能让我们的后代子孙喝上更清洁、甘甜的水，真正做到为人民治水，为子孙酿爱！

参考文献

[1] 蔡钢铁，黄培量，陈继跃. 浙江永嘉县溪口村明代净水池的清理［J］. 考古，2008(8)：49－54.
[2] 吴新华. 活性炭生产工艺原理与设计［M］. 北京：中国林业出版社，1994.
[3] 炭素材料学会. 活性炭基础与应用［M］. 高尚愚，陈维，译. 北京：中国林业出版社，1984.
[4] 耿土锁. 生物接触氧化：生物炭流化床在毛纺印染废水浓度处理中的应用［J］. 环境与开发，1997，12(4)：29－30.
[5] 中国土木工程学会水工业分会给水深度处理研究组织. 给水深度处理技术原理与工程案例［M］. 北京：中国建筑工业出版社，2013.
[6] 蒋仁甫，王占生. 生活饮用水净水厂用煤质活性炭选用指南［M］. 北京：中国建筑工业出版社，2013.
[7] 张晓健. 生物活性炭法生物降解与炭吸附有机物关系的研究［D］. 北京：清华大学，1986.
[8] 王树平. 生物活性炭生物再生机理的研究［D］. 北京：清华大学，1989.
[9] 黄振兴. 活性炭技术基础［M］. 北京：兵器工业出版社，2006.
[10] 立本英机，安部郁夫. 活性炭的应用技术：其维持管理及存在问题［M］. 高尚愚，译. 南京：东南大学出版社，2002.
[11] 陶著. 煤化学［M］. 北京：冶金工业出版社，1984.
[12] 李怀珠，田熙良，程清俊，等. 煤质活性炭的原料、预处理及成型技术综述［J］. 煤化工，2007(5)：38－41，46.
[13] 北川睦夫. 活性炭处理水的技术和管理［M］. 丁瑞芝，等译. 北京：新时代出版社，1987.
[14] WEBB P A，ORR C. Analytical methods in fine particle technology［M］. Norcross：Micromeritics Instrument Corporation，1997.
[15] 阿拉文 B И，努美罗夫 C H. 滤流理论［M］. 王仁东，译. 北京：高等教育出版社，1958.
[16] 凯里泽夫 H B. 吸附技术基础［M］. 太原：国营新华化工厂设计研究所，1983.
[17] ÇEÇEN F，AKTAŞ Ö. Activated carbon for water and wastewater treatment：integration of adsorption and biological treatment［M］. Weinheim：Wiley-VCH，2011.
[18] THOMMES M，KANEKO K，NEIMARK A V，et al. Physisorption of gases，with special reference to the evaluation of surface area and pore size distribution (IUPAC Technical Report)［J］. Pure and Applied Chemistry，2015，87(9－10)：1051－1069.
[19] 近藤精一，石川达雄，安部郁夫，等. 吸附科学：第2版［M］. 李国希，译. 北京：化学工业出版社，2006.
[20] 蒋仁甫. 水处理用活性炭有效孔隙结构的探讨［C］//全国活性炭学术讨论会论文集. 太原：中国林产化学化工学会，1983：120－127.
[21] 卡尔普 R L. 活性炭水处理技术［M］. 任乃昌，译. 哈尔滨：黑龙江科学技术出版社，1983.
[22] 李德生，姚智文，王占生. 原水深度处理过程中的生物稳定性和分子量分布［J］. 化工学报，2010，61(11)：2944－2950.

[23] 朱晓燕，吕锡武，刘武平，等. 生物活性炭工艺去除长江原水中有机成分的研究 [J]. 净水技术，2009，28(6)：35 -38.

[24] 方华，吕锡武，朱晓超，等. 黄浦江原水中有机物组成与特性 [J]. 东南大学学报（自然科学版），2007，37(3)：495 -499.

[25] 黄小红，鄢敏林，石鲁娜. 太湖原水净化过程中有机物分子量分布特性研究 [J]. 供水技术，2011，5(6)：6 -9.

[26] 周刚. 磁性离子交换树脂对饮用水中有机物的去除特性研究 [D]. 北京：清华大学，2012.

[27] CHANG C N, CHAO A, LEE F S, et al. Influence of molecular weight distribution of organic substances on the removal efficiency of DBPs in a conventional water treatment plant [J]. Water Science and Technology, 2000, 41(10 -11): 43 -49.

[28] 孔令宇，王占生. O_3 -BAC去除水中有机污染物的试验研究 [C]// 2004年给水深度处理研究会论文集. 济南：中国土木工程学会全国给水深度处理研究会，2004.

[29] 姚智文，王占生，李德生，等. 不同炭在 O_3/BAC 生产工艺中性能比选 [J]. 水处理技术，2009，34(12)：11 -13，18.

[30] 鲁巍，唐峰，张晓健，等. 净水工艺对饮用水生物稳定性控制的研究 [J]. 环境科学，2005，26(6)：71 -74.

[31] 贺道红，高乃云，曾文慧，等. 生物活性炭深度处理工艺挂膜研究 [J]. 工业用水与废水，2006，37(2)：16 -19.

[32] 张绍梅，周北海，刘苗，等. 臭氧/生物活性炭深度处理密云水库水中试研究 [J]. 中国给水排水，2007，23(21)：81 -84.

[33] LU Z D, SUN W J, LI C, et al. Effect of granular activated carbon pore-size distribution on biological activated carbon filter performance [J]. Water Research, 2020, 177.

[34] BOUILLOT P, ROUSTAN J L, ALBAGNAC G, et al. Biological nitrification kinetics at low temperature in a drinking-water production plant [J]. Water Supply, 1992, 10: 137 -144.

[35] GROENEWEG J, SELLNER B, TAPPE W. Ammonia oxydation in nitrosomonas at NH_3 concentrations near k_m: effects of pH and temperature [J]. Water Research, 1994, 28(12): 2561 -2566.

[36] KORS L J, MOORMAN K J, WIND A P, et al. Nitrification at low temperature in a raw water reservoir and rapid sand filters [J]. Water Science and Technology, 1998, 37(2): 169 -176.

[37] ZILOUEI H, SOARES A, MURTO M, et al. Influence of temperature on process efficiency and microbial community response during the biological removal of chlorophenols in a packed-bed bioreactor [J]. Applied Microbiology and Biotechnology, 2006, 72(3): 591 -599.

[38] MA C, YU S L, SHI W X, et al. High concentration powdered activated carbon-membrane bioreactor (PAC-MBR) for slightly polluted surface water treatment at low temperature [J]. Bioresource Technology, 2012, 113: 136 -142.

[39] VAN DER AA L T J, RIETVELD L C, VAN DIJK J C. Effects of ozonation and temperature on biodegradation of natural organic matter in biological granular activated carbon filters [J]. Drinking Water Engineering and Science, 2010, 3: 107 -132.

[40] VERSTRAETE W, FOCHT D D. Biochemical ecology of nitrification and denitrification [J]. Advances in Microbial Ecology, 1977, 1: 135 -214.

[41] ANDERSSON A, LAURENT P, KIHN A, et al. Impact of temperature on nitrification in biological

activated carbon (BAC) filters used for drinking water treatment [J]. Water Research, 2001, 35 (12): 2923 - 2934.
[42] TERRY L G, SUMMERS R S. Biodegradable organic matter and rapid-rate biofilter performance: a review [J]. Water Research, 2018, 128: 234 - 245.
[43] CARLSON K H, AMY G L. BOM removal during biofiltration [J]. American Water Works Association, 1998, 90(12): 42 - 52.
[44] YAPSAKLI K, CECEN F. Effect of type of granular activated carbon on DOC biodegradation in biological activated carbon filters [J]. Process Biochemistry, 2010, 45(3): 355 - 362.
[45] WEBER W, Jr, PIRBAZARI M, MELSON G. Biological growth on activated carbon: an investigation by scanning electron microscopy [J]. Environmental Science and Technology, 1978, 12(7): 817 - 819.
[46] ROUQUEROL F, ROUQUEROL J, SING K. Adsorption by powders and porous solids: principles, methodology and applications [M]. San Diego: Academic Press, 2014: 1 - 25.
[47] GAID K. 在活性炭上进行生物净化的机理 [J]. 水研究, 1982, 16(1): 7 - 17.
[48] CARVALHO M F, JORGE R F, PACHECO C C, et al. Long-term performance and microbial dynamics of an up-flow fixed bed reactor established for the biodegradation of fluorobenzene [J]. Applied Microbiology and Biotechnology, 2006, 71(4): 555 - 562.
[49] 董丽华, 刘文君, 蒋仁甫, 等. 给水深度处理活性炭的孔隙结构特征探讨 [J]. 给水排水, 2014, 41(1): 91 - 94.
[50] 笠原伸介. 用于臭氧生物炭处理的木质及煤质颗粒活性炭 [J]. 水道协会杂志, 1997, 66 (12): 20 - 29.
[51] CHESNEAU M, DAGOIS G, FLASSEUR A, et al. Activated carbon with a high adsorption capacity and low residual phosphoric acid content, its preparation and uses: US20020172637A1 [P]. 2002.
[52] 黄律先. 木材热解工艺学 [M]. 北京: 中国林业出版社, 1996.
[53] 曹玉登. 煤制活性炭及污染治理 [M]. 北京: 中国环境科学出版社, 1995.
[54] 沈曾民, 张文辉, 张学军, 等. 活性炭材料的制备与应用 [M]. 北京: 化学工业出版社, 2006.
[55] 梁大明. 中国煤质活性炭 [M]. 北京: 化学工业出版社, 2008.
[56] 尹立群. 我国褐煤资源及其利用前景 [J]. 煤炭科学技术, 2004, 32(8): 12 - 15.
[57] 邵琳琳, 张立秋, 封莉. 活化温度对竹柳基活性炭性能及其制备过程中副产物组成的影响 [J]. 环境科学学报, 2014, 34(10): 2477 - 2483.
[58] STAVROPOULOS G G, ZABANIOTOU A A. Production and characterization of activated carbons from olive-seed waste residue [J]. Microporous and Mesoporous Materials, 2005, 82(1 - 2): 79 - 85.
[59] 严继民, 张启元, 高敬琮. 吸附与凝聚: 固体的表面与孔 [M]. 北京: 科学出版社, 1986.
[60] GU L, WANG D D, DENG R, et al. Effect of surface modification of activated carbon on its adsorption capacity for bromate [J]. Desalin Water Treat., 2013, 51(13 - 15): 2592 - 2601.
[61] ABOU-MESALAM M M. Sorption kinetics of copper, zinc, cadmium and nickel ions on synthesized silico-antimonate ion exchanger [J]. Colloid Surf. A: Phys. Eng. Asp., 2003, 225(1 - 3): 85 - 94.
[62] 王春芳. 活性炭理化特性对饮用水中有机物吸附特性的影响研究 [D]. 北京: 清华大学, 2015.
[63] 余祎. 活性炭孔隙对生物活性炭运行效果和微生物特性的影响研究 [D]. 北京: 清华大学, 2015.

[64] VOICE T C, PAK D, ZHAO X, et al. Biological activated carbon in fluidized bed reactors for the treatment of groundwater contaminated with volatile aromatic hydrocarbons [J]. Water Research, 1992, 26(10): 1389-1401.

[65] LI Z H, CHANG X J, HU Z, et al. Zincon-modified activated carbon for solid-phase extraction and preconcentration of trace lead and chromium from environmental samples [J]. J. Hazard. Mater., 2009, 166(1): 133-137.

[66] TRUJILLO-REYES J, PERALTA-VIDEA J R, GARDEA-TORRESDEY J L. Supported and unsupported nanomaterials for water and soil remediation: are they a useful solution for worldwide pollution? [J]. J. Hazard. Mater., 2014, 280: 487-503.

[67] BENETTAYEB A, GUIBAL E, MORSLI A, et al. Chemical modification of alginate for enhanced sorption of Cd(Ⅱ), Cu(Ⅱ) and Pb(Ⅱ) [J]. Chemical Engineering Journal, 2017, 316: 704-714.

[68] TAO H C, ZHANG H R, LI J B, et al. Biomass based activated carbon obtained from sludge and sugarcane bagasse for removing lead ion from wastewater [J]. Bioresource Technology, 2015, 192: 611-617.

[69] HADJITTOFI L, PRODROMOU M, PASHALIDIS I. Activated biochar derived from cactus fibres: preparation, characterization and application on Cu(Ⅱ) removal from aqueous solutions [J]. Bioresource Technology, 2014, 159: 460-464.

[70] COUGHLIN R W, EZRA F S. Role of surface acidity in the adsorption of organic pollutants on the surface of carbon [J]. Environ. Sci. Technol., 1968, 2(4): 291-297.

[71] ZHANG W, LIU W D, LV Y, et al. Enhanced carbon adsorption treatment for removing cyanide from coking plant effluent [J]. J. Hazard. Mater., 2010, 184(1-3): 135-140.

[72] GIBERT O, LEFEVRE B, FERNANDEZ M, et al. Characterising biofilm development on granular activated carbon used for drinking water production [J]. Water Research, 2013, 47(3): 1101-1110.

[73] KOŁODYŃSKA D, KRUKOWSKA J, THOMAS P. Comparison of sorption and desorption studies of heavy metal ions from biochar and commercial active carbon [J]. Chemical Engineering Journal, 2017, 307: 353-363.

[74] CAMARGO F P, TONELLO P S, SANTOS A C A D, et al. Removal of toxic metals from sewage sludge through chemical, physical, and biological treatments: a review [J]. Water, Air, and Soil Pollution, 2016, 227: 433-444.

[75] ÖZACAR M, ŞENGIL I A, TÜRKMENLER H. Equilibrium and kinetic data, and adsorption mechanism for adsorption of lead onto valonia tannin resin [J]. Chemical Engineering Journal, 2008, 143(1-3): 32-42.

[76] MOTTA F V, MARQUES A P A, ESCOTE M T, et al. Preparation and characterizations of $Ba_{0.8}Ca_{0.2}TiO_3$ by complex polymerization method (CPM) [J]. Journal of Alloys and Compounds, 2008, 465(1-2): 452-457.

[77] GANESH I, SEKHAR P S C, PADMANABHAM G, et al. Influence of Li-doping on structural characteristics and photocatalytic activity of ZnO nano-powder formed in a novel solution pyro-hydrolysis route [J]. Appl. Surf. Sci., 2012, 259: 524-537.

[78] KIM B K, RYU S K, KIM J B, et al. Adsorption behavior of propylamine on activated carbon fiber surfaces as induced by oxygen functional complexes [J]. J. Colloid Interf. Sci., 2006, 302(2):

695 -697.
[79] TRAN H N, YOU S J, HOSSEINI-BANDEGHARAEI A, et al. Mistakes and inconsistencies regarding adsorption of contaminants from aqueous solutions: a critical review [J]. Water Research, 2017, 120: 88 -116.
[80] ABROMAITIS V, RACYS V, VAN DER MAREL P, et al. Effect of shear stress and carbon surface roughness on bioregeneration and performance of suspended versus attached biomass in metoprolol-loaded biological activated carbon systems [J]. Chemical Engineering Journal, 2017, 317: 503 -511.
[81] FAN Q Y, SUN J X, CHU L, et al. Effects of chemical oxidation on surface oxygen-containing functional groups and adsorption behavior of biochar [J]. Chemosphere, 2018, 207: 33 -40.
[82] MACHIDA M, YAMAZAKI R, AIKAWA M, et al. Role of minerals in carbonaceous adsorbents for removal of Pb(Ⅱ) ions from aqueous solution [J]. Separation and Purification Technology, 2005, 46 (1 -2): 88 -94.
[83] 刘阳. 水中去除放射性碘的沉淀 - 膜分离工艺研究及分离膜的制备 [D]. 天津: 天津大学, 2018.
[84] NARBAITZ R M, MCEWEN J. Electrochemical regeneration of field spent GAC from two water treatment plants [J]. Water Research, 2012, 46(15): 4852 -4860.
[85] NARBAITZ R M, KARIMI-JASHNI A. Electrochemical reactivation of granular activated carbon: impact of reactor configuration [J]. Chemical Engineering Journal, 2012, 197: 414 -423.
[86] 郑丙辉, 付青, 刘琰. 中国城市饮用水源地环境问题与对策 [J]. 环境保护, 2007(19): 59 -61.
[87] 荆秀艳, 赵文华, 王涵, 等. 重金属螯合复合材料研究进展 [J]. 化工进展, 2014, 33(1): 144 -149.
[88] 蒋仁甫. 载银活性炭的抗菌机理 [C] //中国土木工程学会水工业分会给水深度处理研究会 2004 年年会论文集. 济南: 中国土木工程学会水工业分会给水深度处理研究会, 2007.
[89] 尾崎萃, 田丸谦二, 田部浩三, 等. 催化剂手册: 按元素分类 [M]. 北京: 化学工业出版社, 1982.
[90] 王丽萍, 徐斌, 钱灏. 净水用颗粒活性炭对水中余氯去除的动力学原理效能 [J]. 净水技术, 2018, 37(1): 47 -52, 88.